조경개념사전

KB179741

조경개념사전

ⓒ 김순기·김한배·이상우·이재호·임의제·최정민, 2023

초판 1쇄 펴낸날 2023년 4월 25일
지은이 김순기·김한배·이상우·이재호·임의제·최정민
펴낸이 이상희
펴낸곳 도서출판 집
디자인 조하늘

출판등록 2013년 5월 7일
주소 서울 종로구 사직로8길 15-2 4층
전화 02-6052-7013
팩스 02-6499-3049
이메일 zippub@naver.com

ISBN 979-11-88679-18-8 93520

조경개념사전 LEXICON OF LANDSCAPE ARCHITECTURAL CONCEPTS

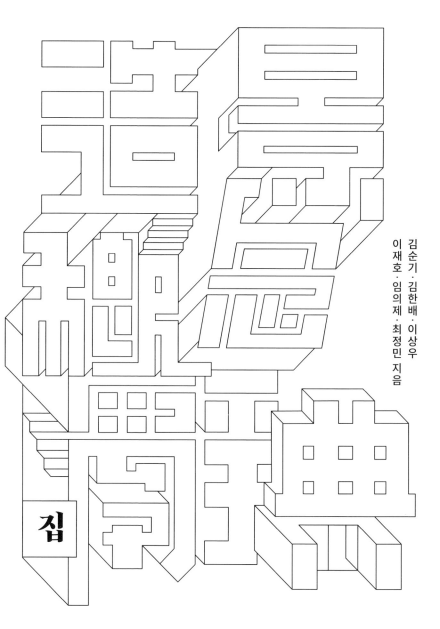

김순기 · 김한배 · 이상우
이재호 · 임의제 · 최정민 지음

집

"조경 관련 용어의 기본 개념을 명확히 정의하고, 새로이 떠오르고 있는 조경개념 및
정책 관련 어휘까지 함께 소개하여 현장에서 활동하고 있는 조경전문가, 연구자, 조경 관련
행정 담당자는 물론 미래의 조경 현장을 이끌 학생들이 참조할 수 있도록 했습니다."

차례

영역별 차례

한국역사경관

시각경관계획

경관생태계획

조경운영관리

책을 내면서

2022년은 한국에 조경분야가 공식적으로 도입된 지 꼭 반세기가 되는 시점이었습니다. 분야 내외에서는 이 역사적 시점을 맞아 한국조경의 정체성을 재확인할 필요가 있다는 인식이 고조되었습니다. 특히 영역 확장을 지속하고 있는 환경 관련 타분야들과 관계에서 볼 때, 조경의 특수성과 차별성을 명확히 할 수 있는 효과적 사업으로 '조경 사전' 편찬이 요구되어왔습니다. 이러한 시대적 요구에 따라 한국조경학회의 중진 연구자들은 '조경용어사전'을 편찬하자는데 의기투합하고 사전편찬위원회를 꾸렸습니다.

사전편찬위원회는 여러 차례의 편집회의를 거쳐 단순한 용어 정의나 낱말 풀이식의 책이 아닌 하나의 용어에 담겨 있는 다중적인 가치와 미래 전망을 함께 전달할 수 있는 책을 만들어야 한다는데 뜻을 모았습니다. 사전의 편집 방향에 참고할 만한 해외 사례로, 네덜란드의 브룸^{Meto J. Vroom}이 집필해 2006년에 출간된 *Lexicon of Garden and Landscape Architecture*를 선정해 그 기본적인 체제와 태도를 공유하기로 했습니다. 브룸은 서문에서 "이 사전은 용어의 정의^{definition}와 논평^{essay}을 함께 담고 있다. 특히 논평은 주제어에 대한 저자의 개인적 관점을 의미한다"고 밝혔습니다. 이 말은 용어 해설에 가치와 전망을 담겠다는 우리의 집필 방향과도 일치합니다.

우리는 현재 통용되고 있는 조경 관련 용어의 기본 개념을 명확히 정의하고, 새로이 떠오르고 있는 조경개념 및 정책 관련 어휘까지 함께 소개하여 현장에서 활동하고 있는 조경전문가, 연구자, 조경 관련 행정 담당자는 물론 미래의 조경 현장을 이끌 학생들이 참조할 수 있도록 했습니다. 이런 기본 방침을 토대로 조경학의 기본 갈래를 다음과 같은 6개의 영역으로 구분해서 위원회를 구성하고 각 위원회에서 영역별 대상 용어를 선정하고 집필했습니다. 6개의 기본 영역은 다음과 같습니다.

① 조경 총론introduction·조경설계landscape architectural design

② 조경계획Korean historic landscape

③ 한국역사경관landscape architectural history

④ 시각경관계획visual landscape planning

⑤ 경관생태계획landscape ecological planning

⑥ 조경운영관리landscape management planning

①, ②, ③번은 조경landscape architecture의 핵심 실무 영역으로서 조경설계 산업 및 조경미학, 조경역사 및 양식 연구와 긴밀히 연관되어 있습니다. 여기서 조경계획은 조경설계의 앞 단계로서 선행되는 환경 분석적 영역을 말합니다.

④, ⑤번은 전통적인 '경관landscape' 연구의 양대 분야로 조경이론연구의 기초분야이며 앞으로 확장성이 예상되는 영역입니다. 서구 조경계에서 '랜드스케이프landscape'는 크게 '시각적 경관'과 '물리적 토지·환경'이라는 두 갈래의 의미로 이해되고 각각 발전되어 왔습니다. ④번은 시각적 경관 관점의 연구영역이라면, ⑤번은 물리적 토지·환경 관점의 연구영역으로 볼 수 있습니다.

⑥번은 특히 거버넌스 시대에 부응하는 사회과학적 접근으로 최근에 도시와 농촌환경의 재생과 관련해 도시공원 운영관리, 커뮤니티 디자인, 주민참여를 통한 지역환경의 계획·조성·운영의 통합 방법론으로서 수요가 확장하고 있는 분야입니다.

조경재료와 식물, 시공 등 기술적 세부영역은 포함하지 않았습니다. 개념을 전달하기보다는 실무에 바로 적용할 수 있는 매뉴얼 성격의 책이 적합한 분야이기에 이번 기본 '개념사전'에는 담지 않기로 했습니다. 이 분야의 용어를 설명하거나 매뉴얼 성격의 책은 이미 국내외에 다수 나와 있는 것이 또 다른 이유이기도 합니다. 이 책의 제목이 애초의 '조경용어사전'에서 '조경개념사전'으로 수정 확정한 것 역시 같은 맥락입니다.

책의 출간을 독려하고 지원해주신 한국조경학회 조경진 고문님께 감사의 뜻을 표합니다. 또한 이 사전 작업을 총괄 진행하고 발생하는 문제를 조율하는데 열정을 아끼지 않으신 서울시립대의 이재호 간사 교수님과 연구실의 보조 연구원들, 그리고 도서출판 집 편집진의 헌신적 노고에 집필위원 모두 심심한 감사를 표합니다. 이 사전은 한국 조경용어사전의 출발점이 되는 첫 번째 '기본 개념' 사전입니다. 이를 토대로 향후 더욱 완벽한 체계와 충분한 어휘를 갖춘 개정판이 지속적으로 출간되기를 기원합니다.

2023. 3
조경개념사전 집필진 일동

가거지, 가거관

可居地, 可居觀 · A Good Place to Live

[가거지可居地, 가거처可居處]

▶ 머물러 살 만하거나 살기 좋은 곳 _ 표준국어대사전

[은거지隱居地]

▶ 세상을 피하여 숨어서 사는 곳 _ 표준국어대사전

[복거卜居]

▶ 살 만한 곳을 가려서 정하는 것 _ 표준국어대사전

가거지는 사전적으로 '살기에 적합한 땅 혹은 그러한 장소'를 뜻하는데, 살기 좋은 곳을 선정하는 선택 과정이 포함되어 있다는 점에서 단순히 사는 곳을 의미하는 거주지居住地나 주거지住居地와는 다른 의미를 지닌다.[1] 또한 '가거관可居觀'은 전통사회에서 가거지를 선택하고자 하는 사람의 보편적 인식체계이자 내재된 의식이라고 할 수 있다.

'가거可居'와 비슷한 용어로는 '복거卜居', '택거擇居' 등이 쓰이며, 모두 후부지명소後部地名素로 [-地] 또는 [-處]를 붙여 그러한 장소를 의미하게 된다. 가거지의 선정을 통해 크게는 마을의 입지를, 작게는 주택과 같은 생활 터전을 정한다는 측면에서 풍수지리의 양택陽宅 및 길지吉地 선정과 일맥상통한다. '은거지隱居地'는 생활에 중점을 둔 택지보다는 속세를 피해 숨어 사는 장소를 뜻하는데 별서別墅, 동천洞天,

---

1   임의제, 《하천지형을 통해 본 전통마을의 경관특성 연구》, 서울시립대학교
     박사학위논문, 2001

구곡九曲과 같은 전통 원림 양식과 관계가 깊다.

전통적인 가거관可居觀을 보여주는 대표적인 기록으로 조선 후기 실학자 이중환李重煥, 1690~1756의 《택리지擇里志》를 들 수 있다. 《택리지》는 별칭으로 "팔역가거지八域可居地"라 불리기도 하는데 이런 명칭을 붙인 의도는 실세失勢한 양반으로서 낙향落鄕을 생각하던 계층이 살기 좋은 곳을 선택하려는 눈으로 보았기 때문이다.[2] 또한 《택리지》의 원제목이 '사대부가거처士大夫可居處'라는 학설도 이를 뒷받침하고 있다.[3]

이중환은 《택리지》 〈복거총론卜居總論〉에서 복거의 조건으로 지리地理, 생리生利, 인심人心, 산수山水의 네 가지 요소를 들었다. "무릇 살 터를 잡는 데에는 첫째, 지리(땅, 산, 강, 바다 등에 대한 형이상학적 이치)가 좋아야 하고, 둘째, 생리(그 땅에서 생산되는 이익)가 좋아야 하며, 셋째, 인심이 좋아야 하고, 넷째, 아름다운 산수가 있어야 한다. 그런데 지리는 비록 좋아도 생리가 모자라면 오래 살 곳이 못 되고, 생리는 비록 좋더라도 지리가 나쁘면 또한 오래 살 곳이 못 된다. 지리와 생리가 함께 좋으나 인심이 착하지 않으면 반드시 후회할 일이 있게 되고, 가까운 곳에 소풍할 만한 산수가 없으면 정서를 화창하게 하지 못한다."고 했는데, 이 네 가지 요소가 하나라도 모자라면 살기 좋은 땅이 아니라고 하였다.

풍수風水는 전통사회를 풍미했던 자연관으로 조선시대 사대부 계층의 지역관 혹은 가거관과 깊은 관련이 있다. 《택리지》 〈복거총론〉 "지리조地理條"에 제시된 수구水口·야세野勢·산형山形·토색土色·수리水利·조산祖山·조수朝水 등은 풍수 용어이기는 하지만, 현대의 취락 입지 조건으로도 중요시되는 배산임수의 지형, 굳은 지반, 좋은 수질, 양

---

2   이중환 지음, 이익성 옮김, 《택리지擇里志》, 을유문화사, 1971

3   최인실, 〈와유록의 사대부가거처에 보이는 이중환이 의도한 저술 방식〉,
     《문화역사지리》 32(2), 2020, 50~62쪽

지바르고 탁 트인 지세 등의 개념과도 부합하는 것이다.[4]

조선시대 실학자인 이익李瀷. 1681~1763은 가거지란 선비의 학덕을 존경받아 문벌과 같은 대접을 받는 곳이며, 불不가거지란 의식衣食의 부족, 무武의 우세, 사치 풍습 등이 만연한 곳이라 하였다(이익, 《성호전집》 제49권 〈택리지서〉). 또한 정약용丁若鏞. 1762~1836은 가거지로 물과 나무가 풍부한 곳, 오곡이 풍성한 곳, 풍속과 산천이 아름다운 곳을 들고 있으며(정약용, 《여유당전서》 제1집 14권 〈발택리지〉), 목회경睦會敬. 1698~1782은 벼슬에서 물러나면 도회나 큰 고을, 산수가 수려한 곳을 가려서 살아야 한다고 하였다(목회경 찬, 〈발택리지〉, 이중환, 《택리지》). 이처럼 조선시대 사대부의 가거지를 보는 기준은 조금씩 달랐으나 일반적으로 공통된 사항은 경제적인 측면과 인심, 산수 요건이었다. 그 이유는 사대부가 살아가는데 최소한의 경제기반은 갖추고 있어야 했으며, 산수가 맑고 빼어나야 인물이 배출된다는 공통된 생각을 하고 있었기 때문이다.[5]

한편 이중환은 〈복거총론〉 "산수조山水條"에서 산수자연과 수水 요소인 하천이 가거지 선정과 밀접한 관계를 지니고 있음을 강조했는데, 거주지 선택을 할 때 고려해야 할 사항으로 계거溪居의 의의를 특히 중요시하였다. 즉 "바닷가에 사는 것이 강가에 사는 것보다 못하고, 강가에 사는 것이 시냇가에 사는 것보다 못하다海居不如江居 江居不如溪居", "오직 시냇가에 사는 것이 평온한 아름다움과 시원스러운 운치가 있고, 관개灌漑와 경농耕農에 유리하다惟溪居 有平穩之美蕭洒之致 又有灌漑耕耘之利"[6]라고 하였다. 이러한 가거관은 조선시대 마을과 주택의 입지뿐만 아니라 별서, 누정樓亭, 구곡, 서원 등 계류변에 입지한 전통 원

4 국사편찬위원회, 《한국문화사 33: 삶과 생명의 공간 집의 문화》, 국사편찬위원회, 2010

5 이장희, 《조선시대 선비연구》, 박영사, 1989

6 이중환 지음, 이익성 옮김, 《택리지擇里志》, 을유문화사, 1971

영주 내성천변에 입지한 무섬마을 ⓒ임의제

예천 가계천변에 입지한 닭실마을 ⓒ임의제

예천 내성천변에 입지한 회룡포마을 ⓒ임의제

림과 밀접한 연관이 있다.

가거지와 관련된 전통적 인식체계는 '현실에서 찾는 이상향'과 다름이 없었으며, 전통적으로 사대부들은 자연환경의 특성을 가려 삶의 입지를 선정하였다. 이러한 원칙은 스스로 성리학적 소우주를 설정하고 자신의 은거지를 중심으로 하나의 이상세계를 구축함으로써 본인이 선택한 복거卜居의 명분을 제공함은 물론 차후 마을 경관 조영의 방향을 제시하는 결정 인자로 작용하였다.

가로

街路, Urban Street

그린 인프라
공공공간
녹지
도시숲

▶ 시가지의 넓은 도로. 일반적으로 교통안전을 위하여 차도車道와 보도步道로 구분되어 있다. _표준국어대사전

▶ (계획 및 설계) 고속도로를 제외한 시가지 내의 일반도로; 도시의 중추 기능을 수행하기 때문에 도시계획에서 중요한 고려 대상; 일반적으로 차도와 보도로 구분하며, 이외에 이용 목적에 따라 여러 형태로 구분할 수 있다; 가로등·교통신호, 표지판, 횡단보도, 육교 등을 설치하여 보행자와 차량의 안전 및 교통의 원활을 도모한다. (도시 및 단지) 시가지 내 도로를 총칭한다. 도로 전면의 건축물로 둘러싸인 3차원 공간을 포함하며, 이동을 위한 기능 공간이자 다양한 도시 활동이 일어나는 장소라는 도로의 복합적 성격을 강조한다. _건축용어사전

가로는 시가지의 넓은 도로로 차도, 보도 또는 보차혼용으로 구성되어 있는 이동을 목적으로 조성된 공간을 의미한다. 조경에서는 주로 보도를 대상으로 보행환경의 개선을 위한 계획설계를 진행한다. 보행자를 위한 공간인 보도는 보행 과정에서 안전 및 편리한 이동이 이루어질 수 있도록 차량을 제한하는 공공구역이다. 따라서 보도는 보행과 관련한 행위인 이동, 휴식, 집회, 위락활동 등 다양한 목적을 수용할 수 있도록 규모와 형태, 기능이 갖추어져야 한다. 또한 보도를 포함한 가로는 선적 구조물이자 도시의 중요한 기반시설로 도시경관을 구성하는 매우 중요한 요소로서 형태 및 색채 등의 시각미학적 측면의 고려도 필요하다. 가로환경을 구성하는 요소로는 바닥 요소, 입면 요소, 점적 요소가 있다.

가로환경 구성요소

유형	구성요소
바닥 요소	보도, 차도, 녹지 등
입면 요소	건축물, 가로수 등
점적 요소	간판, 방음벽, 중앙분리대, 경계석, 가로등, 보안등, 지상 환기구, 가로녹지대, 분수대, 동상, 기념비, 상징탑, 자전거 보관대, 볼라드bollard, 휴지통 등

가로 주변 지역의 성격 및 용도에 따른 구분

상업 가로	• 커뮤니티의 장으로서 생활을 즐기는 장소 • 잘 조성된 상업가로는 가로의 이용자 증가, 가로변 상가의 이익 증대를 가져와 해당 지역경제에 도움을 주며, 도시 어메니티 증진에 기여 • 사람들이 즐겨 찾는 매력적인 장소를 제공하고 이를 통해 도시민의 삶의 질 증대 • 간선도로변 상업 가로, 이면도로변 상업 가로, 보행자 전용도로, 쇼핑몰
생활 가로	• 지역 내 거주자들의 일상생활을 담는 공간 • 개방성, 중첩성, 연계성, 활성화, 커뮤니티 형성, 매개성 등의 다양한 특성을 포함 • 일상적 생활에 가사, 놀이, 여가, 휴식의 사적 행위와 이웃과의 교류, 커뮤니티 형성을 구성하는 사회적 행위가 결합되는 공간 • 궁극적으로 거주민 스스로의 행위에 의해 형성되고 구성

　가로 유형에 대한 구분은 「국토의 계획 및 이용에 관한 법률」에서 찾을 수 있다. 해당 법안의 시행령에서 기반시설의 하나로 도로의 유형을 주 사용 주체 및 방식에 따라 일반도로, 자동차 전용도로, 보행자 전용도로, 보행자 우선도로, 자전거 전용도로, 고가도로, 지하도로 등 7가지로 분류한다. 또 다른 가로의 분류체계로, 이수민·전명화·김찬주는 가로 주변지역의 성격 및 용도에 따라 가로를 크게 상업 가로와 생활 가로로 구분하기도 한다.[1]

---

[1]　이수민·전명화·김찬주, 〈도시가로의 유형별 이용자 현황 및 이용행태 연구—상업가로, 생활가로, 테마가로, 유비쿼터스가로를 중심으로〉, 《한국도시설계학회 춘계학술발표대회 논문집》, 2009, 198~207쪽

프랑스 파리의 가로, 2005 ⓒ김순기

공공디자인을 적용한 광주 송정역시장 가로, 2020 ⓒ김순기

공공디자인이 주목받기 시작한 2000년대부터 가로환경에 관심이 커지면서 보행환경 개선을 위해 다양한 디자인을 도입했는데 안전성, 편리성, 쾌적성을 우선으로 했다. 점적 요소인 시설물을 중심으로 기능적 측면과 시각적 측면 개선이 주요 고려 대상이었다. 가로에 설치되는 다양한 시설물은 공간의 기능을 부여하고, 주변환경과 조화를 이루며 시각적으로 우수한 환경을 조성하는 요소이나 시설물 중심의 개선 작업은 대상지가 지닌 구조적인 변화를 끌어내지는 못한다는 한계 또한 지닌다.

더불어 도시숲에 대한 관심이 증가하면서 가로수를 이용한 가로숲 조성 또한 주목받고 있다. 가로숲은 도심 한복판에 도시숲 기능을 더함으로써 도시 내 열섬현상과 같은 기후 및 미세먼지 저감 등의 대기 개선에 중요한 역할을 담당한다. 자세한 가로숲에 대한 내용은 "도시숲" 항목(166쪽)을 참고하기 바란다.

가장자리

Edge

▶ 둘레나 끝에 해당하는 부분 _ 표준국어대사전

가장자리는 생태적으로 중요한 의미를 갖는 경관 요소 중 하나로 조각patch 내부와 환경이 다른 조각의 바깥 부분으로 서로 다른 조각 간 특성이 구분되는 경계선을 중심으로 존재하는 요소이다. 가장자리에서는 인접한 서로 다른 조각의 특성이 혼재해 나타나며 조각 내부와 이질적인 환경적·생태적 특성을 보여준다. 서식지 조각 내·외부 간 생물과 에너지의 전달과 이동을 제어하는 것이 가장자리의 가장 큰 기능으로 가장자리는 조각 내부 환경이 급격하게 변화하는 것을 막아주는 역할을 하기도 한다.

가장자리 효과edge effect란 가장자리에서는 개체군의 밀도나 종 다양성이 높은 현상을 의미한다. 인접한 두 서식지 간의 환경이 다를수록 종 다양성도 높아지게 된다. 가장자리에는 서로 다른 두 생태계에 서식하는 종이 모두 출현하기 때문에 다양한 서식지에서 생존이 가능한 일반종generalist species이 출현한다. 일반종은 대부분 두 개 이상의 서식지를 요구하며 교란에 대한 적응력이 높다. 가장자리 효과는 가장자리의 길이, 폭, 면적 및 식물군집 등에 의해 영향을 받는다.

가장자리 구조는 미세기후, 토양, 야생동물, 인간 등에 의해 결정되는데 특히 인간에 의해 만들어지는 경계는 자연적인 교란에 의해 생성되는 경계와 그 형태와 구조가 다르다. 인위적 교란에 의해 형성된 가장자리에서의 높은 종 다양성은 일반적으로 가장자리의

가장자리의 개념

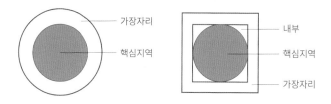

척박한 환경에 적응이 가능한 일반종 혹은 가장자리 종에 의한 것으로 생태적으로 긍정적이라고 할 수는 없다. 또한 인위적 교란에 의해 형성된 가장자리에서의 높은 종 다양성은 일시적인 경우가 대부분이며 경관 내 가장자리 면적의 비율이 매우 높을 경우는 다양성이 줄어들기도 한다. 이와는 반대로 자연 상태에서 두 가지 이상의 경관 요소landscape element에 의해 형성된 가장자리는 생태적 가치도 높고 생물 다양성 또한 영속성을 가진다.

가장자리의 크기는 일반적으로 조각의 크기에 따라 결정된다. 작은 조각의 경우 면적의 대부분이 가장자리가 되며, 면적이 일정 규모 이상인 조각의 경우 가장자리의 폭은 대상지에 따라 달라진다. 가장자리를 제외한 조각의 내부는 핵심지역core area이라 한다.

가장자리와 관련된 유사 개념으로 전이대轉移帶, Transition zone 또는 추이대推移帶, Ecotone가 있다. 전이대 또는 추이대는 조각 내부와 이질적인 특성을 보여주는 지역을 말한다. 일반적으로 자연적으로 형성된 지역은 전이대 또는 추이대, 인위적인 변화에 의해 형성된 지역은 가장자리라는 용어를 사용하는 것으로 구분하기도 한다.

거버넌스 시스템

協治 · Governance Systems

▶ 통치의 행위, 과정 또는 통치 권력 _아메리칸 헤리티지

▶ 국가를 통치하거나 회사 또는 조직을 통제하는 활동; 국가가 통치되거나 회사 또는 기관이 통제되는 방식 _옥스포드 사전

거버넌스는 정부 주도적 의사결정 과정에서 벗어나 정부, 기업, 비정부기구, 공공단체 등 다양한 행위자가 네트워크를 구축해 공동 문제를 효율적으로 해결하기 위해 모색한 국정 운영방식을 일컫는다. 국내에서는 협치協治, 공치共治, 국가경영國家經營 등의 용어로 행정학, 도시계획, 조경 등 다양한 학문 분야에서 혼재되어 사용되고 있다.

조경에서 거버넌스는 정부 및 전문가 등의 위계적인 권위에 기반한 일방적 공원 서비스 제공 및 관리구조를 벗어나 다양한 정부, 민간단체, 시민단체 및 커뮤니티 기반 이해 관계자에게 공원의 효율적 운영과 책임 있는 관리를 위한 권한이 분산되는 수평적이고 협력적인 체계를 의미한다. 조경 거버넌스 용어는 다양하게 해석되고 이용되지만, 주로 의사결정에 참여할 수 있는 이해 관계자의 다양성에 중점을 두거나 협치하는 방법 또는 협의의 절차적 과정에 초점을 맞춘 상향적·수평적 관계망을 통한 유형으로 구분된다.[1] 특히 후자의 경우 공원운영과 관련된 거버넌스는 정부가 다양한 이해 관계주체

---

[1]   심주영·조경진, 〈거버넌스를 통한 대형 도시공원의 조성 및 운영관리 전략-
    프레시디오 공원과 시드니 하버 국립공원 사례를 중심으로〉, 《한국조경학회지》
    44(6), 2016, 60~72쪽

(정부기관, 민간 부문, 지역사회 및/또는 NGO 기부자)에 얼마나 많은 정치적 권한을 이양하는지에 따라 구분된다.

거버넌스 개념은 정부의 독점적 관리체계 및 통치양식에 대한 비효율성과 한계성이 지적되면서 본격적으로 나타나기 시작했다.[2] 특히 공원 관리 분야의 선진국으로 알려진 영국에서 공적 재원 조달의 어려움을 경험하고 공원 관리 문제를 커뮤니티 주도의 거버넌스 형태로 해결하고자 하면서부터 발전되어 왔다. 공원 관리 예산이 지속적으로 감소하고 재정 적자로 정부의 역할과 위상이 약화됨에 따라 시민의 공공정책 참여를 통해 공공의 부재와 역할의 한계를 해결하고자 하는 시도였다. 시기적으로 거버넌스의 형태가 변화했는데, 초기 공원 거버넌스의 성격은 시민, 비영리조직, 자발적 봉사자 등 다양한 주체의 참여에 초점을 맞춰 민·관 파트너십의 의미로 사용되었으며, 1990년대에 들어서는 시민참여의 보장과 시민 의견 합의 도출과 같은 절차적 당위성을 강조하는 방향으로 내용이 발전되고 있다.

거버넌스 유형은 다양하게 분류 가능하지만 근본적으로 커뮤니티 참여 단계를 제시한 셰리 안스타인Sherry Arnstein, 1930~1997[3]의 '참여의 사다리' 개념과 맥락을 함께한다. 1969년 미국의 사회학자 안스타인이 제시한 시민참여모델은 시민이 권력power을 더 많이 가지고 있을 때 의사결정과정 및 결정에 영향력을 더 많이 제시할 수 있다고 주장했으며, 의견을 가장 많이 제시할 수 있는 시민 결정citizen control 단계를 가장 이상적인 시민참여 형태라고 제시했다. 참여의 사다리 모델은 크게 3개의 참여 수준(비참여, 명목참여, 시민권력)과 8개의 참여방

---

2   Harlan Cleveland, *The Future Executive: A Guide for Tomorrow's Managers*, Harper & Row, 1972

3   Sherry P. Arnstein, "A ladder of citizen participation," *Journal of the American Institute of planners* 35(4), 1969, pp.216~224

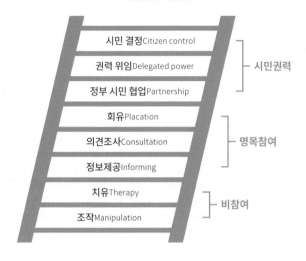

참여의 사다리

식(조작, 치유, 정보제공, 의견조사, 회유, 정부 시민 협업, 권력 위임, 시민 결정)으로 구분되는데, 시민권력 단계의 상위 3개 유형인 정부 시민 협업, 권력 위임, 시민 결정 단계가 거버넌스 유형의 근간 모델이 된다.

① 정부 시민 협업Partnership 단계: 행정과 주민의 권력관계가 균형을 이루어가는 단계로 다양한 이해 관계자와 정보를 공유하며, 의사결정의 책임을 일정 부분 분배하는 유형이다. 공원관리단과 공원지킴이 등과 같은 커뮤니티 단체 활동이 가장 활발하게 나타나는 유형이지만,[4] 제한된 의사결정으로 지방정부 등 의사결정권자와 커뮤니티 단체 간에 가장 많은 갈등이 발생하는 유형이기도 하다.

② 권력 위임Delegated power 단계: 주민의 권한이 계획과정에 결정적

---

[4] 남진보·김현, 〈도시공원관리 거버넌스 구축정도에 따른 이용자 만족도 차이-영국 세필드 지구공원을 대상으로〉, 《한국조경학회지》 47(4), 2019, 50~60쪽

영향을 줄 정도로 강력한 거버넌스 모델로서, 시민단체의 권한이 높아지는 만큼 책임도 높아지는 유형이다. 이 유형에서는 커뮤니티 및 시민이 공원운영과 관련해 행사 개최, 모금 활동, 자선바자회 등 수익형 사업에 대한 권한도 가지게 될 만큼 상당한 의사결정 권한을 가지지만 주된 의사결정 권한은 지방정부가 갖는다.

③ 시민 결정Citizen control 단계: 의사 결정권인 권한과 책임을 주민에게 모두 맡기는 가장 적극적인 형태의 거버넌스 모델이다. 실제 커뮤니티 및 시민단체가 절대적 권한을 가지게 되며, 공원운영과 관련된 대부분의 의사 결정권을 가진다. 커뮤니티 및 시민단체에서 공원경영의 의사결정 및 소유권을 넘겨받는 등의 공익신탁Charitable trust 으로 운영하는 형태도 있다. 공공에서 공원 운영 주체 조직인 그린 트러스트Green trust에 공원 조성과 이후의 운영 관리에 대한 책임과 권한을 이양하기도 한다. 다양한 방식의 소통 채널을 구성해 공원 구상단계에서부터 지역 커뮤니티가 적극적으로 참여하고, 공공 및 다양한 주체와 소통하며 공원 조성 및 관리에 적극 개입한다.

거버넌스 논의가 활발해지며 국내에서도 다양한 주체의 참여와 운영관리 패러다임에 변화가 나타나고 있다. 공원 유형에 따라 수익모델 발굴을 통해 해결이 가능한 공원 유형이 있으며, 반면에 공공 주도의 개입을 통한 해결에 적합한 공원 유형도 존재한다. 따라서 공원 유형에 맞게 공원의 역사·문화적 자원의 발굴 및 맞춤형 수익모델을 구축해 지역주민의 일자리 창출, 그리고 지역사회가 요구하는 다양한 사회적 가치를 실현하는 장소로 만드는 것이 중요하다.

건설정보모델링
Building Information Modeling(BIM)

▶ 3차원 정보모델을 기반으로 시설물의 생애주기에 걸쳐 발생하는 모든 정보를 통합하여 활용이 가능하도록 시설물의 형상, 속성 등을 정보로 표현한 디지털 모형을 뜻한다._건축용어사전

▶ 어느 장소의 물리적, 기능적 특징의 디지털 표현을 생성, 관리하는 프로세스이다._위키피디아

▶ 시설물의 생애주기 동안 발생하는 모든 정보를 3차원 모델 기반으로 통합하여 건설 정보와 절차를 표준화된 방식으로 상호 연계하고 디지털 협업이 가능하게 하는 디지털 전환Digital Transformation 체계를 의미한다._건설산업 BIM 기본지침

건설 분야의 생애주기에 발생하는 다양한 정보를 3차원 모델링을 통해 효율적으로 종합해 관리할 수 있는 기술로, 여러 참여자가 정보를 생산해 통합하고 재활용하는 업무 과정을 의미한다. BIM이라는 용어는 1992년 판네데르베인G. A. van Nederveen과 톨망크트F. P. Tolmancd의 연구에서 처음 소개되었다.[1]

BIM에는 물리적 형상과 기능적 정보가 포함되어 있으며 물량 산출, 시설물 운영관리, 시방서 등 다양한 분석과 업무에 필요한 속성 정보를 제공한다. 또한 BIM의 3D 모델링은 객체기반 파라메트릭 모델링을 사용해 다양한 객체 라이브러리 제작을 통한 효율적인 작

---

1   G. A. van Nederveen, F. P. Tolmancd, "Modelling multiple views on buildings", *Automation in Construction*, 1(3), December 1992, pp.215~224

업이 가능하며, 데이터를 여러 분야 참여자가 정보를 공유, 재활용하는 상호운용성을 갖는다는 특성이 있다.[2] 그러나 BIM은 프로젝트의 계획에서부터 설계, 시공, 유지관리까지의 통합적인 정보를 구축해 전체적인 과정을 바꾸는 것이기 때문에 BIM을 도입하기 위해서는 시간과 인력 등의 투자가 필요하다.

BIM의 생산성과 효율성을 인식하여 2000년대 초반부터 미국, 영국, 독일 등에서는 국가 정책 차원에서 BIM을 의무적으로 적용해 왔다. 국내에서는 2010년 조달청에서 처음으로 BIM을 적용한 이후 BIM 기술 확산을 위한 노력을 해왔으며 2020년에는 국토교통부에서 '건설산업 BIM 지침'을 발표했다. 정부 차원에서 토목, 건축, 산업설비, 조경, 환경시설 등 모든 건설산업에 BIM을 적용하도록 했으며 우선적으로는 설계·시공 통합형 사업에 BIM을 적용하고 향후 적용범위를 연차별로 확대해 나가기로 했다. 이러한 정책에 따라 국내 건축 분야에서는 공공기관과 민간 프로젝트를 포함해 BIM의 활용이 적극적으로 추진되고 있다.

이처럼 각국에서 BIM을 적극 활용하면서 미국, 영국을 비롯한 여러 국가에서는 조경 분야에도 BIM을 도입하고자 하는 노력을 해왔다. 조경 분야에서의 BIM은 LIM^{Landscape Information Modeling}이라는 용어를 사용하고 있다. 그러나 시설물, 수목, 지형 등 조경요소의 다양성과 비정형성, 조경 분야의 작업 특성, 공종의 특수성, 관련 정보 및 기술력 부족 등의 문제로 실무에서 활용 가능한 기준이 정립되어 있지 않아 기술 도입에 어려움이 있다. 건축, 토목 등 모든 건설산업에서 BIM이 보편화 되는 상황에서 원활한 사업 수행을 위해서는 건설과는 다른 특성을 가진 조경 분야에서의 적극적인 BIM 도입과 활성화를 위한 심도 있는 연구가 필요하다.

---

2   김복영·손용훈, 〈해외사례 분석을 통한 조경분야에서의 BIM 도입효과 및 실행방법에 관한 연구〉, 《한국조경학회지》 45(1), 2017, 52~62쪽

게슈탈트
Gestalt

▶ 부분이 모여서 된 전체가 아니라 완전한 구조와 전체성을 지닌 통합된 전체로서의 형상과 상태이다._표준국어대사전

▶ 심리학에서 사용하는 개념으로 대상이 갖는 시각적 구조이다._건축용어사전

▶ 형태 또는 양식 그리고 부분 요소들이 일정한 관계에 의하여 조직된 전체를 의미한다._두산백과사전

게슈탈트는 형태form 또는 양식pattern을 뜻하는 독일어이다. 인간은 여러 자극이 존재할 때 하나하나를 분리해 지각하기보다 여러 자극을 서로 관련짓거나 통합하여 지각하게 된다. 게슈탈트는 "전체는 부분의 합 이상"이라는 기본 가정을 가지는 하나의 심리학적 접근방법으로 부분의 분석이 완전하고 충분하더라도 전체에 대한 이해를 만들어낼 수 없다는 이론이다.

오스트리아 철학자인 크리스티안 폰에렌펠스Christian von Ehrenfels, 1859~1932가 1890년 심리현상에서의 게슈탈트라는 용어를 처음으로 도입했다. 폰에렌펠스는 전체는 부분의 합 이상이며 각 부분과 요소는 다르나 전체의 성질은 같다는 점을 지적했다. 20세기 초 막스 베르트하이머Max Wertheimer, 1880~1943는 게슈탈트 심리학을 창시했으며 쿠르트 코프카Kurt Koffka, 1886~1941, 볼프강 쾰러Wolfgang Köhler, 1887~1967 등에 의해 20세기 전반에 걸쳐 활발한 연구가 이루어졌다.

게슈탈트 시지각 법칙Law of Visual Perception에는 집단화의 법칙, 단순성의 법칙, 형상과 배경의 법칙 등이 있다.

게슈탈트 집단화 법칙

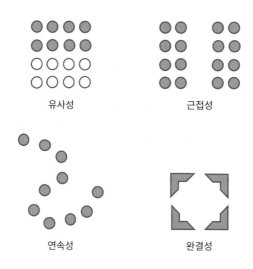

유사성   근접성

연속성   완결성

집단화란 형태의 구성요소나 특징이 연관성 있는 위치적 요소로 그룹을 이루어 배열되게 하려는 경향을 의미한다. 주요 집단화 법칙으로는 유사성, 근접성, 공통성, 연속성, 완결성이 있다. 유사성은 유사한 시각 요소끼리 그룹을 지어 하나의 패턴으로 보려는 경향으로 유사성에 따라 형태가 집단화되어 보인다. 근접성은 서로 가까이 있는 형태끼리 지각적으로 함께 집단화되는 경향을 말하며, 연속성이란 어떤 형태나 그룹이 방향성을 가지고 연속되어 있을 때 형태 전체의 고유한 특성으로 집단화될 수 있음을 의미한다. 완결성은 벌어진 도형을 완결시켜 보려는 경향이며 공통성이란 배열이나 성질이 같은 대상이 같은 방향으로 움직일 때 하나의 단위로 인식하게 되는 것을 의미한다.

단순성의 법칙은 게슈탈트 이론의 중심 개념으로 연관성이 없는 구성요소로 이루어진 형태를 볼 때 우리는 가능한 단순한 형태로 보려고 한다는 것이다. 이러한 단순화의 원리를 '프라그난츠^{Pragnanz}'라 한다.

형상^{Figure}과 배경^{Ground}의 법칙은 물체와 모양으로 보이는 부분은 전경이나 그림으로, 그 외 부분은 배경으로 보는 것이다. 어떤 대상은 윤곽선에 의해 두 영역으로 나누어져 인식되며 두 영역의 형태는 동시에 관찰될 수 없다. 형상과 배경의 관계를 규정한 덴마크 심리학자인 루빈은 꽃병^{Rubin vase, figure-ground vase} 그림을 통해 형상과 배경의 법칙을 설명했다.

경관생태학에서 게슈탈트 이론은 경관의 구조적 관계와 전체성^{holism}을 설명하는 데에 사용된다. 경관생태학에서 경관 전체 시스템은 경관 요소들의 합 이상으로 인식한다^{Whole is more than the sum of parts}. 경관 요소들의 합이 전체 경관과 유사해지려면 경관 요소들 간의 적절한 관계^{appropriate relationship/order}가 구성되어야 한다.

경관

景觀 · Landscape

▶ 산이나 들, 강, 바다 따위의 자연이나 지역의 풍경을 말한다; (지리) 기후, 지형, 토양 따위의 자연적 요소에 대하여 인간의 활동이 작용하여 만들어 낸 지역의 통일된 특성을 말한다. 자연경관과 문화경관으로 구분한다. _ 표준국어대사전

경관은 "우리 눈앞에 펼쳐지는 대지의 일부분"이다.[1] 쉽게 말해 "보이는 환경"이다. 나아가 경관은 "우리의 오감에 의해 느껴지는 도시의 이미지나 시민생활의 분위기까지를 포함하는 총체적인 개념이다."[2] 2007년 제정된 「경관법」의 "경관이란 자연, 인공 요소 및 주민의 생활상 등으로 이루어진 일단의 지역·환경적 특징을 나타내는 것"이라는 규정은 포괄적 의미의 정의이다. 학술용어로서 '경관景觀'의 어원은 일본의 식물학자 미요시 마나부三好学, 1861~1939가 독일어 '란트샤프트landschaft'를 번역해 만든 말로, 시각적 의미와 함께 '토지'와 '지역성'의 의미도 내포한다고 한다.[3] 경관은 19세기 인문지리학의 한 분야인 경관지리학을 통해 폭넓은 연구가 진행되었다. 미국의 인문지리학자 마이닉Donald W. Meinig, 1924~2020은 경관이 근대 이후 여러 관련분야의 관심을 반영하는 다양한 의미(10가지 이상)로 인식되고

---

1   찰스 왈드하임 지음, 배정한·심지수 옮김, 《경관이 만드는 도시》, 도서출판 한숲, 2018

2   鳴海邦碩 編, 《景觀からのまちづくり》, 學藝出版社, 1988; 石井一郎·元田良考, 《景觀工學》, 鹿島出版社, 1990

3   아카사카 마코토 편집, 조경의 이해 연구회 지음, 전미경·조용현·이명우·이동근 옮김, 《조경의 이해: 조경이란 무엇인가》, 기문당, 2010

우리나라의 대표적 공공 경관인 광화문광장, 2011 ©김한배

있다고 했다.[4] 대표적으로는 자연nature, 경치scene, 환경environment, 장소place, 지역region 등이 경관과 동의어이거나 경관을 대하는 여러 시각을 표현하는 관련어라고 했다.

조경이나 도시계획에서는 경관을 풍경화의 미적 개념에 기반한 시각 환경의 조성을 지칭하기 위해 사용했으며 인문지리학의 개념을 빌려와 그들의 분야에서 확장적으로 적용하기도 했다. 즉 이미지맵, 장소성, 경관생태학 등은 원래 지리학에서 경관과 관련해 사용하기 위해 생물학, 심리학 등 인접 분야의 연구를 함께 끌어와 만든 개념이다. 한국에서도 경관법을 제정할 때 경관의 가치landscape value를 크게 '자연적, 역사적, 미적(지각적) 가치'로 구분해 강조했다. 경관이 중요한 것은 이처럼 눈에 보이는 아름다움을 넘어 그 안에 살고 있는

---

4   Donald W. Meinig, "The Beholding Eye: Ten Versions of the Same Scene", *The Interpretation of Ordinary Landscapes: Geographical Essays*Donald W. Meinig Edit., Oxford Univ. Press, 1979

확장 재조성된 광화문광장(광장에 공원이 결합된 형태), 2022 ⓒ김한배

생물권과 인간사회의 상징과 공공성을 표현하고 있기 때문이다.

21세기에 들어와 공공성이라는 가치가 중요하게 인식되면서 '공공의 자산으로서의 경관'에 대한 사회적 관심이 증가하기 시작했다. 한국에서는 이러한 관심을 반영하는 경관법의 제정이 정부 주도로 추진되면서 조경학회와 도시설계학회의 공동연구로 경관법 조문 연구에 착수, 2007년에 제정, 공포되었다. 「경관법」의 서두는 다음과 같은 경관의 법적 정의로 시작한다. "국토의 경관을 체계적으로 관리하기 위하여 경관의 보전·관리 및 형성에 필요한 사항을 정함으로써 아름답고 쾌적하며 지역 특성이 나타나는 국토환경과 지역 환경을 조성하는" 것을 목적으로 한다(「경관법」 제1조). 즉 경관을 국가적인 정책과 제도의 대상으로 삼게 된 것은 경관이 가지는 공공적 가치를 실현하기 위함이다.

경관 관련 제도

景觀關聯制度 · Landscape Related Legal System

경관의 기본성격이 여러 유형에 걸쳐 다양한 만큼 경관 관련 법제는
「경관법」 이전부터 만들어져 여러 법제에 흩어져 있다.[1] 모든 토지,
환경 법제의 모법母法 성격인 「국토의 계획 및 이용에 관한 법률」(국토
교통부) 외에도 「자연환경보전법」(환경부)과 「문화재보호법」(문화재청)
이 각각 국토의 중요한 자연경관과 역사경관의 관리를 위한 역할을
해 오고 있는 대표적인 경관 관련 법제이다. 이외에도 다양한 농업,
농촌 관련법(농림축산식품부)과 산림, 도시 숲과 정원 관련법(산림청)도
각각 국토의 큰 부분을 차지하는 농촌 및 산림경관 영역의 보전과 관
련된 역할을 해 오고 있다.

　「경관법」은 이들보다 늦은 2007년에 제정된 것으로 본격적으
로 "국토의 경관을 체계적으로 관리하기 위하여 경관의 보전·관리
및 형성(경관법 제1조)"을 지향하는 제도이다. 다시 말해 전체 국토 영
역의 다양한 경관 유형에 대한 관리행정은 국토교통부의 「경관법」
이 모법 역할을 하고 있다. 하지만 경관유형별 실제 관리는 앞서와
같이 여러 정부 부처에 흩어져 있고 각 부처의 고유 목적과 다른 행
정체계에 따라 다소 혼선이 있는 것도 사실이다. 이런 문제를 극복하
기 위해 경관관리 선진국에서 시행하고 있는 경관 관련 부처와 제도
의 연계 시행 사례를 참고하면 다음과 같다.

　영국은 경관통괄부처(환경식품농무부DEFRA+내추럴 잉글랜드Natural

1　「경관법(제정)」, 2007; 「경관법(전면 개정)」, 2016

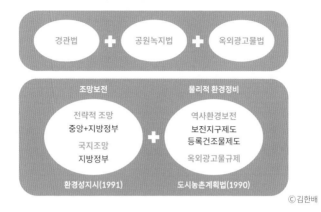

영국과 일본의 경관제도 연동체계

경관법 + 공원녹지법 + 옥외광고물법

조망보전	물리적 환경정비
전략적 조망 중앙+지방정부 국지조망 지방정부	역사환경보전 보전지구제도 등록건조물제도 옥외광고물규제
환경성지시(1991)	도시농촌계획법(1990)

ⓒ김한배

England. 비정부 공공단체)를 설치해 통합적 경관정보체계와 관리원칙을 가지고 국민과 정보를 공유하며 컨트롤 타워 역할을 한다.[2] 일본에서는 기존 경관법과는 별도로 2004년에 「경관녹삼법景觀綠三法」이 제정되었다. 이는 기존의 경관법, 도시녹지법, 옥외광고물법을 연동해 아름다운 경관 조성을 종합적으로 추진할 시스템이 정비되었다는 것을 뜻한다.[3] 경관의 정의에서도 볼 수 있지만, 경관은 자연과 역사·문화가 한데 어우러져 지각되고 평가되는 것이므로, 우리의 경관법과 경관 관련 법제도를 상호 보완하고 서로 조화롭게 연동하면서 품격 높은 국토경관을 이루어나갈 시스템을 발전시킬 필요가 있다. 경관 선진국 사례를 참조해 우리나라에서도 경관관리에서 경관유형별 다양성과 함께 일관성을 높일 수 있는 통합기구 설립을 검토할 필요가 있다고 보인다.

2   정해준·한지형, 〈경관계획과 국토계획의 연계성 강화방안〉, 《국토계획》 50(8), 대한국토도시계획학회, 2015, 39~62쪽

3   아카사카 마코토 편집, 조경의 이해 연구회 지음, 전미경·조용현·이명우·이동근 옮김, 《조경의 이해: 조경이란 무엇인가》, 기문당, 2010

경관 구조 및 기능

景觀 構造, 機能 · Landscape Structure and Function

▶ 구조란 부분이나 요소가 어떤 전체를 짜 이루어진 얼개이며, 기능이란 하는 구실이나 작용함을 의미한다. _ 표준국어대사전

▶ 구조란 건축물의 형성양식을 말한다. 기능이란 어떤 활동분야에서 그 구성부분이 하는 구실 또는 작용으로 기능은 구조와 밀접한 연관이 있다. _ 두산백과사전

경관생태학은 경관요소들의 관계를 구조와 기능 측면에서 연구하는 학문이다.[1] 조각Patch, 통로Corridor, 바탕Matrix은 경관을 이루는 기본적인 단위로 경관요소라고 하며 이러한 경관요소 간 공간적 패턴이나 관계를 경관의 구조Structure, 경관요소 간 에너지의 흐름과 분배 과정을 경관의 기능Function이라고 한다. 경관의 구조는 경관요소의 공간적 크기, 모양, 수, 종류, 분포, 배열 등에 따라 결정되며 생물종의 이동과 서식, 에너지흐름, 물질순환 등 경관의 기능과 밀접한 관계가 있다.

경관의 구조를 정량적으로 평가하기 위해 경관지수Landscape indices가 개발되어 활용되고 있는데 경관을 정량적으로 이해하고 평가하기 위한 매우 효과적인 지표가 되고 있다. 경관지수에는 면적 지수(경관백분율, 최대조각지수), 조각의 밀도, 크기, 변동성 지수(조각 수, 조각 밀도), 가장자리 지수(가장자리 둘레, 가장자리 밀도), 형태 지수(프랙탈 지

---

1   McGarigal Kevin, Barbara J. Marks, *Spatial pattern analysis program for quantifying landscape structure US Department of Agriculture, Forest Service*, Pacific Northwest Research Station, 1995

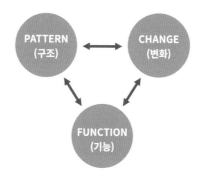

구조, 기능, 변화의 상호작용을 연구하는 경관생태학

수, 평균 형태지수), **핵심지역 지수**(핵심지 면적, 핵심지 수, 핵심지 밀도), **근접성 지수**(최근접 조각과의 거리, 평균 근접성), **다양성 지수**Shannon's diversity index, Simpson's diversity index 등이 있다.

　　경관 기능은 경관요소 사이의 에너지, 물질, 생물 등이 경관 구조에 따라 어떤 영향을 받는지 연구하는 것이다. 경관의 기능적 측면에는 확산Diffusion, 집단 이동Mass Flow, 능동적 생물이동Locomotion, 동물과 사람에 의한 이동 등이 있다.[2] 확산이란 농도 차이에 의해 발생하는 현상이며 생물종이 단위 면적당 개체수가 많을 경우 먹이자원 경쟁을 피하기 위해 개체수가 적은 지역으로 옮겨가는 현상을 의미한다. 집단 이동은 광역 규모에서 매우 중요한 경관의 기능이며 물이나 바람 등에 의해 물질이나 생물이 이동하는 흐름을 의미한다. 능동적 생물이동은 생물이 스스로 이동하는 것으로 계절 변화에 따른 철새의 이동, 초식동물의 이동 등이 있다. 경관요소 사이 다양한 흐름을 연구하는 경관의 기능적인 측면은 경관 구조와 밀접한 관계가 있기 때문에 구조와 기능은 함께 고려되어야 한다.

2　　이도원,《경관생태학: 환경계획과 설계, 관리를 위한 공간생리》, 서울대학교
　　출판부, 2001

경관 유형

景觀類型 · Landscape Typology

경관 문제가 국가적, 세계적으로 대두되게 된 가장 큰 원인은 양차 세계대전의 재해와 함께 20세기 근대 도시의 급속한 성장으로 자연과 역사 경관이 크게 훼손되면서부터였다. 이에 따라 '자연경관'과 '역사 경관'이라는 양대 경관 유형의 보존과 복원은 도시경관 관리의 중요한 과제가 되었다. '경관계획'이라는 계획유형이 탄생한 것 역시 전후 일본에서 자연경관과 역사 경관이라는 두 경관 유형의 보전과 복원에 대한 공공적 인식의 절박함에서부터였다. 이후 일본을 중심으로 경관계획의 수립이 계속 늘어나면서 현대의 일상생활과 관련된 도시경관 유형으로 도심의 '상업경관'과 외곽의 '주거경관'의 질적 증진에도 주목하게 되었다.

경관landscape의 토대가 되는 대지land와 그 지표면은 지구 전체에 연속되어 있으므로 이를 유형화하는 것은 다소 인위적이기는 하지만 경관의 상대적 특성을 구분해 특정 경관을 이해하기 위해서는 유형화가 불가피하다. 먼저 외형을 기준으로 분류하면 원형적 경관인 야생 상태의 '자연경관natural landscape'과 그에 대해 인위적 변화가 이루어진 '문화경관cultural landscape'으로 분류할 수 있는데 이처럼 양대 축으로 구분하는 것은 인문지리학의 고전적 관점이다.[1] 문화경관 중에서도 인위성을 나타내기 시작하는 단계가 농어촌경관일 것이고,

---

1   Sauer, 1925. 존스톤 외 5인 엮음, 한국지리연구회 옮김, 《현대인문지리학사전》, 한울, 1992, 137쪽에서 재인용

자연성과 인공성에 따른 경관자원의 유형 분류[2]

원형적 경관	도시경관	자연·문화경관	기타경관
자연경관	녹지경관	산악경관	
		구릉지 경관	
	수변경관	하천 경관	
		호수 경관	
		해양경관	
인공경관 (문화경관)	역사경관	사적지 경관	
		전통취락 경관	
		역사가로 경관	
	생활경관	도로축 경관	
		시가지 경관	주거지 경관
			산업 경관
			상업·업무 경관

더욱 높은 인위성을 보이는 대표적인 유형이 도시경관일 것이다. 이들 문화경관 안에서도 토지이용별 성격에 따라 주거지 경관, 경작지 경관, 상업경관, 공업 경관, 녹지 경관, 역사 경관, 교통 및 사회기반시설 경관 등으로 세분해 볼 수 있다. 위 표는 지리학에서 자연경관과 문화경관의 양대 분류를 수용하면서 현대 경관의 유형을 포괄하는 경관자원의 분류표이다.

---

2   임승빈,《조경이 만드는 도시》, 서울대학교출판부, 1998

경관계획 가치와 과정

景觀計劃 價值, 過程
Visual Landscape Planning, Values and Process

도시경관에 대한 미학적 연구는 유럽, 산업혁명으로 도시환경이 악화된 영국에서부터 시작되었다. 우리나라 경관법의 핵심 내용인 경관계획도 기본적으로는 영국에서 비롯된 경관연구를 이론적 근거로 하고, 20세기 전후 경관계획을 발전시킨 일본의 계획사조를 반영하고 있다. 특히 경관을 '계획'에 의해 관리하려는 시도는 20세기 후반의 전쟁 재해와 그 이후 급성장하는 도시환경의 문제점을 인식한 일본을 중심으로 시작되었다. 일본 경관계획의 초기에는 교토로 대표되는 역사적 도시경관의 보전과 함께 도시미관의 형성 등과 같은 조형적 측면에서 경관을 보려는 관점이 강했다. 최근 도시마다 다양한 개성을 존중하고 역사나 풍토의 이미지, 주민의 생활상을 반영하는 총체적 경관의 성격을 중시하게 되었다.

계획에서 지향하던 주된 가치체계와 계획의 일반적인 과정을 현행 법 제도와는 별도로 원론적 관점에서 다음과 같이 정리하고 제시한다.

첫째, 경관계획 가치와 관련해 일본 건설성은 공식적으로 도시경관계획의 4대 목표를 아름다움, 알기 쉬움, 친숙함, 개성이 풍부함으로 설정했다.[1] 이 중에 '아름다움'은 경관의 가장 고유한 가치이며, '알기 쉬움(길 찾기 쉬움)'이나 '친숙함'은 경관 이미지나 장소성과 관련이 있을 것이고, '개성'은 정체성의 다른 표현으로 볼 수 있을 것이다.

---

1   都市景觀研究會, 《都市の景觀お考える》, 大成出版社, 1988

이 4대 가치를 우리 경관법에 제시된 내용과 종합하면 도시경관계획의 보편적 목적은 아름다움beauty, 쾌적성amenity, 정체성identity 의 세 가지로 압축할 수 있다. 아름다움이 경관의 가장 고유한 속성이자 주로 시각적 수월성이라면, 쾌적성은 20세기 이후 영국에서 제도화된 과학적 관점으로 아름다움보다 확장된 지표를 통해 환경의 건강성과 안전성을 달성하려는 개념이다. 그리고 정체성은 여기에 역사·문화적 의미와 소속감까지 포함하는 더욱 궁극적인 장소적 가치를 뜻한다.

이들 목적의 구현을 위한 정책방침은 도시별 특성에 따라 또는 도시 내 지역별로 차별화해 적용할 수 있다. 일본 여러 도시의 도시경관계획을 비교·검토하면 역사와 자연경관 지역은 '보존'을 기본 방침으로 하고 있고, 퇴락되어 가는 구시가지 중심부의 경관은 '관리'의 방침으로 재생을 추진하며, 신시가지의 새로운 경관에서는 '형성'의 방침을 통해 경관적 질을 창조적으로 증진하고 있다.

그리고 이들 가치와 방침을 실현할 수 있는 대표적인 계획기법 또는 기준으로는 가시성 증진, 접근성 증진, 활동성 증진, 가해성 증진 등을 들 수 있다. 이들의 공통된 특징은 경관의 자원적 가치를 높이고, 이용자의 이용과 체험을 다양하고 의미있게 하려는 데 있다. '가시성' 즉 잘 보이게 하는 것은 경관자원의 가장 중요한 조건이다. 도시의 주요한 활동거점이나 통로에 적절한 조망장소를 조성하고 그로부터 경관자원으로 향하는 조망을 강조하면 도시의 전체적인 경관체험을 증진시킬 수 있다. 나아가 이러한 조망장소와 경관자원 자체로의 쉽고도 안전하고 쾌적한 접근로를 확보해 '접근성'을 높여 준다면 경관자원의 방문율을 높일 수 있다. 즉 가시성은 시각적 접근성, 그 다음의 접근성은 물리적 접근성이다. 이 두 가지 조건을 증진한다면 도시의 주민과 방문객에게 더욱 개방감과 친근감을 높일 수 있다. '활동성'은 경관자원에서 경험할 수 있는 오감을 통한 활동의

도시경관계획의 가치체계

경관계획 목표	방침	계획기준	경관계획 실행							
					거시적 (조망형 경관)			미시적 (환경형 경관)		
					점	선	면	점	선	면
아름다움 beauty 쾌적성 amenity 정체성 identity	보존 preservation 관리 management 형성 creation	가시성 visibility 증진 접근성 accessibility 증진 활동성 activity 증진 가해성 legibility 증진	공공부문 (경관사업)		주요 산 주요 강 대형공원녹지			가로 광장 수변공간 문화시설		
			민간부문 (경관협정)		지표건물 중심시가지 역사지구 특징적 주택지			단지 내 녹지 전정공간 옥상녹화 벽면녹화		

다양성과 참신성을 말한다. 이는 의식주를 포함하는 적절한 이용 프로그램의 운영으로 달성될 수 있으며, 그 운영에 지역 공동체가 참여한다면 효과를 더욱 높일 수 있다. '가독성'은 경관자원이 가지는 역사, 문화적 의미를 방문객에게 잘 전달하는 것을 말한다. 경관계획이 이러한 목표와 방침, 계획기준을 충족시킬 때, 경관자원은 시각적 아름다움과 함께 흥미로운 체험, 의미의 소통을 통해 도시 전체에 대한 소속감과 장소성을 높일 수 있을 것이다.

　미국은 도시미화운동[1893~1920]의 발원지였음에도 불구하고 별도의 도시경관계획 사례를 보기가 쉽지 않은데, 남부의 나바소타 Navasota 시에서 근래의 경관연구 동향을 수용한 도시경관계획[1984]을 볼 수 있다. 연구진은 장소성[the spirit of place]을 높이기 위한 '특이성 계획[Navasota Uniqueness Plan]'이라는 명칭으로 경관계획의 주제를 강조하고 있다. 전체 계획과정 중에서 경관자원 분석단계에서는 자연[Nature] 자

경관계획의 일반적 과정

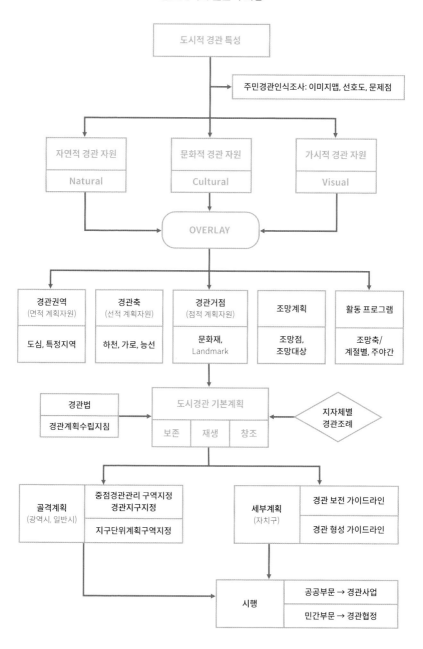

원, 문화Culture(역사 포함) 자원, 시각Visual 자원의 세 축을 통해서 기존 도시경관의 '특이성'을 발굴하려 하고 있다. 자연과 역사문화의 경관 자원이 지역 정체성을 대표한다는 것은 널리 공인되는 원칙이겠으나, 주민들의 '시각적 체험'을 통해서 확인한다는 것은 최근 '유럽경관협약'의 방침과도 부합된다.[2]

일본과 미국의 선례, 그리고 영국의 경관특성화평가LCA의 예를 종합해 경관계획의 단계별 가치체계와 경관계획의 일반적 과정을 종합정리하면 앞(47쪽)의 흐름도와 같다.[3]

먼저, 경관자원의 조사분석에서 물리적 경관자원은 자연적, 문화적(역사, 사회, 경제 포함) 경관자원으로 범주를 나누어 분석하고, 가시적 경관자원은 주민과 전문가의 경험적 판단과 함께 보조적으로 지리정보체계GIS를 활용한 분석과 정보화가 유용하다.

경관계획의 구상·계획단계에서는 현행 경관법 체계에서와 마찬가지로 가치평가되고 해석된 경관자원들을 경관거점, 경관축, 경관권역의 공간형태로 도시의 평면지도에 정리하는 것이 유용하다. 자원 간의 위치관계를 통해 도시공간에 네트워크화시킬 필요가 있기 때문이다. 보조적으로 제안하는 것은 이들과 더불어 조망계획과 활동 프로그램 계획이 추가될 필요가 있다는 것이다. 거점, 축, 권역이 평면적 계획인데 비해서 조망계획은 입체적 계획이다. 즉 조망계획은 중요 조망대상과 이를 바라볼 수 있는 지점인 조망점의 위치를 정하고 이들을 잇는 '조망영역visual cone'을 설정하고 관리하는 입체적, 규제적 계획이다. 활동 프로그램 계획도 필요하다. 이는 경관자원 주변을 포함하는 영역 안에서 역사문화적 의미와 관련된 지역활동을

2   Henry Launce Garnham, *Maintaining the Spirit of Place: A Process for the Preservation of Town Character*, PDA Publishers Co., 1985

3   김한배, 〈경관, 조경의 입구와 출구〉, 《처음 만나는 조경학》, 일조각, 2020, 98~133쪽

◀ 경관거점의 형성 사례. 나가사키 구라바
유적공원, 2006 ⓒ김한배

▼ 경관축의 형성사례. 바르셀로나의 람블라
거리, 2005 ⓒ김한배

주민과 이용자들이 함께 기획하고 참여해 직접 체험하게 하는 운영
프로그램을 말한다. 이는 경관자원과 인근 지역의 장소성을 증진시
킴으로써 지역활성화와 도시재생에도 기여하게 될 것이다.

　사진은 해외의 도시경관 중에서 우수 경관거점과 경관축을 예
시한 것이다. 경관거점은 역사적 장소(근대유적공원)이면서 동시에 조
망명소를 겸할 수 있다는 사례와 경관축도 역시 조망축(항구공원과 카
탈루냐 광장을 잇는 보행공원)을 겸할 수 있을 때 매력을 배가할 수 있다는
사례이다.

경관계획 내용

景觀計劃內容 · Visual Landscape Planning, Contents

「경관법」에서 제시한 경관계획의 유형별 계획 수립 실무에 대한 구체적인 지침을 제시하고 있는 '경관계획수립지침'에 따르면, 경관계획의 유형은 도 경관계획, 시·군 경관계획, 특정경관계획, 그리고 법에서는 별도로 분리하지 않은 실행계획으로 나눌 수 있다고 했다. 도 경관계획과 시·군 경관계획은 국토행정의 위계별 계획수립 주체에 따른 기본적인 경관계획 유형이다. 도 경관계획은 도지사가 도의 행정구역 전체를 총괄하는 경관계획이며, 시·군 경관계획은 특별시장을 비롯한 각급 지방자치단체장이 수립 주체가 되는 대표적인 경관계획 유형이다. 이들 위계별 유형의 계획체계와 내용은 크게 차이나지 않는다.

특정경관계획은 도시나 지역의 특수성을 강조하기 위해 '특정'한 경관계획을 선택적으로 수립할 수 있다. 이는 "관할지역의 특정한 경관유형(산림, 수변, 가로, 농산어촌, 역사문화, 시가지 등)이나 특정한 경관요소(야간경관, 색채, 옥외광고물, 공공시설물 등)를 대상으로 하는 경관계획"으로 기본적인 경관계획에 부가될 수 있는 선택적 계획이다.

실행계획은 별도의 유형이라기보다 각 유형의 경관계획마다 계획의 후반부에 첨부되는 한 부분으로 "경관계획의 내용을 구체적으로 실행하기 위한 방안을 제시하는 계획적 수단"이다.[1]

경관법의 경관계획 내용에는 다음과 같은 11가지의 사항을 포

---

1   주신하·김경인,《알기 쉬운 경관법 해설》, 보문당, 2015

함하게 되어 있다.

① 경관계획의 기본방향 및 목표에 관한 사항

② 경관자원의 조사 및 평가에 관한 사항

③ 경관구조의 설정에 관한 사항

④ 중점경관관리구역의 관리에 관한 사항

⑤ 경관지구, 미관지구의 관리 및 운용에 관한 사항

⑥ 경관사업의 추진에 관한 사항

⑦ 경관협정의 관리 및 운영에 관한 사항

⑧ 경관관리의 행정체계 및 실천방안에 관한 사항

⑨ 자연 경관, 시가지 경관 및 농산어촌 경관 등 특정한 경관 유형
또는 건축물, 가로街路, 공원 및 녹지 등 특정한 경관 요소의 관리
에 관한 사항

⑩ 경관계획의 시행을 위한 재원조달 및 단계적 추진에 관한 사항

⑪ 그밖에 경관의 보전·관리 및 형성에 관한 사항으로서 해당 지방
자치단체의 조례로 정하는 사항

이 가운데 경관계획의 중심 내용은 ①~⑤이다. 경관계획수립지
침에 의하면 ②는 경관자원 분석 단계, ③은 경관구상 단계, ④와 ⑤
가 경관기본계획 단계에 해당한다. ⑨는 선택·보완적 계획인 특정경
관계획의 내용이다. ⑥~⑧은 실행 계획에 해당하고 ⑩, ⑪의 사항 역
시 계획 실행을 위한 지원제도의 내용이다.

중심내용 중 ②번 경관자원의 조사 및 평가에 관한 사항은 '자원
지향적 계획'이라는 경관계획의 기본성격을 볼 때 계획의 방향을 좌
우할 수 있는 가장 중요한 부분이다. 지침의 총칙에서도 경관자원의
주요 유형을 자연경관, 역사·문화경관, 도시·농산어촌경관을 들고
있는데, 이를 다시 큰 범주로 종합하면 자연경관과 문화경관으로 나
눌 수 있다. 문화경관에는 도시와 농촌의 시가지와 역사경관, 산업경

관 등이 세부 항목으로 포함될 수 있다. 나라에 따라서는 계획 수립을 생략하고 조사, 평가의 단계에서 국가 차원의 경관정책 행위를 한정시키기도 한다. 경관자원의 가치평가 자체가 관리의 방향성을 보여준다고 생각하는 것이다.

여기에는 두 번째 기본성격인 '주민지향적 계획'의 측면에서 주민들의 인식조사가 매우 중요하며 그들의 인식에 근거해 경관자원의 선정과 가치를 판단하는 것이 필요하다. 즉 '경관의식조사'에서는 주민 입장에서 느끼는 경관 이미지의 강도와 특성은 물론, 주민 스스로가 경관자원을 경험하는 조망 행태(조망점의 위치, 조망대상의 보이는 각도 등)의 조사가 매우 중요한 부분이라는 것이다. 경관은 기본적으로 주민의 일상적 가시성의 체험에서 출발하는 것이기 때문이다. 이렇게 해서 경관자원 조사 및 평가는 크게 세 축(자연경관, 문화경관, 조망·인지경관)을 포함하면서 그 상호관계를 분석하는 것이 중요하다.

경관자원의 평가를 종합해서 미래의 계획으로 연결시키는 단계가 '경관기본구상'이라고도 부르는 '경관구조의 설정' 부분이다. 지침에서 이 내용의 구성은 경관권역, 경관축, 경관거점의 세 가지 유형으로 나누어 대상 지역 경관의 뼈대를 설정한다. 이 구조 유형은 경관자원을 동질한 성격을 가진 경관자원의 지리적 분포를 근거로 각각 기하학적인 면, 선, 점의 공간 형태로 정리하자는 것이다. 이는 원래 케빈 린치Kevin A. Lynch, 1918~1984의 도시의 이미지에 나오는 5요소를 점, 선, 면 형태로 정리해 원용한 일본 '도쿄 경관마스터플랜'의 3대 기본구조와 유사한 것으로 보인다.[2] 간결명료한 구조이기는 하지만 아직도 시민에게 전달되기에는 추상적이고 평면적 성격이다.

'경관기본계획'에서는 이 3대 경관기본구상의 3대 구조 각각의

---

2   Kevin Lynch, *The Image of The City*, The MIT Press, 1960; 東京都, 東京都都市景観マスタープラン, 1994

"보전, 관리 및 형성을 위한 계획방향 및 관리방안을 제시"하는 것으로 계획의 내용을 구체화하게 된다. 수립지침에 의하면 '경관권역'은 주로 도시의 상이한 토지이용에 바탕한 경관특성을 강조한다. '경관축'은 조망경관축, 가로경관축, 녹지경관축, 수변경관축으로 분류해 각각의 경관특성을 강조한다. '경관거점'은 시각적 랜드마크와 역사문화적 건축물과 생활상 등을 활용하는 계획을 하게 된다.

경관기본계획의 내용 중에는 상기 권역, 축, 거점의 계획 외에도 '중점경관관리구역'의 계획과 '경관지구 및 미관지구'의 계획, 그리고 '중요 경관자원 및 위해요소 관리계획'이 포함되어 있다. 중점경관관리구역을 법에서는 "중점적으로 경관을 보전·관리 및 형성하여야 할 구역"이라고 동어반복적 정의를 하고 있는데, 기본계획에서 세 가지 구조유형의 계획 이상으로 개별 도시와 지역의 경관을 특성화시키기 위해 대표적 경관구역을 설정하고 이를 보다 구체적인 계획 및 실행을 추진하기 위한 제도로 볼 수 있다. 수립지침에 의하면 개별 "중점경관관리구역의 명칭, 위치, 기본방향, 구역 내 경관자원의 보전, 관리 및 형성을 위한 계획방향, 관리계획, 실행계획을 수립"하게 하고 있다. 경관 및 미관지구는 원래 도시관리계획상의 제도로서「국토의 계획 및 이용에 관한 법률」에 의해 지정하고「경관법」의 경관계획에 의해 관리하게 되어 있는데 그 관리 계획의 수립을 의미한다.

경관기본계획의 내용을 좀더 구체화시키기 위해서 수립지침에서는 최근 '경관 가이드라인'이라는 단계를 추가했다. 특정경관계획에서는 '경관설계지침'이라고 했는데 같은 의미로 보인다. 즉 "경관권역, 경관축, 경관거점, 경관지구, 미관지구 및 중점경관관리구역에 대한 경관기본계획 내용의 실행을 위해 해당 구역별로 경관요소에 대한 좀 더 상세하고 구체적인 설계방향, 원칙 등을 제시할 필요가 있을 경우 경관가이드라인을 작성하고, 이를 '경관설계지침도'로 제

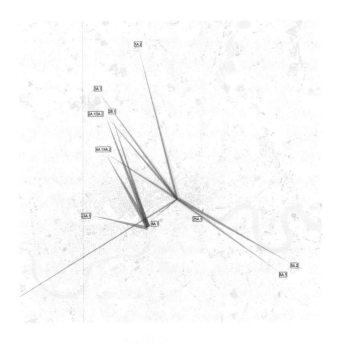

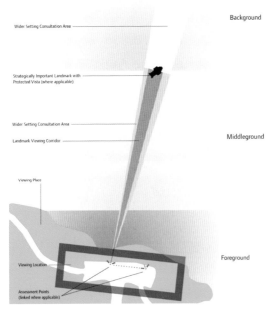

런던의 전략 조망축과 보호영역(전, 중, 배경) 예시도, 2012

ⓒMayor Of London https://www.london.gov.uk/

시한다."고 했다.

이러한 「경관법」의 권역, 축, 거점 등의 평면적 구조에 사람들의 직접적이고 입체적 시야인 '시각·조망구조'를 중첩, 보완한다면 경관계획의 구체적인 완성도가 더 높아질 것으로 생각된다. 세계적인 모범으로 인정받고 있는 런던의 도시경관정책은 전략 조망점과 조망대상, 조망축을 연결해 법정 개발규제영역으로 하고 있는데 우리도 진지하게 참고할 필요가 있다.

결국 경관계획이란 '경관자원 보존 및 활용계획'과 '조망경관 보존계획' 두 축이 중심이 되어야 한다. 경관자원 보존 및 활용계획은 경관의 대상 자체에 관한 문제이고, 조망경관 보존계획은 경관 주체의 시각체험의 문제인 까닭이다. 즉 주민들이 일상을 통해서 경관을 보고, 다가가고, 경관자원을 다양하게 즐길 수 있게 해줄 수 있다면 경관과 주민이 결합되는 장소성을 성취하고 궁극적으로는 지역의 사회경제적 활성화에도 기여하게 될 것이다.

경관계획 성격

景觀計劃 性格
Visual Landscape Planning, Definition and Attributes

「경관법」에 의한 법정 '경관계획'을 '경관계획수립지침(국토교통부 고시)'에서는 다음과 같이 정의하고 있다. "경관계획은 지역의 자연경관 및 역사·문화경관, 도시·농산어촌의 우수한 경관을 보전하고, 훼손된 경관을 개선·복원함과 동시에 새로운 경관을 개성 있게 창출하기 위한 정책 방향, 기본구상 및 계획을 수립하고, 그 실행방안 등을 제시하는 해당 지방자치단체의 자치적 법정계획이다(지침 1-2-1)."

「경관법」에 제시된 이들 법정 경관계획의 유형과 기본성격은 다음과 같다.

① 우리나라에는 경관법에 의해 국토교통부장관이 국가 전체의 경관 정책 내용을 수립하는 '경관정책기본계획'이 있다. 이 계획은 엄밀히 말해 실제 경관계획은 아니고 경관계획을 위시한 다양한 경관 제도를 운영해 국토 전체의 경관을 관리하기 위한 중앙정부의 기본정책이자 행정계획이다. 그 다음으로는 각급 지방자치단체에서 수립하는 경관계획이 경관법에 순차적으로 명시되어 있다. 특·광역시와 도를 대상으로 시·도지사가 의무적으로 수립하는 경관계획, 그리고 그 하부의 시 중 인구 10만 이상 도시의 시장이 의무적으로 수립하는 경관계획, 인구 10만 이하의 시와 군, 구의 자치단체장이 임의적으로 수립하는 경관계획이 있다. 이 유형별 경관계획의 수립과 운영에 관한 구체적 내용은 국토교통부 장관이 고시한 '경관계획 수립지침'에서 상세히 다루고 있다. 이 수립지침은 경관 관련 부처인 행정안전부장관, 문

화체육관광부장관, 농림수산식품부장관, 환경부장관 등과 협의를 거쳐 마련한 것이다.

② 경관계획은 크게 도시계획의 타 부문 계획과 차별성 있는 세 가지 기본성격을 갖고 있다. 첫째는 '자원지향적 계획'이라는 점, 둘째로 '주민지향적 계획'이라는 점, 셋째로 '공조·협업지향적 계획'이라는 것이다. 첫째는 지역의 고유한 경관자원을 발굴하고 평가하여 계획의 뼈대로 삼는다는 것이고, 둘째는 경관의 기본성격이 대상 자체만이 아닌 지역민의 지각과 인식을 반영하는 것이라는 점이다. 셋째는 도시지역의 경우 사유지가 경관의 많은 부분을 차지하므로 특히 지역민의 이해와 협조가 필수적이다. 따라서 민간과 공공의 영역 간, 관련 행정부처 간, 또한 계획을 수립하는 전문가 집단인 조경, 도시계획, 공공디자인 등 계획 분야 간 원활한 공조와 협업이 필수적임을 강조하는 것이다.

참고로, 우리나라 경관계획 관련제도의 바람직한 발전을 위해 2021년 수립, 공포된 영연방 호주 서 오스트레일리아 주의 경관계획visual landscape planning의 차례를 통해 주요 체계를 고찰해 보자. '경관계획 가치와 과정' 항목에서 영국 경관행정 체계에서 특히 국토 차원의 '경관자원평가LCA'를 바탕으로 한 '경관영향평가LIA'가 중요한 뼈대를 이루고 있다고 했는데, 차례에서 보듯이 계획의 본론이라 할 수 있는 2장 '경관계획방법론visual landscape planning method' 부분의 중심부가 '경관자원평가visual landscape evaluation'와 '경관영향평가visual impact assessment'로 이루어져 있다. 결론이라 할 수 있는 3장은 '(주요 경관자원의) 위치, 경역설정, 설계지침Guidelines for Location, Siting and Design'으로 이루어져 구체적 대상경관자원의 관리계획을 제시하고 있다. 실제 구체적인 지구별 경관계획의 방침들은 부록Appendices에 수록해 참고하게 하고 있다.

경관계획의 제일 중요한 차별성이 '자원지향성'이라고 했는데,

Contents

서 오스트레일리아 주 경관계획의 주요 내용. 경관자원의 평가, 보존, 관리, 2007
ⓒ 서 오스트레일리아 계획위원회(Western Austrailian Planning Commission)

여기서도 주로 경관자원의 평가와 개발에 따른 영향평가와 보존방법을 가장 중심적으로 다루고 있는 것을 확인할 수 있다. 현재 우리 「경관법」을 위시한 각종 주체의 경관제도에서도 가장 밑바탕이 되어야 할 기존 경관자원의 체계적 평가와 발굴제도가 선제적으로 강화되어야 하겠고, 경관영향평가 방법의 적실화와 함께 평가결과가 실행력을 갖출 수 있도록 발전시켜나가야 할 것이다.

경관계획 실행

景觀計劃實行·Implementation of Landscape Plan

경관계획을 지역 환경에 실현하기 위해서는 크게 두 가지 방향을 취할 수 있다. 하나는 경관관리의 주체인 지방자치단체의 행정·재정적 지원을 통해 경관 증진을 위한 공공사업을 시행하거나 주민이나 건축주가 경관의 형성에 자발적으로 참여하게끔 권장 또는 유도하는 방법이 있다. 또 다른 방향으로는 경관계획의 각 내용에 강제력이 있는 기존 도시관리계획제도를 연동해 실현하거나 계획 내용을 자치법규인 조례에 반영해 실현의 구속력을 갖게 하는 것이다. 첫 번째 방향의 대표적 제도로는 「경관법」의 경관사업과 경관협정, 경관심의 등을 들 수 있다. 두 번째 방향의 대표적 제도로는 경관계획에 근거해 「국토의 계획 및 이용에 관한 법률」의 경관지구와 미관지구, 고도지구를 지정하는 것과 함께 경관계획 중 중요 내용을 '지구단위계획'으로 수립하거나 자치단체의 '경관조례'에 이 내용을 반영하는 방법 등이 있다.

경관사업과 경관협정이 계획에 의해 경관을 형성시키기 위한 적극적, 형성적 제도라면, 경관심의는 경관자원의 보전과 개발에 의한 훼손을 방지하기 위한 소극적, 예방적 제도라는 차이가 있다. 이 실행제도들은 특히 경관계획에서 우선적으로 경관형성이 요구되는 '중점경관관리구역'에 집중적으로 적용하도록 하라고 '경관계획수립지침'에 적시하고 있다.

「경관법」에 명시된 제도를 요약 설명하면 다음과 같다. 원칙적으로 경관사업의 주체는 주로 공공으로서, 초기에는 공유지를 대상

경관계획의 실행과 도시계획의 관계

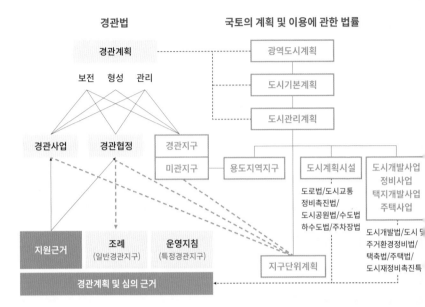

출처: 한국도시설계학회, 《(도시설계전략으로서의) 도시경관계획》, 발언, 2009

으로 한 지방자치단체의 사업이 주가 된다. 그러나 성숙기에 들면 경관사업의 시행은 공공과 민간 모두가 가능하다. 즉 개발 관련 공기업이나 민간 건설기업의 발의도 가능하다. 다양한 부동산 개발업체, 민간 주거단지나 기성상업지의 주민단체 등도 '경관사업추진협의체'를 결성해 시행령에서 정한 경관사업계획서를 해당 자치단체장에게 제출하고, 경관위원회의 심의를 거쳐 승인을 받으면 행정 및 재정적 지원을 받으며 경관사업을 시행할 수 있다.

법에 의한 '경관사업의 대상'과 그 예는 다음과 같다.

① 가로환경의 정비 및 개선을 위한 사업: 보행거리, 녹화거리 조성사업, 옥외광고물정비사업

② 지역의 녹화와 관련된 사업: 공공광장 조성사업, 다양한 공원녹

지형 공간 조성사업

③ 야간경관의 형성 및 정비를 위한 사업: 경관조명사업

④ 지역의 역사적·문화적 특성을 지닌 경관을 살리는 사업: 역사문화탐방로, 한옥마을, 전원마을, 예술마을 조성사업

⑤ 농산어촌의 자연경관 및 생활환경을 개선하는 사업

⑥ 그밖에 경관의 보전·관리 및 형성을 위한 사업으로써 해당 지방자치단체의 조례로 정하는 사업

'경관협정'이란 주민 스스로가 자기 지역의 경관을 보전·관리 및 형성할 수 있도록 유도하는 제도이다. 경관사업이 주로 공공의 소유지를 대상으로 지방자치단체에 의해 시행되는 공공사업의 성격을 갖는다면, 경관협정은 주로 민간 즉 일단의 토지구역 또는 상가 가로단위 인접 토지 소유주 구성원들 간에 결성된 '경관협정운영회'를 통해 협의된 경관조성과 관리에 대한 제도적인 약속이다. 단지나 가로와 같은 일관된 경관특성과 질이 요구되는 구역의 구성원 전체가 스스로 합의하여 적용하게 되는 '디자인 가이드라인'의 성격이 강하다. 굳이 연원을 따지자면 20세기 말부터 미국을 중심으로 성행한 '뉴어버니즘New Urbanism'의 예를 들 수 있다. 이 운동을 통해 새로 형성되는 주거지역에 지속적인 경관특성을 유지하기 위해 적용했던 '도시설계 코드나 가이드라인'이 선례가 될 수 있다.[1]

　토지소유자 등이 경관협정을 체결하는 경우 경관협정(준비)운영회를 설립해 경관협정서를 작성해야 하며, 이 협정서를 경관위원회의 심의를 거쳐 시·도지사의 인가를 받으면 효력이 발생할 수 있다. 여기서 효력이란 시·도지사 등에 의해 제공되는 기술적·재정적 지원

1　김한배, 〈낭만주의 도시경관 담론의 계보연구〉, 《한국경관학회지》 12(2), 한국경관학회, 2020, 85~106쪽

을 말한다.

경관협정의 대상은 다음과 같이 예시된 항목을 규정할 수 있다.

① 건축물의 의장·색채 및 옥외광고물에 관한 사항: 건축물의 입면 형태, 외장, 재질, 색상, 지붕형태, 옥외광고물의 형태 등

② 공작물 및 건축설비의 위치에 관한 사항: 건축설비의 집약화, 건축물과 일체화된 디자인

③ 건축물 및 공작물 등의 외부 공간에 관한 사항: 주차장, 대지 내 조경 등

④ 토지의 보전 및 이용에 관한 사항: 토지 및 건물의 용도, 건폐율, 용적율, 토지형질변경, 건축한계선 등

⑤ 역사·문화 경관의 관리 및 조성에 관한 사항: 한옥마을 등 역사·문화환경의 관리에 필요한 사항 등

⑥ 그밖에 대통령령으로 정하는 사항: 법 제19조 제4항 제6호에서 "대통령령으로 정하는 사항"이란 다음 각 호의 사항을 말한다.

• 녹지, 가로, 수변공간 및 야간조명 등의 관리 및 조성에 관한 사항

• 경관적으로 가치가 있는 수목이나 구조물 등의 관리 및 조성에 관한 사항

• 그밖에 해당 지방자치단체의 조례로 정하는 사항

또한 대부분의 지자체는 경관계획 수립과 동시에 보통 경관조례를 제정하게 되는데, 그 내용에 계획의 중요 내용과 가이드라인 등을 반영해 계획의 실행을 유도하고 경관심의의 근거로 삼을 수 있도록 제시하고 있다. 경관계획의 수립과 동시에 일반적으로 제정되는 경관조례는 경관지구, 미관지구, 중점관리구역의 관리 등 경관계획의 내용을 실행하기 위해 경관조례에 반영할 규제사항, 지방자치단체의 유도·지원에 관한 사항 등을 제시한다.

공공부문과 민간부문 경관의 계획과 실행

공공부문		민간부문

자연경관
산, 하천, 농촌

공공시설경관
공원, 녹지, 가로, 광장,
공공건축물, 가로시설물,
교통시설 등 도시기반시설

역사문화경관
공공문화재
민간문화유산
복합문화시설
테마파크

야간경관
공공, 민간

주거경관
단독주택지, 아파트 지구,
지원시설(쓰레기,물처리)

상업경관
근린상가, 도심상가,
재래시장, 업무시설,
옥외광고물

공업경관
공업단지, 이전적지

계획내용	• 자연경관 보전 • 공원, O.S. 형성 • 도시구조문, 가로시설물 디자인관리	• 역사문화경관 보존 및 형성 • 이용 프로그램 수립 • 관광자원화	• 건축물 높이, 배치, 옥외광고물 유도 및 규제
적용제도	• 경관관리구역, 경관지구지정 • 경관위원회 심의 • 경관사업 시행	• 경관, 문화재 위원회심의 • 경관사업+협정시행	• 경관지구 지정 • 지구단위계획구역 지정 • 경관사업+협정시행

경관계획의 실행은 공공부문과 민간부문으로 나누어서 또는 중복해서 시행할 수 있다. 대체로 자연경관이나 공공시설경관을 공공부문의 대상으로 볼 수 있는데 이 경우, 경관관리는 정부나 지자체의 예산으로 주로 '경관사업'에 의해서 시행하게 된다. 예를 들어 하천 복원이나 녹지복원, 국공유 문화재의 경관관리 등이 이에 해당된다. 일단의 주거지나 상업지, 공업지의 경관은 주로 민간의 재산일 경우가 많은데 이 경우, 조합원 간에 '경관협정'의 체결과 승인을 득하는 조건으로 정부나 자치단체가 재정 및 기술·행정적으로 지원해줄 수 있다. 특히 이러한 사업들은 '경관중점관리구역'에 대해 우선적으로 적용하는 것이 상례이다.

경관계획의 실행과 관련이 있는 대표적 제도는 「국토의 계획 및 이용에 관한 법률」 도시관리계획의 경관지구나 미관지구, 지구단위계획 등이다. 경관계획의 내용을 이들 지구, 구역 등으로 제안하여 지정받게 하는 것을 말한다. 경관지구는 「경관법」 제정 이전부터 「국토의 계획 및 이용에 관한 법률」에 존재하던 대표적 법정 지구로서 일제강점기에는 '풍치지구'라고 했다. 「경관법」에서는 경관위원회에서 승인받은 경관계획에 근거하여 「국토의 계획 및 이용에 관한 법률」의 지정 절차에 따라 경관지구를 지정하게 할 수 있다. 또한 그 지정받은 경관지구에 별도의 관리계획을 수립해 관리하도록 의무화하고 있다. 보다 구속력 있는 관리수법으로는 지구단위계획을 수립할 수 있고, 경관사업이나 경관협정 등을 통해서 조기 추진할 수도 있다. '지구단위계획'은 「국토의 계획 및 이용에 관한 법률」 '도시·군관리계획'의 한 부문계획으로 시행의 법률적 구속력을 갖는다. 지구단위계획의 내용에는 건축물의 용도, 용적, 높이, 배치, 형태, 색채, 건축선 등 경관적 사항들과 함께 환경관리계획 또는 경관계획(경관상세계획)을 포함하도록 되어있다.

따라서 현 「경관법」과 '경관계획수립지침'에서는 경관계획의 실행력을 높이기 위해서 계획상의 중요구역, 특히 중점경관관리구역이나 경관지구로 제안하는 구역을 대상으로 지구단위계획구역으로 지정받을 수 있도록 제안하도록 권유하고, 경관계획의 내용을 지구단위계획에 반영하여 상세하게 수립할 것을 요청하고 있다.[2]

'경관계획수립지침'에서는 이밖에도 정부의 여타 관련부처의 법인 농어촌정비법, 자연환경보전법, 문화재보호법 등에 따른 경관관련 계획이나 지역·지구 등의 제도도 연동시켜 실행을 추진할 것을 제시하고 있다.

---

2   주신하·김경인, 《알기 쉬운 경관법 해설》, 보문당, 2015

경관미학 체계

景觀美學體系 · Approaches in Landscape Aesthetics

경관 전문가로서 더욱 전문성 있는 경관계획을 수행하기 위해서는 경관미학에 대한 체계적인 지식과 연구가 필요하다. 18세기에 시작된 경관 연구는 20세기에 이르기까지 기반 학문에 대한 폭을 넓히면서 다양한 접근방법으로 전개되어왔으나 그 핵심은 당대의 도시환경에 대한 미학에 있었다. 특히 경관미학 분야에서는 경관의 속성인 대상과 주체, 경관의 외형과 의미, 환경 인식의 단계 등을 교차해가면서 다양한 연구 방법론이 전개되어왔다. 이를 요약해 형식미학적 경관이론, 실증미학적 경관이론, 상징미학적 경관이론, 장소미학적 경관이론이라는 4대 접근방법의 범주로 정리하고 설명할 수 있다. 이들은 건축 및 조경학, 심리학, 인류학, 지리학 등의 기초이론을 기반으로 경관의 미학적 이론을 체계화시켜 왔다. 접근방법 간 대조적 성격을 명료하게 설명하기 위해서는 표(66쪽)와 같은 4분구 형태의 비교 도식이 필요하다.

형식미학적, 실증미학적, 상징미학적, 장소미학적 경관이론의 네 가지 방법론은 서로 대조적이고 이질적이기는 하지만 실제 적용 상황에서는 경관적 과제의 특성에 따라 여러 방법이 상호보완적으로 병용되기도 한다.[1]

---

[1] 김한배, 〈도시환경설계의 합리주의와 경험주의 사조에 관한 고찰 I〉, 《국토계획》 33(3), 1998, 183~202쪽; 〈도시환경설계의 합리주의와 경험주의 사조에 관한 고찰 II〉, 《국토계획》 33(4), 1998, 139~162쪽; 김한배, 〈1장 경관의 개념과 접근방법〉, 《경관법과 경관계획》, 보문당, 2008, 14~35쪽; 김한배, 〈낭만주의 도시경관 담론의 계보연구〉, 《한국경관학회지》 12(2), 2020, 85~106쪽

경관미학의 4대 접근방법: 괄호 안은 관련 학자

1) 형식미학적 경관이론	2) 실증미학적 경관이론
알베르티1435, 메르텐스1884, 슈프라이레겐1965), 지테1889 컬렌1961, 핼프린1979	홀1966, 뉴먼1973, 셰이퍼1969, 리튼1978
3) 상징미학적 경관이론	4) 장소미학적 경관이론
애플튼1975, 라포포트1982, 알렉산더1977, 린치1960	투안1977, 렐프1976, 슐츠1979

위 도식의 네 가지 접근방법의 출현 시기는 대체로 1)~4)의 순서로 전개되어 오기는 했으나 현재도 네 가지 방법이 병용되고 있다. 좌우, 상하 간 접근방법은 서로 대조적인 성격을 갖는다.

먼저 1)과 2)의 차이를 보면, 1)이 주로 '전문가(공급자)'의 경험을 바탕으로 한 판단을 분석해 이상적인 미적 법칙을 찾아낸 것이라면, 2)는 '일반인(수요자)'의 반응 패턴을 통계적으로 분석해 미적 반응이나 선호도의 예측모형을 만들어 낸 것이다. 1)과 3)의 차이는, 1)이 주로 외관의 형태가 전달하는 형식미적 효과에 관심을 갖는다면, 3)은 외형을 통해 전달하려는 내용미 즉 의미나 상징의 내용과 전달방식(의사소통구조)에 관심을 갖는다는 데 있다. 3)과 4)는, 3)이 기억을 중심으로 하는 인지구조에 관심을 갖는데 반해, 4)는 환경과 공동체 간의 교류가 어떻게 소외감을 줄이고 소속감을 높일 수 있는가 하는 인간적 측면에 관심을 갖는다. 2)와 4)의 관계는, 2)의 방법과 목적이 실증적 과학의 방법론에 의해 환경적 자극과 이용자 반응 사이의 객관적 법칙성을 발견하는데 있다면, 4)는 대중의 주관적인 환경 체험의 진정성을 참여적 방식을 통해 이해하고 그 사회문화적 요인을 발견하려는데 있다는 것이다.

경관미학 4대 분파의 주요 특징과 주 연구자들을 간략히 설명하자면 다음과 같다.

1) 형식미학적 경관이론formal aesthetics in landscape

형식미학은 고대 그리스, 로마 시대부터 시작되었고 현재까지도 가장 실용적으로 적용되고 있는 방법론으로 고전주의적인 '대이론grand theory'이라고 불리는 서구 미이론의 원류에 바탕을 두고 있다. 형식미학은 대상과 주체 중에서 대상의 외형적 속성에 더욱 비중을 두고 그를 '지각perception 단계'의 미적 법칙성을 연구하는 것으로, 경관 대상의 비례, 원근법 등 고전적인 미의 기준에서부터 낭만주의적인 유기적 근대 경관의 미에 이르기까지 적용되어왔다.

고전주의의 미적 형식이 기하학과 대칭의 '질서'를 중시하는 것이었다면, 낭만주의의 미적 형식은 자연형태와 비대칭의 '변화'를 중시하는 것으로, 후자는 18세기 정원이론인 '픽처레스크'에서 출발해 유기적 도시경관의 계획과 공원 등 근대 조경설계에 적용되어왔다. 하지만 양자는 눈에 보이는 외적 형태의 대조적인 형식이라는 공통점을 갖고 있다.

근대 이후 기능주의 건축과 도시설계에 이르기까지 계승되어온 고전주의의 비례(황금비 등 수리적 비례)를 기본으로 하는 계량적이며 절대주의적 원칙은 19세기 말부터 20세기 초에 형태심리학(게슈탈트 심리학) 등 일부 상대주의적인 형태 지각 이론을 포함하게 되면서부터 상대적이고 맥락적인 유연성을 갖게 되었다. 즉 오스트리아와 독일에서는 '게슈탈트gestalt 심리학Max Wertheimer 외, 1910'을 통해서 착시효과 등 가변적, 무의식적인 시각인지 원리를 발견해냈다. 또한, 그에 기반한 '형상-배경 이론Figure and Ground theory. 이후 F/G로 기술'은 반전 가능한 이중적 구조를 제시했으며 이는 기존의 절대주의적 형식미학을 상대주의적 관점으로 전환시키는 계기가 되었다. 특히 F/G는 이 이론의 대표 다이어그램인 '루빈의 화병Rubin's Vase, 1921'에서 보듯이 형상과 배경의 상호 반전 가능성을 통해, 우리가 보는 경관 지각의 이중성 등 맥락주의적 사고를 야기시켰다. 따라서 이 F/G는 20세기는 물론 21세기에 이르기까지 미술과 도시경관의 낭만주의적 연구 특히 맥락주의적 도시경관 연구에서 가장 지속적으로 사용되어 온 개념 틀이다(김한배, 2020:94).

요즈음 경관계획에서 주로 다루어지는 배경 산지와 주변 시가지 건축물군의 차폐 비율, 디지털 경관시뮬레이션에 의한 경관영향평가도 크게 보면 이 형식미학의 범주에 속한다. ('경관 시각 척도' 참조, 80쪽)

형식미학적 경관이론 주요 연구자는 다음과 같다.

① **알베르티**Leon Battista Alberti[2]: 초기 르네상스 시기 이탈리아 철학자로 미술, 수학, 음악, 건축 등에 관심 두고 일관된 원칙으로 이상적 비례(황금비)를 들었다. 대표 저서는 《건축십서Ten Books of Architecture》1435이다.

② **메르텐스**Hermann Eduard Maertens: 근대 초기인 19세기 말의 독일 건축가로 르네상스의 투시도와 비례 연구를 발전시켜 눈의 생리학에 기초한 시각적 척도인 시각원추Visual Cone 이론을 제시하고 도시경관 분석에 적용했다.

③ **슈프라이레겐**Paul D, Spreiregen[3]: 《건축도시설계Urban Design the Architecture of Town and Cities》1965, 대이론을 20세기 근대에 계승, 발전, 종합한 미국 건축가로 시각 척도, 위요도, 거리 척도, 이미지 척도 등을 실무에 적용할 수 있게 종합하고 제시했다.

④ **지테**Camillo Sitte[4]: 중세도시의 미학적 가치를 픽처레스크의 낭만주의적 도시설계 이론을 통해 대안으로 제시한 학자이다. 저서

---

2   Leon Battista Alberti, *Ten Books on Architecture(1435)*, Alec Tiranti Ltd, 1955

3   Paul D Spreiregen, *Urban Design the Architecture of Towns and Cities*, Mcgraw-Hill Inc, 1965

4   Camillo Sitte, *The Art of Building Cities(1889)*, N.Y. Van Nostrand Reinhold Company Inc., 1945

《예술적 도시의 미학City Planning According to Artistic Principles》1889을 통해 고전주의 일변도의 도시설계의 비인간성을 비판하고 대안을 제시해 변화의 계기를 만들었다.

⑤ **컬렌**Gordon Cullen[5]: 픽처레스크라는 정원이론을 중세도시의 유기적 경관의 분석에 적용시키면서 '도시경관Townscape, 1961'이라는 말을 대중화시켰다. 그는 도시경관을 다중적 인자 사이의 '관계의 미학The Art of Relationship'이라고 했다. 고전주의를 계승한 학자들의 정지된 시점에서의 원칙보다 보행자의 이동경로에 따른 시간누적적 경관 경험 즉 점진적 경관Visual Sequence과 장소의 미적 차원을 제시했다.

⑥ **핼프린**Lawrence Halprin[6]: 미국의 조경가로 컬렌의 시퀀스를 공원체계와 결합시켜 도시경관에서 선적이며 시간적인 경관이론과 작품을 제시했다. '모테이션 심볼Motation Symbol'은 선적 경관에서 사람들의 움직임과 그 경험을 악보화해 놓은 현대적 픽처레스크의 이론이라고 할 수 있다. 그는 경관의 형성에 커뮤니티 집단의 참여와 사회적 의미의 창출까지 포함시키는 일종의 장소적 설계기법도 제안하고 작품화했다The RSVP Cycles: Creative Processes in the Human Environment, 1969.

2) 실증미학적 경관이론positivistic aesthetics in landscape

형식미학적 연구가 주로 전문가들의 경험을 근거로 한 법칙이라면, 실증미학은 근대 이후의 과학적 실증주의적 태도에 근거해 통계적으로 일반인의 미적 반응의 법칙성을 추구하는 경관미학이다. 연구에 인류학, 심리학, 조경학 등의 기본원리를 적용했다.

---

5   Gorden Cullen, *The Concise Townscape*, Architectural Press, 1971
6   Lawrence Halprin, *The RSVP Cycles*, George Braziller, Inc., 1979

경관의 '자극변수stimulus'에 따르는 인간 주체의 '반응response'을 객관적으로 측정해 경관에 대한 심미적 평가를 수행하려는 것으로 환경심리학과 행태과학에 근거해 방법론을 발전시켜 왔다. 1980년대에 미국에서 시작되어 1990년대에 한국에서도 풍미하던 방법론이다. 정신물리학적 방법과 심리학적 방법을 포함한다. 연구의 중심 환경인식단계로서는 '태도와 행위attitude, behavior'의 단계에 집중된다. 경영학의 마케팅에서 사용했던 방법을 응용해 실제 주민들의 '경관 선호도'와 '만족도'를 조사하는 방법으로 특정 유형 경관의 계획모델 구축에 사용할 수 있다.

주요 실증미학적 경관이론 연구자는 다음과 같다.

① **홀**Edward T. Hall[7]: 문화인류학자로 인간 집단의 성격에 따르는 적정 거리를 실증적으로 규명한 《보이지 않는 차원Hidden Dimension》1966으로 유명하다. 이 책에서 친밀한 거리, 개인적 거리, 사회적 거리, 공공적 거리 등으로 적정 거리 규모를 구분하였다. ('경관 거리 척도' 참조, 78쪽)

② **뉴먼**Oscar Newman[8]: 도시공학자로 안전한 도시환경을 위해 필요한 단계적 공간 영역의 필요성을 《방어공간Defensible Space》1972에서 주장했다. 즉 사적영역, 완충영역, 공공영역 간의 공간단계가 명확할수록 안전한 주거지가 될 수 있다는 이론이다. 요즈음의 '범죄예방환경설계CPTED'와 관련되는 고전적 연구라 할 수 있다.

③ **셰이퍼**Shafer[9] 외: 조경학자 셰이퍼와 동료 연구자들은 자연경관의 선호도 예측 모델을 찾아내기 위해서 대중을 대상으로 하는

---

7   Edward T. Hall, *The Hidden Dimension*, Doubleday, 1966

8   Oscar Newman, *Defensible Space: People and Design in the Violent City*, Macmillan Pub. Co., 1973

9   Elwood L. Shafer Jr., John F. Hamilton Jr. and Elizabeth A. Schmidt, "Natural Landscape Preferences: A Predictive Model", *Journal of Leisure Research*, 1(1), 1969, pp.1~19

이용자 반응(사진영상 선호도)을 실험, 자연경관을 구성하는 요소(하늘, 수면, 지형, 식생 등 자극 요인의 독립변수들) 사이 화면구성의 적정 비율을 찾아낸 바 있다[Shafer et al., 1969].

④ **리튼**Litton[10] 외: 조경학자 리튼과 동료들은 삼림경관자원의 체계적 가치평가를 위한 자원분류와 분석 모형을 제시했다. 그들은 이 연구를 통해, 지극히 다양한 자연경관의 변화요인을 평가할 수 있는 정성적, 정량적 척도를 제시함으로써 경관평가를 객관화하는데 기여했다[Litton and Telow, 1978]. ('경관 조망 척도' 참조, 81쪽)

3) 상징미학적 경관이론symbolic aesthetics in landscape

대상의 미적 '형식'에 관심을 갖는 형식미학적 접근과 대조되는 '내용' 중심의 방법론으로 이른바 '상징미학적 접근'으로 불린다.[11] 종교적 경관 등 문화경관에 대해 이용자는 실제 형태보다도 그 안에 담긴 의미나 상징에 먼저 반응한다는 다분히 인문주의적 입장이다. 중세 고딕 도시경관의 상징적 의미를 도상학적으로 분석한 데서 시작해 20세기의 구조주의와 기호학적 접근으로 발전해 간다. 연구자의 예로 애플튼과 알렉산더가 구조주의에 가깝다면, 라포포트나 린치는 기호학적 접근에 가까워 보인다. 환경 인식단계로서는 과거의 기억을 바탕으로 현재의 경험을 판단하는 '인지cognition' 단계에 집중한다. 역사경관의 의미 연구와 계획, 현대 도시의 이미지 평가와 경관계획 등에 적용할 수 있다.

주요 상징미학적 경관이론 연구자는 다음과 같다.

---

10   R. Burton Litton, Jr., Robert J. Tetlow, *A landscape inventory framework: scenic analyses of the Northern Great Plains*, The Forest Service of the U.S. Department of Agriculture, 1978

11   Jon Lang, *Creating Architectural Theory: The Role of the Behavioral Sciences in Environmental Design*, Van Nostrand Reinhold, 1987

① **애플튼**Jay Appleton[12]: 《경관의 경험The Experience of Landscape》1975에서 역사적인 풍경화 작품들을 분석해 경관미의 기본구조가 무의식적으로 '조망Prospect'과 '은신Refuge'의 상징적 이중구조 즉 '숨어서 보는' 방어에 유리한 위치를 표현한다고 밝혔다. 실제 중세 서양의 첨탑과 미로의 도시구조나 한국의 풍수 가거지의 구조가 이러한 구조로 설명되곤 한다.

② **라포포트**Amos Rapoport[13]: 수많은 저술에서 경관의 미는 기능보다 문화적 의미의 표현에 의해서 소통된다고 했는데, 특히 《건조경관의 의미The Meaning of Built Environment》1982에서 고정된 건축물의 공간 형태보다 생활을 위한 가변적 시설(간판, 차양, 가판대 등)에 의해서 경관의 의미가 소통되어 인간적 경관을 만든다고 했다.

③ **알렉산더**Christopher Alexander[14]: 단어나 문장이 문법과 문맥에 의해서 의미를 전달하듯이 환경과 경관도 생활공간의 정해진 기본 패턴이 결합되어 점차적으로 더 큰 패턴과 의미를 확장해 나간다는 논리를 《패턴랭귀지Pattern Language》1977에서 주장했다. 자생적 마을경관의 점진적 성장이 주민, 시간, 문화를 반영하며 계획가는 이의 절차적 구현에 도움을 주는 역할이 필요하다고 했다. 최근 도시재생 담론의 기초이론을 형성한다.

④ **린치**Kevin Lynch[15]: 《도시의 이미지The Image of the City》1960는 20세기 후반을 강타한 책이다. 그는 사람들이 도시의 실체적 공간보다도 집단적 기억에 의해 형성된 공공 이미지public image에 더 지배받는다고 주장한다. 주민들에 의한 '약도 그리기Image Mapping'를 통해

12   Jay Appleton, *The Experience of Landscape*, John Wiley and Sons Inc., 1975

13   Amos Rapoport, *The Meaning of the Built Environment: A Non-Verbal Communication Approach*, Beverly Hills, Sage Pub., 1982

14   크리스토퍼 알렉산더·사라 이시가와·머레이 실버스타인 지음, 이용근·양시관·이수빈 옮김, 《패턴 랭귀지》, 인사이트, 2013

15   Kevin Lynch, *The Image of The City*, The MIT Press, 1960

그는 대부분의 도시에 공통적으로 등장하는 보편적인 5대 이미지 요소를 발견하고, 이들의 배치 구조가 명료하고 특징적일 때 강한 도시 이미지를 갖는 도시가 된다고 했다. 이 이미지 맵 기법은 도시의 인지상태를 측정하기 위해 지리학자들에 의해 개발된 기법인데 도시연구가인 린치에 의해 사용되어 도시경관연구에서 괄목할 만한 결과를 도출해내었다. ('경관 이미지 척도' 참조, 82쪽)

4) 장소미학적 경관이론place aethetics in landscape

1970년대 말에 기존 경관 연구에 대한 과학적, 분석적 방법의 한계를 극복하기 위해 인간주의 지리학을 중심으로 하는 경관 연구자들은 경험을 연구하는 현상학과 환경·문화·사회를 통합해 보는 총체적 방법을 수반하는 '장소'의 미학을 제시했다. 이들은 20세기 급격한 도시화에 의한 거주민들의 환경적 소외감을 극복하고 소속감을 높이기 위해서, '경관-인간'의 일체화를 지향하는 '장소만들기place making'를 추구했다. 장소미학에 기반한 장소만들기는 환경의 시각적 환경만이 아닌 지역 공동체의 역사, 문화, 사회적 측면을 통합해 하나로 보고 보존하고 활성화시키려는 총체적 방법이다.

환경 인식의 단계로서는 마지막 단계이자 총체적 단계인 '체험experience' 단계에 집중된다. 연구자의 참여관찰, 주민과의 개방적 심층 인터뷰를 통한 장소성과 비장소성의 요인 분석이 장소성 연구와 계획설계에 주로 이용되는 방법이며, 경관계획과 조경, 단지설계 등에 적용될 수 있다.[16] ('경관 장소성 척도' 참조, 84쪽)

주요 장소미학적 경관이론 연구자는 다음과 같다.

① **투안**YiFu Tuan[17]: 인문지리학자로 인간주의 지리학을 통해 장

---

16   이규목,《한국의 도시경관》, 열화당, 2002

소 이론의 근간이 되는 《토포필리아Topophilia: A Study of Environmental Perception, Attitudes, and Values》1972, 《공간과 장소Space and Place》1977 등 다수의 철학적 저서를 내었다. 그에 의하면 공간에 삶(의 경험)을 더하면 장소가 된다.

② **렐프**Edward Relph[18]: 인문지리학자로서 장소성 연구의 실질적인 연구 틀을 제시했다. 렐프는 대표 저서 《장소와 장소상실Place and Placelessness》1976에서 현대 경관이 지닌 비장소적 특징을 신랄하게 비판했다. 그에 의하면 장소는 '가시적인 환경의 외관', 그 속에 사는 사람들의 '활동과 생활의 패턴', 이들 간의 상호작용에 의해 형성되는 '환경의 의미'의 세 가지 요건에 의해서 독자적인 장소적 정체성을 형성한다고 한다.

③ **슐츠**Noberg-Schulz[19]: 하이데거의 현상학적 태도에 뿌리를 둔 그의 지령地靈 혹은 장소의 혼, genius loci의 개념은 장소가 가진 어떤 '분위기'에 집착해 장소에 내재하는 정신적 요소를 더욱 강조한 것으로 우리나라 풍수지리에서 말하는 지기地氣의 개념과 매우 비슷하다.[20] ('경관 장소성 척도' 참조, 84쪽)

17 Yi-Fu Tuan, *Space and Place: The Perspective of Experience*, University of Minnesota Press, 1977

18 Edward Relph, *Place and Placelessness*, Pion Ltd., 1976

19 Christian Norberg-Schulz, *Genius Loci: Towards a phenomenology of Architecture*, Academy Edition, 1979

20 임승빈, 《경관분석론》, 서울대학교 출판부, 2009

경관법

景觀法 · Landscape Law

「경관법」은 경관 관련 법제 중 가장 늦게 국토교통부의 주관으로 조경학계와 도시설계학계의 공동협력연구를 통해 2007년에 탄생했다. 이 법은 국토 경관을 중심으로 하는 종합적, 실천적인 관리제도이다. 기존 타법에 의한 경관 관련 조항을 제외하고, 「경관법」은 전 국토의 도·시·군 행정구역을 대상으로 단계별 경관계획에 의한 경관 관리와 계획 실행의 법적 수단을 마련하고 있다.

그러므로 이 법에서 가장 중심적인 제도는 '제2장 경관계획'이다. 이에 더해 본 계획을 지원해 실행시키기 위한 법적 수단으로 경관사업, 경관협정, 경관심의, 경관위원회 등의 제도가 후속되는 장별로 규정되어 있다. 또한 경관법에서 가장 중요한 경관계획을 각급 지방자치단체에서 일관성 있게 수립하기 위해, 법을 보완하는 상세한 기준으로 경관계획 수립지침과 경관심의 운영지침, 경관심의 운영기준 등을 국토교통부 고시로 배포해 적용하게 하고 있다.

「경관법」에서는 경관관리의 기본 원칙을 "지역의 고유한 자연·역사 및 문화를 드러내고 지역주민의 생활 및 경제활동과의 긴밀한 관계 속에서 지역주민의 합의를 통하여 양호한 경관이 유지(법 1-3-2)"될 수 있도록 제시하고 있고, 이러한 내용을 경관계획의 주된 내용에 포함하도록 설명하고 있다. 또한 그러한 관리의 기본 원칙을 실현하기 위한 경관계획 수립의 주체를 지역별 지방자치단체로 하고 그에 근거해 도시 및 지역 경관을 관리하게 했다. 이에 따라 "경관계획은 법 제7조 제1항에 따라 시·도 및 인구 10만 명을 초과하는 시·군에서 반드시 수립(특정경관계획은 선택적으로 수립)하여야 하며, 그 밖의 지방자치단체에서는 지역주민의 의견과 요구, 지방재정의 고려, 정책집행의 우선순위 등 지역의 여건과 상황에 따라 필요하다고 판단될 경우 선택적으로 수립하는 계획이다(지침 1-2-2)."라고 의무적, 임의적 경관계획의 수립 권한을 명시하고 있다.

　「경관법」은 주무 부처인 국토교통부 부처의 특성상 도시경관이 중심 대상이 되고 있다. 하지만 1995년부터 시작된 우리나라의 도농통합정책으로 도시, 국토 법제가 통합되면서 농촌을 포함하는 국토 대부분이 경관계획의 대상공간으로 포함되고 있으며, 구체적인 제도적 실행은 「국토의 계획 및 이용에 관한 법률」 상의 많은 제도와 연계해 작동되게 되어 있다. ('경관계획 실행' 참조, 59쪽)

경관분석 척도체계

景觀分析尺度體系 · Methods in Landscape Analysis

최근 경관의 정의는 보이는 '대상으로서의 환경'만이 아닌, 보거나 체험하는 '주체로서의 인간' 집단의 지각과 체험이 포함되어야 한다는 견해로 바뀌고 있다. 경관 유형에서는 주로 보이는 대상의 성격에 따라 경관을 분류하고 있지만, '경관 척도'에서는 보는 주체의 '지각(주로 시각)'의 방식에 따라 경관 특성을 분석하는 기준을 설명한다. 이들은 계획과 설계를 위한 실용적 경관 이론의 출발점이라 할 수 있다.

　　일반적으로 경관 척도는 경관분석 기준으로서의 인간과 경관 대상과의 관계에 따라 경관 거리 척도, 경관 시각 척도, 경관 조망 척도, 경관 이미지 척도, 경관 장소성 척도로 나누어 볼 수 있다. 경관 미학과 관련을 짓자면 경관 거리 척도와 경관 시각 척도는 주로 물리적, 형식미학적 척도이고, 경관 조망 척도는 사람들이 선호 경관을 체험하는 위치나 시점에 따른 조망 유형의 척도로 실증미학과 관련지을 수 있다. 경관 이미지 척도는 경관에 대한 인식이 시각을 넘어 생활 속 경관의 기억 등 확장된 인지에 따른다는 면에서 상징미학과 관련지을 수 있다면, 경관 장소성 척도는 총체적 경험이 누적된 장소적 척도이자 문화경관을 평가하는 인문적 척도로서 장소 미학과 관련지을 수 있다.

1) 경관 거리 척도

① 근·중·원경의 거리 구분

경관 거리 척도 즉 근경, 중경, 원경은 풍경화의 기초 구성원리이다. 이러한 3단계의 경관 구성은 물리적 방어에 유리한 안정감과 아름다움을 느끼게 한다는 것이다. 18세기 풍경식 정원에서 시작되었다가 도시경관계획에도 적용된 척도이다. 한 도시나 지역에서도 이 3단계의 경관을 한눈에 볼 수 있는 총괄적 조망점을 확보하는 것이 필요하고, 3단계의 경관 각각에 요구되는 경관계획의 원칙이 있다는 것이다. 일본 고베에서 적용했던 경관계획의 중요한 원칙이다.[1]

보통 근경은 500m 이내로 하나의 인간적 규모의 경관이며, 명동 보행자 공간의 경관처럼 친숙한 장소들이다. 건축물과 외부공간 규모와 형태의 다양성, 식재와 바닥포장 등 경관구성 요소의 상세한 디자인적 고려가 중요하다. 중경은 500m~2km의 영역으로 랜드마크 등 지역 경관의 이미지 요소들이 지각되는 규모이다. 광화문광장에서 바라보이는 서울 서촌 방향의 시가지와 인왕산의 경관을 예로 들 수 있다. 원경은 2km 이상의 경관으로 지역경관의 배경을 형성하는 스카이라인이나 산지의 가시성을 중시하는 경관단위이다. 예를 들어 한강의 교량에서 바라보이는 남산의 정상부는 서울의 대표적인 원경이다. 이러한 거리 구분은 대상지의 규모나 시각적 상황에 따라 가변성이 있을 수 있다.

이러한 척도 기준은 다음과 같이 도시공간의 순차별 규모의 경관 구분과 대응시킬 수도 있다. 첫째, 광역적 경관은 원경에 대응하는 경관으로 지역 규모의 파노라믹한 경관으로서 지형의 패턴 등 자연적 요소가 지배적인 경관이다. 둘째, 도시적 경관은 중경에 대응하는 경관으로 도시의 외곽에서 볼 때 지각되는 도시 전체의 경관으로

1   都市景觀研究會,《都市の景觀お考える》, 大成出版社, 1988

근경의 예. 서울 명동의 중심상가, 2006 ⓒ김한배

중경의 예. 광화문광장에서 본 인왕산, 2010 ⓒ김한배

서 자연적 요소와 인공적 요소가 혼재된 경관이다. 셋째, 지구경관은 근경에 대응하는 경관으로 도시 내 특정 구역의 전체적 경관으로서 인공적 요소가 지배적인 경관이다. 몇 개의 대형 가구가 모여서 형성되는 경관이다. 넷째, 가로경관은 근경의 세부경관에 대응하는 경관으로 가로에서 주로 눈높이에서 지각되는 경관으로 몇 개의 블록과 그 사이의 중심가로로 구성되는 것이 일반적이다.[2]

---

2   임승빈, 《조경이 만드는 도시》, 서울대학교 출판부, 1998

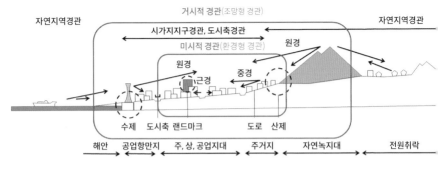

고베시의 거리 척도에 의한 도시경관 개념. 조망형 경관(원경)과 환경형 경관(중·근경), 1982
ⓒ고베시

② 근·중·원경과 경관계획

경관 거리 척도를 도시경관계획의 주축 개념으로 세운 것으로 유명한 일본 고베시의 경관관리의 기본방향이 잘 알려져 있는데, 4개의 거리 척도를 크게 '조망형 경관(원경:광역적+도시적)'과 '환경형 경관(중경, 근경: 지구+가로)'으로 나누고 조망형 경관은 조망보전 정책으로, 환경형 경관은 세부경관 디자인으로 구분했다.

2) 경관 시각 척도

경관 시각 척도는 도시경관의 시각적, 계량적 원칙을 연구하던 19세기 후반에서 20세기 초 도시설계 연구자들의 연구성과이다.[3] 시각원추visual cone, 위요도feeling of enclosure, 시각적 거리 인지personal distance,

---

3   Paul D. Spreiregen, *Urban Design the Architecture of Towns and Cities*, Mcgraw-Hill Inc, 1965

이동 시 조망 변화visual sequence 등이 주요 내용이다. 시각원추는 조망점과 조망 대상을 잇는 입체적 시각의 범위로, 실제 현대 경관계획과 경관영향 평가에서 조망축, 통경축 등으로 불리면서 중요 계획 개념으로 활용되고 있다. 위요도와 시각적 거리 인지 기준은 광장, 가로 등 도시설계를 할 때 인간적 척도의 중심 개념으로 쓰이고 있다. 이들은 전술한 고전적 형식미학의 연장이다. 이 가운데 마지막의 동적 시각 경관의 변화는 고든 컬렌Gordon Cullen, 1914~1994에 의해 제기된 픽처레스크 도시경관Townscape의 대표적 양식으로 도시경관에 경험의 차원을 끌어들이기 시작한 낭만주의적 형식미학의 중요 개념이다.[4]

3) 경관 조망 척도

미국의 산림경관학자 리튼R. Burton Litton, Jr., 1948~2005은 조망을 중심으로 한 정성적인 경관 특성을 4개의 기본 유형과 3개의 보조유형으로 제시했다.[5] 이는 풍경화에서 발견되는 선호 경관의 유형으로 주로 자연경관을 대상으로 한 경관 연구였지만 최근까지 도시경관에도 적용가능한 척도로 사용되고 있다.

기본 유형으로는 전경관, 지형경관, 위요경관, 초점경관이, 보조유형으로는 관개경관, 세부경관, 일시경관 등이 제시되었다. 유형별 경관의 속성은 다음과 같다.

① 전경관panoramic landscape: 넓은 초원과 같이 시야가 가리지 않고 멀리 터져 보이는 경관이다.

② 지형경관feature landscape: 지형의 특징을 나타내고 있어 관찰자가 강한 인상을 받게 되고 지표가 되는 경관이다.

4 Gordon Cullen, *The Concise Townscape*, Architectural Press, 1971

5 R. Burton Litton, Jr., Robert J. Tetlow, *A landscape inventory framework: scenic analyses of the Northern Great Plains*, The Forest Service of the U.S. Department of Agriculture, 1978

③ 위요경관enclosed landscape: 평탄한 중심공간이 있고 그 주위는 숲이나 산으로 둘러싸여 있는 경관이다.

④ 초점경관focal landscape: 시선이 한 초점으로 집중될 때 그 초점을 이루는 경관이다.

⑤ 관개경관canopied landscape: 상층이 나무의 숲으로 덮여 있고 나무의 줄기가 기둥처럼 들어서 있는 경관이다.

⑥ 세부경관detail landscape: 관찰자가 가까이 접근하여 나무의 모양, 잎, 열매 등을 감상하게 되는 경관이다.

⑦ 일시경관ephemeral landscape: 대기권의 상황 변화에 따라 경관의 모습이 달라지는 경우, 설경이나 수면에 투영된 영상 경관 등으로 설명될 수 있다.[6]

4) 경관 이미지 척도

경관 거리 척도, 경관 시각 척도, 경관 조망 척도가 주로 조망 대상에 관련된 시각적 척도였다면, 경관 이미지 척도는 반복된 시각적 지각의 누적과 함께 머리에 저장되어 지역의 총체적 인상을 이루는 척도이다. 낭만주의 정원에서 인용되는 폐허나 신전 등이 과거의 상징적 연상을 불러일으켜 현재의 경험을 풍요롭게 해왔다면, 복잡한 도시경관 속에서 누적된 일상 경험은 '마음속의 그림' 즉 이미지 지도mental map, image map를 형성해 생활 속의 길 찾기 등 환경에 적응하게 해준다. 이러한 도시의 이미지가 명료할수록 사람들은 그 도시를 매력 있는 곳으로 느끼고 소속감이 증진된다는 것이다. 이러한 새로운 척도들은 기존의 시각적 형식미를 초월한 문화적, 심리적 현상이다. 대표적으로 케빈 린치Kevin A. Lynch, 1918~1984[7]의 실증적 연구에서 밝혀진

---

6   Kevin Lynch, *The Image of The City*, The MIT Press, 1960

7   Kevin Lynch, *The Image of The City*, The MIT Press, 1960

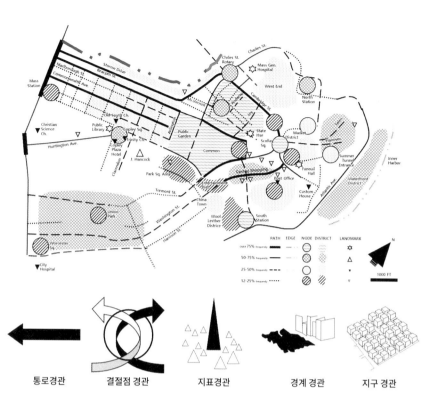

통로경관   결절점 경관   지표경관   경계 경관   지구 경관

경관 이미지 척도의 예. 케빈 린치의 보스턴시 경관 이미지 맵과 5대 이미지 요소

출처: Kevin Lynch, *The Image of The City*, The MIT Press, 1960, pp.145~146

5대 이미지 요소는 이후 반 세기가량 도시경관 연구를 지배했다. 케빈 린치의 5대 이미지 요소는 주로 가시적 차원의 요소로 구조의 선명성에 따라 도시 전체 이미지의 강도를 결정지을 수 있기는 하지만, 요소별 활동과 의미의 상관성까지는 밝히지 못했다는 한계가 있다는 지적을 받는다. 케빈 린치의 5대 이미지 요소는 다음과 같다.

① 지표경관landmark: 주위와 대비되는 대규모 경관 요소로 자연적, 인공적 요소를 모두 포함한다. 높이나 규모, 형태의 특이성이 탁월해 시각적으로 두드러지는 요소이며 조망형 경관의 대상이 된다.

② 결절점 경관node: 길의 교차점이나 공공건물 앞에 형성되는 활동 광장으로 특히 보행자의 밀도가 높고 활발히 이용되는 중심 지점으로서의 이미지가 높다.

③ 통로 경관path: 특징적 거리나 수변가로 등 선형 경관 요소로서 연속적 통일감이 있고 주변 건물의 용도가 특화되어있는 보행축을 말한다. 도시의 방향성을 형성하는 경관축이 된다.

④ 지구경관district: 전체의 토지 이용과 외관이 일관된 특징을 가지는 일정 면적의 도시공간이다. 특징적인 주거지역이나 도심 상업지역이 해당될 수 있다.

⑤ 경계 경관edge: 도시 전체나 부분공간의 외곽을 이루는 선형의 요소로 통과하기 어려울수록 경계로 인식된다. 성곽, 철도, 하천 등이 대표적이다.

5) 경관 장소성 척도

20세기 말부터는 경관에서 보이는 것은 물론 여기에 주민 교류 활동과 역사 문화적 의미 등 도시민의 삶과 결합된 경험적, 사회적 경관 척도를 포괄적으로 중시하게 되었는데 이것이 소위 '장소성 Sense of Place, Relph 1976'이다. 이는 경관의 미적 역할을 넘어서 사회적 역할을 강조하는 21세기의 세계적 추세와도 부합하는 척도이다. 렐프 Edward Relph, 1944~는 인간 삶의 체험과 밀착된 장소의 3대 구성요소를 외관physical appearance과 활동activity, 의미meaning로 보았다.

'외관'은 앞의 시각과 조망 척도로 어느 정도 설명이 되지만 '활동'과 '의미'는 비고형적 인자이면서도 도시의 이미지나 매력을 좌우하는 중요한 요소가 된다. '활동'은 도시 고유의 기능과 산업, 시민의 일상적 환경 이용방식, 비일상적 이벤트 등을 포함한다. 특히 공공적 용도가 강한 인상을 갖게 한다. '의미'는 외관과 활동이 결합되어 형성기도 하지만 도시의 역사나 문화, 상징 등과 관련되는 고유의 정

장소성 척도의 다이어그램, 2021

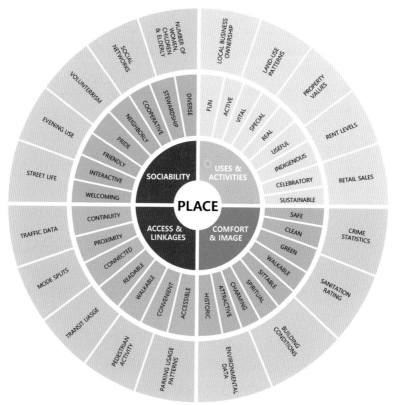

© EDRA & Project for Public Spaces

신적 가치이다.

그림은 최근 환경설계 연구단체인 EDRA Environmental Design Research Association가 주도하고 있는 '좋은 장소 만들기 운동'의 슬로건 다이어 그램이다. 장소를 만드는 4대 요건으로 공동체성 sociability, 체험성 uses and activities, 환경적 매력 comfort and image, 접근성과 연계성 access and linkage 을 들고, 그 세부지표를 함께 제시하고 있다. 이는 앞서 렐프의 이론 을 실용화한 최신 버전으로 볼 수 있을 것이다.

경관심의제도

景觀審議制度 · Landscape Deliberation System

한 지역의 대표적인 자연경관과 문화경관 자원은 공동체의 자연적, 문화적 유산이자 정체성의 자원이기 때문에 우리나라의 다양한 정부 부처에서도 이들을 보존, 관리하기 위한 제도를 운용하고 있다. 경관심의는 주로 대형 개발사업으로부터 경관자원의 훼손을 방지하고 보존하기 위해서 개발을 조절하려는 규제적 제도이다.

대표적으로 자연경관과 생태보호지역, 자연공원의 보존은 주로 환경부의 「자연환경보전법」의 '자연경관심의'에 의해서, 사적과 명승 등 역사경관자원의 보존은 주로 문화관광부, 문화재청의 「문화재보호법」의 '문화재 주변의 현상변경협의'와 '역사문화환경 보존지역의 건축행위 허용심의'에 의해서, 그리고 국토와 도시경관의 보전, 관리, 형성은 주로 국토교통부의 「경관법」의 '경관심의'에 의해서 이루어지고 있다.[1]

정부부처별 대표적인 경관심의 제도를 설명하면 다음과 같다.

1) 자연경관심의(환경부의 「자연환경보전법」에 의한 경관심의)

자연경관에 관한 한 「경관법」에 필적하는 독자적인 경관보전체계를 갖추고 있다. 「자연환경보전법」에 의한 최상위의 계획인 '자연

---

[1] 환경부, 「자연환경보전법」, 2021; 환경부, 개발사업 등에 관한 자연경관 심의지침, 2015; 문화재청, 「문화재보호법 시행령」, 「문화재보호법 시행규칙」, 2021; 문화재청, 《문화재 현상변경 실무안내집》, 2004; 문화재청, 역사문화환경 보존지역 내 건축행위 등에 관한 허용기준, 2020; 국토교통부, 「경관법」, 2019; 국토교통부, 경관계획수립지침, 2018

환경보전기본계획[1-8]의 내용에도 '자연경관의 보전·관리에 관한 사항'을 포함하게 되어 있지만, 더욱 적극적인 것은 '제2장 생태경관보전지역 관리기본계획[2-14]'의 수립이며, 그 계획에 의해 지정된 생태경관보전지역 안에서의 행위 제한을 위한 '자연경관의 보전'과 '자연경관의 협의'를 위해 '자연공원, 습지보호지역, 생태경관보전지역으로부터 일정 거리 이내의 개발사업'에 대한 '경관심의'를 하도록 명시되어 있다. 즉 이 경관심의는 「자연환경보전법」의 제28조(자연경관 영향의 협의 등)에 근거한다. 환경부는 환경부 예규[제561호]에 매우 전문성이 높은 '개발사업 등에 대한 자연경관 심의지침'을 제시하고 있다. 여기에는 경관자원의 분석과 평가에 필요한 다양한 중요 개념과 심의자료 작성지침 등을 포함하고 있다. 여기에 수록된 자연경관심의 내용에는 기존의 자연경관을 대상으로 주변의 개발사업으로 인해 유발될 수 있는 경관 훼손 등 영향의 예측이 주를 이루고 있다. 그 내용에는 주로 조망점 선정과 조망 훼손 가능성을 판단하기 위한 시뮬레이션의 제작지침 등 시각경관 보존 위주로 작성되어 있다.

2) 역사경관심의(문화재청의 「문화재보호법」에 의한 경관심의)

문화재청의 관할법으로 지정 문화재의 경관 및 환경을 주변 개발사업으로부터 보호하기 위한 강력한 조치로 국가 '지정문화재 현상변경심의'에 의한 허가 절차를 운영하고 있다. 이에 따르면 지정문화재 자체를 보호하기 위한 '보호구역(문화재 경계로부터 100m)'과 주변 자연경관 및 역사·문화적 가치가 뛰어난 공간으로서 문화재와 함께 보호할 필요성이 있는 주변 환경인 '역사문화환경 보존지역(1-2-7, 보호구역 경계로부터 500m)' 안에 현상 변경에 해당하는 개발사업을 하려는 자는 '현상 변경 협의' 내지 소정의 심의를 포함하는 허가 절차를 밟아야 한다. 이 경우 보호 대상이 국가지정문화재인 경우, 해당 지방자치단체를 거쳐 최종적으로 문화재위원회에서 심의하고 문화재청장이 결정, 통보하게 되어 있다. 자세한 내용은 다음과 같다.

- 역사문화환경보존지역 내 경관심의: 문화재 경계에서 500m 반경이라는 심의대상지역의 규모로 문제시되는 '역사문화환경보존지역'의 구체적인 공간 범위는 '시·도지사가 지정문화재의 역사문화환경 보호를 위하여 문화재청과 협의하여 조례로 정한 지역'이라고 조례에 위임하는 단서를 두었음으로 500m의 공간 범위는 절대적인 것이 아니라 해당 자치단체의 다양한 현실적 여건에 의해 늘어나거나 줄어들 수 있는 여지를 갖고 있다. 서울이 가장 대표적인 예외의 경우로 특히 국가문화재의 밀집도, 기존의 문화재 주변 고도개발 등 여건상 100m로 조정해 축소 적용하고 있는 실정이다. 앞으로 개발의 목적으로 악용될 수도 있겠으나, 지형과 가시권의 상황 등을 다양한 여건을 고려하여 현실화시킬 여지가 많이 있다. 문화재청장 또는 시·도지사는 문화재를 지정하면 그 지정 고시가 있는 날부터 6개월 안에 역사문화환경 보존지역에서 지정문화재의 보존에 영향을 미칠 우려가 있는 행위에 관한 구체적인 행위 기준을 정하여 고시하여야 한다.[2]

3) 국토경관심의(국토교통부의 「경관법」에 의한 경관심의)

「경관법」에 의한 경관심의는 기존의 경관자원을 물리적, 시각적으로 훼손하거나 경관계획에 저촉될 우려가 있는, 대부분의 대형 사회기반시설과 개발사업, 건축물을 심의대상으로 포함하여 지역사회의 경관을 보존하고 증진시키는 법률적 장치를 말한다. 경관심의는 경관계획의 내용에 제시되어있는 경관자원의 보존과 관리를 위

---

2 문화재청, 역사문화환경 보존지역 내 건축행위 등에 관한 허용기준 작성지침;
   국토교통부 토지이용규제정보서비스 http://www.eum.go.kr

해서 당해 지역과 주변지역의 개발행위를 통제하고자 하는 것이다. 기존 경관자원의 물리적, 시각적 훼손과 방해, 이용상의 장애를 방지하기 위하여 사업자는 경관심의를 통해 허용 여부와 개선 권고를 수용해야 한다.

「경관법」 제5장 '사회기반시설 사업 등의 경관심의'는 2013년 경관법이 개정되고 사회기반시설, 개발사업, 건축물의 경관심의에 관한 사항이 추가되면서 생기게 되었다. 사회기반시설은 금액에 따라, 개발사업은 면적에 따라, 건축물은 유형에 따라 정했다. 경관심의기준은 사회기반시설은 도로·철도시설·도시철도시설·하천시설에 따른 체크리스트에 따라 실시하고, 개발사업은 체크리스트와 사전경관계획에 따라 실시하며, 건축물은 건축물 체크리스트에 따라 실시한다.[3] 경관심의는 일정 규모 이상의 사회기반시설과 개발사업들, 그리고 건축물을 대상으로 한다(세부적 규모와 종류는 대통령령으로 정한다). 심의의 주체는 경관위원회이며 경관심의 방법은 법령에 제시된 체크리스트와 사전경관계획에 의한다. 그 상세 기준은 국토교통부 고시의 '경관심의운영지침'과 '경관심의운영규정'에 수록되어 있다.

경관법상 경관심의의 주요 대상은 다음과 같다.[4]

① 사회기반시설 사업의 경관심의: 도로, 하천시설, 그밖에 지방자치단체의 조례로 정하는 시설26조

② 개발사업의 경관심의: 도시개발사업 등 개발사업을 시행하려는 자는 기존 경관계획과 주변 경관현황, 경관구조, 개발사업의 입체적 기본구상 등을 포함하는 사전경관계획을 수립하여 이를 제출하여 경관심의를 받도록 한다.27조

---

3   주신하·김경인, 《알기 쉬운 경관법 해설》, 보문당, 2015
4   국토교통부, 경관심의운영지침, 2020

③ 건축물의 경관심의: 경관지구의 건축물, 중점경관관리구역의 건축물, 지방자치단체나 지방공기업이 건축하는 건축물로서 해당 지방자치단체의 조례로 정하는 건축물.[28조]

경관영향평가

景觀影響評價 · Landscape Impact Assessment

경관심의제도
경관자원평가
영국 경관특성 평가

특정 개발사업이 수질, 대기, 생태환경 등 물리적 환경에 미치는 부정적 영향을 검토하는 '환경영향평가'와 달리 '경관영향평가'는 개발사업에 따르는 주변 경관자원에 미치게 될 훼손 가능성을 사전에 예측, 평가해 개발사업의 허용 여부를 결정하거나 영향을 완화할 수 있는 수정안으로 대체하기 위한 일종의 사업심의제도이다. 우리나라에서는 개발사업에 따르는 자연경관에 대한 영향평가는 환경부의 「자연환경보전법」으로, 역사경관에 대한 영향평가는 「문화재보호법」으로 규제하고 있으며, '경관영향평가'라는 용어 대신에 '경관심의'라는 용어를 사용하고 있다. 특히 일정 규모 이상의 대형개발사업과 사회기반시설 사업에 따르는 경관영향평가는 경관법에 의한 경관심의를 받도록 규정되어 있다.

우리나라에서도 경관영향평가가 특정 지역에서 한시적으로 시행된 적은 있다. 1993년 「제주도개발특별법」 조문에 '경관영향평가 제24조'가 공식 제도로서 포함되어 약 7년간 시행되었다. 제주는 천혜의 자연경관자원을 보유한 지역이다. 특히 중앙의 한라산을 비롯한 숱한 오름과 해안선의 다양한 지형경관을 제주 고유의 생활상과 결합해 관광자원으로 개발하자는 압력을 받는 지역이었다. 1970년대 이후 전국에 불어닥친 대규모 산업 및 관광개발로부터 특히 제주의 경관자원을 보호하기 위한 장치로 도입된 경관영향평가는 주로 1994년부터 1999년까지 적극적으로 시행되어 오다가 2002년 「제주도개발특별법」이 「제주국제자유도시특별법」으로 변경되면서 경관

영향평가도 환경영향평가의 일부로 약화되어 현재에 이르고 있다.

어쨌든 이 제도의 시행 기간 제주에서 시도된 일정 규모 이상의 건축시설 개발은 초기부터 경관 시뮬레이션을 통한 고도규제를 받아왔다. 점차 개발 규모가 대형화하면서 사업자 스스로 '경관고도규제계획'이라는 일종의 경관계획을 수립해서 경관 영향을 최소화하는 합리적 기준을 마련하게 되면서 우리나라의 경관영향평가는 물론 경관계획과 경관심의의 기법을 발전적으로 정착시키게 되었다.[1]

이처럼 제도적으로 발전했음에도 몇 가지 문제점이 드러났다. 특정 개발사업에 따르는 경관심의가 요청될 때마다 피평가자인 개발 사업자에게 사업 시행의 결과로 예측되는 경관자원의 물리적, 시각적 훼손 정도를 심의자료로 작성, 제출하게 하고 이 제출된 자료를 가지고 주관기관별 심의위원회에서 서면 평가하는 경우가 많다는 점이다. 이 경우 피평가자에 의해 해당 경관영향 예측에 대한 자의적인 왜곡의 가능성, 현장평가보다는 서면 평가가 우선시되는 관행 등이 경관 전문가들 사이에서 향후 개선되어야 할 과제로 인식되고 있다.

1   임승빈, 〈우리나라 경관계획의 과거, 현재, 미래〉, 한국경관학회 특강, 2013(자료 미발간)

경관위계

景觀位階 · Landscape Hierarchy

경관분석 척도체계
경관영향평가
경관자원평가

▶ 위계란 지위나 계층 따위의 등급이다. _ 표준국어대사전

위계란 상위단계가 하위단계를 통제하는 상호 연결된 하나의 시스템으로 경관 요소는 구조적인 위계 체계를 가지며 체계 내에서 상호 연결되어 있다. 위계hierarchy의 어원은 그리스어 'hierarkhia'인데 성스러운hierous이라는 뜻과 통치자arches가 합쳐져 만들어진 단어이다.

위계이론hierarchy theory이란 일반 체계를 구성하는 요소들의 관계를 분석하는 위계에 따라 분류해 개념화하는 이론이다. 위계이론은 스케일scale 개념과 관련이 있다. 위계이론에 의하면 어느 연구에서든지 적어도 3개 이상의 스케일을 고려해야 한다. 즉 관심수준interest level에서의 경관적 현상을 이해하기 위해서는 상위수준higher level과 하위수준lower level을 동시에 고려해야 한다. 상위수준은 관심수준의 환경을 제공하며 경관 현상을 지배하고 통제나 제어하며 하위수준은 관심수준에서의 경관 현상에 대한 상세한 설명을 제공한다. 생태계는 개체, 개체군, 군집, 생태계의 위계로, 생물학에서는 세포, 기관, 신체와 같이 위계 수준이 잘 정의되어 있으나 경관에서는 그 위계가 명확하게 정의되어 있지 않기 때문에 데이터를 수집하거나 경관을 분석·평가하는 과정에서 유의해야 한다.

경관위계와 관련된 개념에는 스케일이 있다. 스케일은 규모, 척도라 하며 대상 또는 과정의 시간적·공간적 차원을 의미한다. 경관 특성은 스케일 즉 분석 단위grain와 분석 범위extent에 종속적이기 때문

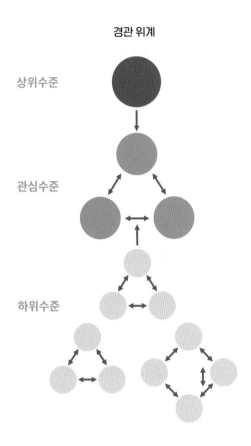

경관 위계

상위수준

관심수준

하위수준

에 단위와 범위를 고려해 관찰되어야 한다. 분석 단위는 관찰에 필요
한 측정 방법과 해상도 수준에 의해 결정되고, 범위는 사례 지역의
전체 크기나 면적을 의미한다.

경관자원평가

景觀資源評價 · Landscape Character Assessment

경관평가는 목적에 따라 '경관자원평가[landscape evaluation]'와 '경관영향평가[landscape impact assessment]'로 나누어 볼 수 있다.[1]

경관자원평가는 보이는 대상인 경관자원의 가치와 특성을 상대적으로 평가하려는 것이다. 이에 반해 경관영향평가는 특정 개발사업이 경관 가치에 미치는 영향을 평가하는 것으로, 정부나 지방자치단체가 개발사업으로 야기되는 경관영향을 평가하고 그 결과에 의해서 해당 사업의 허가와 보류 또는 개선을 요구하는 것을 말한다. 여기에는 경관자원평가도 긴밀히 결부되어 있다. 공신력 있는 경관자원 평가 결과를 전국적 데이터베이스로 만들어 국민 또는 지역주민과 공유함으로써 해당 지역주민의 경관 인식을 제고하고 경관영향평가 논의에 주민 참여를 유도할 수도 있다.

국제적 동향으로 볼 때, 경관평가의 초창기인 1970년대에는 객관적이고 과학적인 정량적 경관평가[landscape evaluation]에 집중되었는데 경관자원의 상대적 우열 평가에 따라 보존과 활용의 우열과 우선순위를 정하기 위함이었다. 하지만 주관적이고 문화적인 면이 등한시되어 경관의 다양성을 도외시한 단순한 도구적 평가라는 지적을 받아왔다. 1980년대에는 계량형의 우열 판정에서 탈피해 '차이[difference]'나 '구별[distinction]'을 규명하고 기술하는 질적 방향으로 변모하게 되었다.

---

[1] 양병이, 〈경관평가방법에 관한 연구〉, 《환경논총》 제16권, 서울대 환경대학원, 1985, 109~130쪽; 양병이, 〈우리나라 경관영향평가제도 정착을 위한 과제〉, 《환경논총》 제32권, 서울대 환경대학원, 1994, 90~109쪽

우리나라는 「경관법」에 의해 인구 10만 이상의 도시를 대상으로 경관계획을 의무화하고 있고, 모든 경관계획 대상지는 계획의 전 단계로 '경관자원의 조사·평가'를 하게 되어 있다. 사실상 거의 전 국토에 걸쳐 '경관자원평가'가 이루어지고 있다. 그러나 이는 지방자치단체마다 개별적으로 수행하는 것이고 실제 자원평가의 세부 척도도 다양할 수 있기 때문에 전 국토에 걸쳐 일관성 있는 경관자원평가의 데이터베이스 만들기를 기대하기 어렵다는 문제가 있다.

공공 공간

公共空間 · Public Space, Public Domain

공원
조경
조경계획
조경설계

▶ 공공 공간은 성별, 인종, 민족성, 나이, 사회경제적 수준과 관계없이 모든 사람이 접근 가능한 개방된 지역이나 장소를 말한다. 광장, 공원과 같이 사람이 모이는 곳이 대표적인 공공 공간이다. 보도와 길거리와 같은 연결 공간도 공공 공간이다. 21세기에는 인터넷을 통해 이용할 수 있는 가상공간을 상호작용과 사회적 혼합을 발전시키는 새로운 형태의 공공 공간으로 여기기도 한다. _ UNESCO

공공 공간은 행정적이고 법적 측면에서 누구나 이용할 수 있고, 공공이 조성하며, 공공이 관리하는 공간을 말한다. 도시의 오픈 스페이스, 도시공원 등은 대표적인 공공재이다.

공공 공간은 역사적이고 사회적인 측면에서 도시 생활과 연관된 옥외 공간이다. 고대 아테네에서 사람들은 문화적, 종교적, 상업적, 사회적 그리고 여가활동이 혼합된 아고라에서 도시적 삶을 체험할 수 있었다. 공공 공간은 공동생활의 드라마가 펼쳐지는 무대다.[1] 공공 공간은 일반 시민에게 항상 공개하는 곳이 아닐지라도 많은 사람, 많은 활동, 기억과 의미가 가득한 공공영역이다.

현대 도시에서 공공 공간은 '야외 여가 활동과 소비를 위한 공간'으로 확장되어 도시 전체를 포괄하는 개념으로 확장되고 있다. 공공 공간의 양과 질은 도시의 가치와 경쟁력을 나타내는 지표이다. 현

---

1   Meto J. Vroom, *Lexicon of Garden and Landscape Architecture*, Birkhäuser Architecture, 2006

대 도시에서 사유화되지 않고 유료화되지 않은 공공 공간은 점점 더 중요해지고 있다. 어떤 사회 집단도 지속적인 사회적 접촉 없이는 살아갈 수 없기에, 사회적 접촉을 제공하는 옥외 공공 공간은 중요하기 때문이다.

공생

共生 · Symbiosis

▶ 종류가 다른 생물이 같은 곳에서 살며 서로에게 이익을 주며 함께 사는

일이다. _ 표준국어대사전

▶ 각기 다른 두 종이 서로 영향을 주고받는 관계로 양쪽이 모두 이익을 얻는

경우부터 양쪽이 모두 손해를 보는 경우까지 다양한 종류가 있다. _ 두산백과사전

▶ 생물학 관점에서 각기 다른 두 개나 그 이상의 수의 종이 서로 영향을 주고받는

관계를 일컫는다. _ 위키피디아

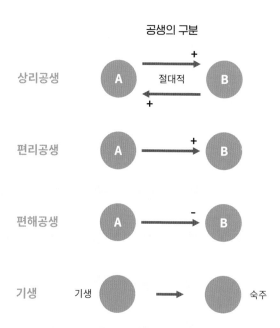

공생의 구분

서로 다른 두 개 이상의 종이 서로 영향을 주고받으며 함께 살아가는 현상을 의미한다. 공생symbiosis은 '함께, 같이'라는 의미의 'syn'과 '생물'이라는 의미의 'bio'가 합쳐져 만들어진 단어로 1879년 독일의 식물병리학자이자 대학교수였던 안톤 데바리Anton de Bary, 1831~1888가 처음 사용했는데 생물학에서 파생된 개념이다. 인간 사회에서 공생은 차별이나 배제와 대비되는 용어로 동등한 권리를 누리며 함께 살아가는 실천적인 의미의 개념이라고도 볼 수 있다.

자연생태계에서 공생은 크게 상리공생, 편리공생, 편해공생, 기생으로 구분할 수 있다. 상리공생mutualism이란 쌍방의 생물종이 서로 이익을 주고받는 관계로 동물과 동물 또는 식물과 식물의 관계가 일반적이다. 편리공생commensalism은 한쪽에는 이익이 있으나 다른 쪽에는 이득도 손해도 없는 경우이고, 편해공생amensalism은 한쪽은 손해를 입고 다른 쪽은 아무 영향이 없는 경우이다. 기생parasitism은 한쪽만 이익이 되고 다른 쪽은 이득이 없거나 피해를 입는 경우로 숙주와 기생체의 관계이다.

공원

公園·Park

공원公園은 '파크park, parc'에 대응하는 우리말로 '공공公'의 '정원園'이라는 의미이다.

▶ 'park'는 레크리에이션에 이용되는 도시의 대규모 공공녹지public green area를 말한다; 특정 목적을 위해 지정된 지역을 말한다. _옥스포드 사전

▶ 'park'는 보통 울타리나 담장으로 둘러싸인 수목과 초지가 있는 넓은 땅으로, 그 안에서 사람들이 즐겁게 걷거나 아이들이 놀 수 있도록 배치된 곳을 말한다. _캠브리지 사전

▶ 'park'는 주택이나 건물이 없고 오락 및 운동용으로 사용될 수 있는 도시 내 또는 도시 인근의 공유지를 말한다; 동식물을 보호하기 위해 자연 상태로 보존된 넓은 공유지를 말한다; 스포츠(특히 야구)가 행해지는 경기장을 말한다; 특정한 기능을 위해 설계된 지역을 말한다; 차량의 기어가 차량의 움직임을 방해하는 위치에 있는 상태를 말한다. _브리태니커 사전

파크park, parc 또는 퍼블릭 가든public garden에 대응하는 공원公園의 정의는 다음과 같다.

▶ 공원은 국가나 지방 공공 단체가 공중의 보건·휴양·놀이 따위를 위하여 마련한 정원, 유원지, 동산 등의 사회 시설을 말한다. _표준국어대사전

▶ 공원은 공공녹지로서 자연지自然地나 또는 인공적으로 조성한 후생적 조경지를 말한다. _두산백과사전

▶ 공원은 공공녹지의 하나로, 여러 사람이 쉬거나 가벼운 운동 혹은 놀이를 즐길 수 있도록 설치한 녹지를 말한다. _건축용어사전

브리태니커 사전의 정의와 같이, 파크park는 다양한 의미를 갖는다. 파크는 본래 왕이나 귀족의 수렵용 동물을 가두어 놓은 구획된 땅을 의미했다. 이 수렵원이 시민 사회의 등장과 함께 공공에게 한시적으로 개방되기 시작한 것이 공원의 기원이다. 1630년대에 영국 런던의 하이드파크Hyde Park가 개방되고, 이어서 세인트 제임스파크St. James Park, 그린파크Green Park 등이 개방되었으며 켄싱턴 가든Kensington Garden 같은 왕실의 정원도 개방되었다. 비슷한 시기에 독일 베를린의 티어가르텐Tiergarten이 개방되었다. 프랑스의 경우는 프랑스혁명 이후에 불로뉴 숲Bois de Boulogne과 튀일리 정원Tuileries garden 등이 개방되었다. 파리는 1860년대에 오스만Baron Haussmann, 1809~1891의 주도로 도시를 개조하는 과정에 많은 공원을 만들었다.

현대적 의미로 계획된 공원은 존 내시John Nash, 1752~1835가 설계하고 시공한 런던의 리젠트공원Regent's Park, 1811~1826이다. 이 공원은 왕실의 소유였고, 1941년에야 일반에게 완전히 개방되었다. 이처럼 왕이나 왕족 또는 귀족에 그 소유권이 있으면서 대중에게 개방한 공원을 왕실공원royal park이라고 한다. 이와 구분해 퍼블릭 파크public park 또는 퍼블릭 가든public garden이라는 용어를 쓰기도 하는데, 이는 공공의 비용으로 조성되고 유지되며 모든 사람에게 개방되는 공공 공간이라는 것을 강조하는 것이다. 여기서 공원公園이라는 한자의 의미는 공공의 정원이라는 뜻으로 파크보다는 퍼블릭 가든이나 퍼블릭 파크에 가깝다는 것을 알 수 있다.

공공의 비용으로 조성된 최초의 공원은 영국 리버풀의 버큰헤드파크Birkenhead Park, 1843~1847이다. 조셉 팩스턴Joseph Paxton, 1803~1865이 설계한 이 공원은 비대칭적이고 비형식적인 공원 구성, 호수, 마찻길, 구불구불한 산책로, 전원적 경관과 울창한 숲, 부드러운 잔디밭 등을 골격으로 하는 영국 풍경식 정원의 디자인 원칙인 픽처레스크Picturesque를 구현하고 있었다. 이 공원의 조성으로 인해 인접 지역의 땅값이 상승하고 지역이 활성화되었으며 세수의 증대로 공원 조성 비용을 환수할 수 있었다. 이런 사회적, 경제적 성공은 1850년 영국을 방문한 젊은 옴스테드Frederick Law Olmsted에게 큰 영향을 미쳤다. 1850년대 미국 도시들은 폭발적인 인구 증가로 주거환경이 열악했고, 유행병, 마약, 폭동, 범죄 등이 만연했다. 당시에《뉴욕 이브닝포스트》의 편집장이었던 브라이언트W. C. Bryant, 1794~1866와 조경가인 다우닝A. J. Downing, 1815~1852은 공공위생 개선과 사회문제 해결을 위해 대규모 공원이 꼭 필요하다고 역설했다. 이런 여론을 바탕으로 1857년 센트럴파크 조성을 위한 현상공모가 개최되고, 옴스테드와 보Calvert Vaux의 응모작이 당선되어 세계 경제의 심장이라고 불리는 뉴욕 맨해튼 빌딩 숲의 한가운데 104만 평(843에이커) 규모의 공원이 자리 잡았다. 이러한 공원 스타일은 미국 전역으로 퍼져나갔다. 많은 공원과 공원녹지 체계가 옴스테드에 의해 조성되어 지금까지 미국 도시의 인프라 역할을 하고 있다. 옴스테드식 공원은 미국의 도시사회학자인 잭슨J. B. Jackson, 1909~1996이 이야기하듯이 공원의 원형적 의미로, 공원의 규범으로 거의 1세기를 지배하는 공원 스타일이 되었다.[1]

20세기 도시와 사회가 급변하면서 공원은 19세기의 아름다움과 강력한 이미지를 유지하기 어려워졌다. 공중 보건을 강조한 초기 공원은 사회 개혁을 강조하는 방향으로 변화했고, 이후 활동적인 레크리에이션을 강조하는 방향으로 바뀌었다. 현대 도시공원은 다양하게 전개된다. 많은 조경가들은 인간의 건강이 생태적 건강과 맞물리는 지속 가능한 공원을 지향한다.[2] 한편으로는 생태학적 관리 원칙을 적용해 자연을 재현하는 방식이 설계의 흐름 가운데 하나로 나

---

1   최정민,〈그림 같은 공원의 시작과 변화 그리고 우리의 공원〉,《텍스트로 만나는 조경: 13가지 이야기로 풀어본 조경이란 무엇인가》, 도서출판 조경, 2010

2   Galen Cranz, "Defining the Sustainable Park: A Fifth Model for Urban Parks", *Landscape Journal* 23(2), 2004, pp.102~120

왕이나 귀족의 수렵원이었다가 1630년대에 일반에 개방된 런던의 하이드파크, 2011 ⓒ최정민

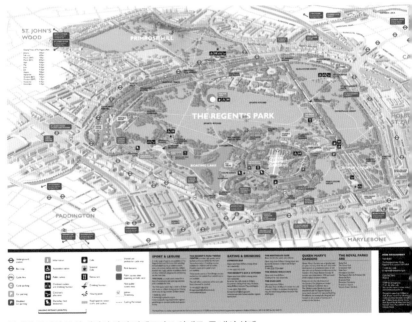

현대적 의미의 공원 개념이 담긴 리젠트파크 안내도, 존 내시 설계

타난다. 생태학적 미학을 표방하는 공원의 형태는 자연스러움이라는 매너리즘의 한 유형으로 나타난다. 어떤 공원은 도시 광장과 유사하게 도시 문화를 표현하는 열린 공간으로 조성되기도 한다.

현대 도시에서 공원의 양과 질은 도시의 가치와 경쟁력을 나타내는 지표이기도 하다. 쾌적하고 수준 높은 환경을 가진 도시는 사람과 국제자본이 모이고 축적되는 세계도시world city가 된다. 그래서 세계 각국의 도시들은 도시공간구조를 재편하고 도시환경과 삶의 질을 개선해 세계도시로의 지위 상승을 도모한다. 공원은 그 핵심적 전략이기도 하다. 삶의 질이 좋은 것으로 평가받는 런던, 뉴욕, 파리, 워싱턴 같은 도시는 전원적 공원과 새로운 실험적 공원이 풍부하고 다양하게 공존하면서 수준 높은 도시환경을 만들고 있다. 이 같은 현상은 세계 각국에서 일어나는 공통적인 현상이다.[3]

1) 도시공원都市公園·urban park, metropolitan park, municipal park

도시공원은 도시민과 방문객에게 휴양과 녹지를 제공하기 위해 공공에 의해 설계, 운영, 유지 관리되는 것을 기본으로 하지만, 민간이 시행하거나 민간에게 위탁하기도 한다.

▶ '도시공원'이란 도시지역에서 도시 자연경관을 보호하고 시민의 건강·휴양 및 정서 생활을 향상시키는 데에 이바지하기 위해 설치 또는 지정된 공원을 말한다._ 「도시공원 및 녹지 등에 관한 법률」

▶ '도시공원'이란 자연경관을 보호하고 시민의 건강, 휴양, 정서 생활을 위하여 도시나 근교에 만든 공원을 말한다._ 표준국어대사전

▶ 도시에서 시민의 휴양 공간을 제공함과 동시에 도시환경의 정비, 개선 등을 위해 설치되는 도시 시설을 말한다._ 건축용어사전

---

3   최정민. 〈신자유주의 시대의 조경〉,《봄, 조경 사회 디자인》, 도서출판 조경, 2006

뉴욕의 브라이언트파크, 2019 ⓒ최정민

2) 도시자연공원都市自然公園 · natural urban park

도시에서 자연환경이 양호하고, 경관적 가치가 있는 지역을 공원으로 조성할 때 도시공원과 구별하여 도시자연공원으로 지정하고 조성한다.

▶ 도시의 자연환경 및 경관을 보호하고 도시민에게 건전한 여가·휴식 공간을 제공하기 위하여 도시지역 안에서 식생植生이 양호한 산지山地의 개발을 제한할 필요가 있는 경우 도시자연공원구역으로 지정한 곳을 말한다. _「도시공원 및 녹지 등에 관한 법률」

▶ 도시의 자연환경과 경관을 보호하고 도시민에게 휴식 공간을 제공하며 도시민이 건전한 여가를 즐길 수 있도록 조성한 공원을 말한다. _표준국어대사전

3) 자연공원自然公園 · nature park, natural park

자연공원은 장기적인 토지이용계획, 지속가능한 자원 관리, 농업 및 택지 개발 제한 등을 통해 자연보호지역을 지정하는 것을 말한

다. 가치 있는 경관은 현재의 생태적 상태로 보존되어 생태관광 목적으로 활용된다. 대부분 국가에서 자연공원은 법적 규제를 받는다. 자연공원의 시초는 1872년 지정된 미국의 옐로스톤 국립공원이다. 국립공원은 광대한 면적의 자연을 국가가 국민의 여가 활동 공간으로 설정하여 공공이 이용할 수 있도록 한 공적 장소이다.

▶ "자연공원"이란 국립공원·도립공원·군립공원郡立公園 및 지질공원을 말한다. _
「자연공원법」

▶ 인공적인 시설 따위를 될 수 있는 대로 만들지 아니하고 자연 그대로의 풍경을 감상할 수 있도록 꾸민 공원을 말한다. _표준국어대사전

▶ 자연공원은 한국의 풍경을 대표할 만한 수려한 자연풍경지를 대상으로 하는 공원이다. _두산백과사전

▶ 인공적인 시설은 될 수 있는 대로 만들지 않고, 자연 그대로의 풍경을 감상할 수 있도록 조성한 공원을 말한다. _건축용어사전

공원과 정원

公園 對 庭園 · Park vs. Garden

정원은 4000년 이상 거슬러 올라가는 역사를 가진 예술이다. 정원과 공원은 오랜 역사를 공유한다. 경관landscape과 정원garden을 혼합한 랜드스케이프 가드닝landscape gardening이라는 용어가 18세기 말부터 사용되었다. 19세기 들어 시민사회의 성숙과 함께 공원이 등장했다. 19세기의 공원은 급격한 산업화와 도시화로 인한 도시환경의 악화, 보건 문제의 대두, 도시민의 정서 악화 같은 사회적, 환경적 문제에 대한 해결책으로서 사회적 산물이었다.

공원과 정원은 같다. 첫째, 공원과 정원은 모두 "자연과의 접촉에 대한 갈망의 결과"이다.[1] 둘째, 공원과 정원은 대상지의 조건을 바탕으로 지형, 식물, 구조물을 적절하게 다루어 아름답고 쾌적한 장소를 만든다는 점이다.

공원과 정원은 다르다. 첫째, 정원이 농경과 봉건 사회를 배경으로 발전했다면, 공원은 산업화와 시민 사회를 배경으로 발전했다. 둘째, 정원이 주로 사적 공간이나 재화private space, private goods와 관련된다면, 공원은 공적 공간이나 영역public space, public domain을 대상으로 도시민의 삶의 질 향상을 목적으로 한다. 셋째, 정원이 지형과 물, 토양과 수목, 화훼 등을 주요 소재로 공간을 구성한다면, 공원은 자연환경과 인공환경을 종합적으로 구성하여 총체적 환경을 조성한다. 넷째, 정

---

1   Anne W. Spirn, *The Granite Garden: Urban Nature And Human Design*, Basic
     Books, 1985

원이 개인의 취향을 위주로 이루어진다면, 공원은 개인의 취향뿐만 아니라 공공의 선호도와 만족도를 반영한다.

현대에 공원과 정원의 경계는 모호해지고, 엄격하게 구분되지 않는 경우가 많다. 정원이 공공의 비용으로 조성되어 공공에게 개방하는 공적 공간으로 이용되는 사례도 많다. 반대로 공원이 사적 영역에 사적 비용으로 조성되고, 개방이 제한되기도 한다. 공간 맥락이나 성격에 따라 '공원 같은 정원' 또는 '정원 같은 공원'이 조성되기도 한다. 이러한 융합적 성격의 공간은 복합적이고 다원화된 현대 사회의 이용자들에게 더 적합한 경우가 많다. 이처럼 점점 정원과 공원을 구분하는 것에 대한 필요성이나 의미를 찾기 어려워지고 있다. 사람들이 굳이 공원과 정원을 구별해서 이용하는 것도 아니다. 그런데도 우리나라에서는 법과 그 법을 주관하는 부처에 따라 정원과 공원을 구분해야 한다. 정원은 「수목원·정원의 조성 및 진흥에 관한 법률」, 도시공원은 「도시공원 및 녹지에 관한 법률」, 자연공원은 「자연공원법」에 따라 구분되고 조성, 관리된다. 같은 공간이 산림청 주관이면 정원이 되고, 국토교통부 주관이면 공원이 된다.

공공의 비용으로 조성되는 공원과 정원은, 중앙정부나 지방정부가 시민들에게 베푸는 시혜가 아니다. 세금을 납부한 시민들은 사유화되지 않고 유료화되지 않은 공공 공간으로서 공원과 정원을 이용할 권리가 있다.

공원과 조경

公園 對 造景 · Park vs. Landscape Architecture

공원이라는 공간은 조경이라는 전문 분야와 조경가라는 전문 직업을 태동시켰다. '공원의 원형'이라고 불리는 센트럴파크^{Central Park,} ^{1857~1876}는 뉴욕 한복판에 자리한 100만 평이 넘는 대규모 공원으로, 규모나 성격이 정원 만들기^{landscape gardening}보다는 도시설계^{urban design}에 가까웠다. 센트럴파크 설계 공모에 당선되어 공원 조성 책임을 맡고 있던 옴스테드^{Frederick Law Olmsted}와 보^{Calvert Vaux}는, 자신들이 수행하는 프로젝트를 대변할 수 있는 '명칭'을 고민했다. 그 결과가 '조경'이고 '조경가'였다. 조경은 전통적인 분야인 정원^{landscape gardening}과 당시의 신흥 분야인 도시계획^{urban planning}이 결합된 성격을 가졌다. 산업화와 도시화 과정에서 토지와 경관을 보존하면서 새로운 공공공간을 창출하는 조경이 정책적으로 필요했기 때문이다.

조경은 사회적 필요에 따라 공원뿐만 아니라 다양한 프로젝트를 수행하면서 발전해왔다.

광장

廣場 · Plaza Square, Town Square

▶ 많은 사람이 모일 수 있게 거리에 만들어 놓은 넓은 빈터_표준국어대사전

▶ (계획 및 설계) 도시의 개방된 장소로서 많은 사람이 모일 수 있고 자유롭게
이용할 수 있는 넓은 공간이다. 고대 그리스 도시에는 아고라agora라고 하는
광장이 있었다. 이 낱말은 '사람들이 모이는 곳'이란 뜻이다. 이 뜻과 같이 이곳은
시민생활의 중심지 역할을 하는 곳이어서, 종교·정치·사법·상업·사교 등이
행해지는 사회생활의 중심지이기도 하였다. 그 주위에는 공공생활에 필요한
건축물들이 둘러서 있고 회의장·사원寺院·점포·주랑柱廊 등이 차지하고 있어서
자연스럽게 시민들이 모여들었다. 그 내부에는 제단·조각·분수와 연못·나무
등이 있어서 시민들의 휴식 장소가 되기도 했다. (도시 및 단지) 공공의 목적을
위하여 여러 갈래의 길이 모일 수 있도록 넓게 만들어 놓은 장소로서 다수의
사람이 모여서 이용할 수 있는 넓은 공간이다. 기원은 고대 그리스의 아고라
agora에서 시작되어 로마의 포럼forum, 중세 도시의 플레이스place로 계승된다;
도시계획시설의 하나로 1) 교통광장 2) 미관광장 3) 지하광장 4) 일정한 계획에
의하여 건축물에 조성된 광장이 있다._건축용어사전

광장은 도시에 있는 개방된 공간으로 많은 사람이 모여 자유롭게 이
용할 수 있도록 조성된 넓은 공간을 의미한다. 광장은 인류가 도시라
는 공간을 형성하고 모여 살기 시작한 순간부터 도시를 구성하는 주
요 공간의 하나로 존재했다. 특히 많은 서구도시에서 광장은 도시 형
성의 물리적 구심점 역할을 하는 도시의 주요 구성요소이다. 원제무
는 광장을 광의의 의미로는 "가로와 함께 도시공간을 이루는 요소로

이탈리아 로마의 포럼 유적Foro Romano, 2005 ⓒ김순기

이탈리아 시에나 캄포광장Piazza del Campo, 2017 ⓒ김순기

서 서양의 여러 나라에서는 square, plaza, piazza, place 등으로 통용되며 도시나 마을 등의 상황과 지역의 사회구조와 깊은 관계를 갖는 일정 규모 이상의 넓이를 갖는 공간"이라고 한다. 또한 "많은 사람이 휴식하거나 집회를 하거나 기타의 공공 목적으로 사용하기 위해,

주로 도시나 큰 건물 주위에 넓고 평평하게 만들어 놓은 장소"를 협의의 의미로 정의한다.[1]

오늘날 우리가 생각하는 의미의 광장은 고대 그리스에서 기원한다. 영어 단어 'plaza'는 'open space' 또는 'broadened street'를 의미하는 라틴어 'platea'에서 유래했다. 고대 그리스에서는 광장을 'agora'라고 칭하였는데, 이는 '만나다'는 의미의 'ageirein'에서 파생된 단어로 시민이 여러 가지 일에 관해 의견을 교환하러 가는 도시의 공공장소를 의미한다. 고대 그리스의 폴리스에 위치한 아고라는 본래 종교적 행사와 정의를 집행하는 장소였으나, 이후 정치적 기능이 수용되면서 민주주의의 핵심 공간으로 자리 잡는다.[2]

기원전 5세기경 만들어진 그리스의 고대도시 밀레투스Miletus에서 광장은 기하학적으로 특정한 형태의 공간으로 발전한 모습으로 나타나기 시작한다. 이러한 형태는 이후 고대 그리스와 로마의 모든 도시에서 광장의 기본 형태가 된다. 이러한 형태를 바탕으로 광장을 의미하는 영어 단어 'square'가 생겼다. 그러나 유럽에서는 중세를 거치면서 민주주의의 핵심 공간으로 발전해온 광장의 정치적 기능은 쇠퇴하고 궁전과 종교시설이 새로 정치의 중심으로 자리 잡는다. 이탈리아 시에나의 캄포광장과 같이 궁전과 종교시설에 둘러싸인 공공공간으로서 도시광장이 자리 잡는 경우가 드물게 나타나기도 하나 대체로 중세 이후 건설된 도시에서는 뚜렷한 형태의 광장이 나타나지 않고, 정치적 기능을 제외한 광장의 나머지 기능은 시장으로 대체된다.[3]

다시 광장이 도시의 주요 공간으로 등장하게 되는 것은 르네상

1   원제무,《도시공공시설론》, 보성각, 2010
2   프랑코 만쿠조 지음, 장택수·김란수 외 옮김, 전진영 감수,《광장 Squares of Europe, Squares for Europe》, 생각의 나무, 2009
3   프랑코 만쿠조 지음, 장택수·김란수 외 옮김, 전진영 감수,《광장 Squares of Europe, Squares for Europe》, 생각의 나무, 2009

형태에 따른 광장 유형

유형	특징
위폐형 광장	광장 주위 여러 종류의 건물에 의해 공간이 폐쇄적으로 만들어진 광장
유축형 광장	어떤 특정한 건물에 의해 광장의 축선이 분명히 나타나, 광장이 건물의 앞뜰과 같은 형태를 이룬 광장
유핵형 광장	거대한 기념물, 분수, 오벨리스크 등에 의해 주위의 공간이 마치 한덩어리의 건축물처럼 결정화된 것처럼 보이는 광장
연쇄형 광장	몇 개의 광장이 연속된 광장
무정형형 광장	광장 주위의 건물이 광장의 크기에 비해 작고 건축선이 불규칙하거나 건물이 광장을 등지고 있는 등 형태의 통일성이 없는 광장

스 시대이다. 르네상스 시대의 광장은 아직 민주주의 공간으로서의 정치적 기능이 완전히 복귀된 것은 아니었으며, 기념비적 광장으로서 사건·사고·인물 등을 기념하거나 도시의 이미지를 구성하는 요소 역할을 했다. 그러나 18세기말 시민혁명을 바탕으로 도시의 광장은 다시 민주주의의 중심 공간이자 공공의 영역으로 전환되었다. 과거에 만들어진 많은 광장의 중심에는 우물이나 기념물, 조각상 또는 분수대 등이 설치되어 있다.

오늘날 많은 도시에서 주요 광장이 도시의 주요 이미지를 형성하는 랜드마크로 인식되기도 한다. 미국 뉴욕의 타임스스퀘어, 중국 베이징의 톈안먼 광장, 이탈리아 베네치아의 산 마르코 광장 등을 예로 들 수 있다. 서울 시청사 앞에 조성된 서울광장과 같이 특정 이벤트와 엮여 새로 도시의 랜드마크로 인식되는 경우 또한 존재한다. 오늘날에는 넓게 개방되어있는 특징으로 인해, 가설 시장이나 페스티벌의 행사장, 콘서트, 정치 및 종교적 집회의 장소 등 다양한 도시 이벤트를 수용하는 공간으로도 활용된다.

광장은 형태에 따라 위폐형 광장, 유축형 광장, 유핵형 광장, 연

「국토의 계획 및 이용에 관한 법률」에 따른 광장 유형 및 설치기준

유형		설치기준
교통광장	교차점광장	혼잡한 주요 도로의 교차지점에서 각종 차량과 보행자를 원활히 소통시키기 위하여 필요한 곳에 설치할 것 자동차전용도로의 교차지점인 경우에는 입체교차방식으로 할 것 주 간선도로의 교차지점인 경우에는 접속도로의 기능에 따라 입체교차방식으로 하거나 교통섬·변속차로 등에 의한 평면교차방식으로 할 것
	역전광장	역전에서의 교통혼잡을 방지하고 이용자의 편의를 도모하기 위하여 철도역 앞에 설치할 것 철도교통과 도로교통의 효율적인 변환을 가능하게 하기 위하여 도로와의 연결이 쉽도록 할 것 대중교통수단 및 주차시설과 원활히 연계되도록 할 것
	주요시설광장	항만·공항 등 일반교통의 혼잡요인이 있는 주요시설에 대한 원활한 교통처리를 위하여 당해 시설과 접하는 부분에 설치할 것 주요시설의 설치계획에 교통광장의 기능을 갖는 시설계획이 포함된 때에는 그 계획에 의할 것
일반광장	중심대광장	다수인의 집회·행사·사교 등을 위하여 필요한 경우에 설치할 것 전체 주민이 쉽게 이용할 수 있도록 교통중심지에 설치할 것 일시에 다수인이 모였다 흩어지는 경우의 교통량을 고려할 것
	근린광장	주민의 사교, 오락, 휴식 및 공동체 활성화 등을 위하여 근린주거구역별로 설치할 것 시장·학교 등 다수인이 모였다 흩어지는 시설과 연계되도록 인근의 토지 이용 현황을 고려할 것 시·군 전반에 걸쳐 계통적으로 균형을 이루도록 할 것
경관광장		주민의 휴식·오락 및 경관·환경의 보전을 위하여 필요한 경우에 하천, 호수, 사적지, 보존 가치가 있는 산림이나 역사적·문화적·향토적 의의가 있는 장소에 설치할 것 경관물에 대한 경관 유지에 지장이 없도록 인근의 토지 이용 현황을 고려할 것 주민이 쉽게 접근할 수 있도록 하기 위하여 도로와 연결시킬 것
지하광장		철도의 지하정거장, 지하도 또는 지하상가와 연결하여 교통 처리를 원활히 하고 이용자에게 휴식을 제공하기 위하여 필요한 곳에 설치할 것 광장의 출입구는 쉽게 출입할 수 있도록 도로와 연결시킬 것
건축물부설광장		건축물의 이용효과를 높이기 위하여 건축물의 내부 또는 그 주위에 설치할 것 건축물과 광장 상호 간의 기능이 저해되지 아니하도록 할 것 일반인이 접근하기 용이한 접근로를 확보할 것

쇄형 광장, 무정형형 광장으로 구분할 수 있다.[4]

또한 「국토의 계획 및 이용에 관한 법률」 시행령 제2조 제2항 제3호에서는 광장을 교통광장, 일반광장, 경관광장, 지하광장, 건축물 부설광장 등 5가지의 유형으로 분류한다. 국토교통부령 「도시·군계획시설의 결정·구조 및 설치기준에 관한 규칙」에 따르면 광장은 "대중교통, 보행 동선, 인근 주요시설 및 토지이용현황 등을 고려하여 보행자에게 적절한 휴식공간을 제공하고 주변의 가로환경 및 건축계획 등과 연계하여 도시의 경관을 높일 수 있게" 설치되어야 한다.

---

4   원제무, 《도시공공시설론》, 보성각, 2010

구곡

九曲 · Gugok Garden

동천
명승
승경
이상향
팔경

구곡九曲은 '계곡이 굽이쳐曲 산수가 빼어난 곳의 냇물 굽이와 봉우리마다 이름을 짓고, 글과 그림을 함께 하고, 그중의 한 곳에 정사精舍를 지어 자연을 즐기고 학문을 수련하며 교육을 하는 곳'이라 정의할 수 있다.[1] 그것을 곡曲이라 칭하는 이유는 구불구불 길게 돌아가는 계류를 취해 경영했기 때문이다. 구곡은 계류라는 자연 요소에 의해 전체가 형태적, 사상적으로 연속적인 흐름의 구조를 지니고 있다.

조선시대 사대부들은 지형적인 특성에 의해 형성된 산수가 수려한 장소에 가거지可居地의 필요조건인 지리地理, 생리生利, 인심人心이 충족되면 취락을 조성하거나 주변에 정사 경영을 하는 장소로 구곡을 설정하기도 하였다. 구곡이 설정된 곳은 계류변의 승경지勝景地에 해당되는데, 도교에서 말하는 동천洞天과도 관계가 있다.[2] 구곡가九曲歌는 조선시대 사대부가 구곡원림을 경영하면서 그곳의 승경을 읊은 노래이다. 구곡원림은 별서 및 누정樓亭원림과 함께 한국정원의 특성을 드러내는 대표적 양식이라 할 수 있다.

고려 말엽 한국에 전래된 성리학은 사상적으로 큰 변화를 가져왔으며, 유학을 국시로 정했던 조선시대에 이르러 사회에 절대적인 영향을 미쳤다. 유교적인 사상과 생활 속에서 성리학을 집대성한 중

---

1   이원교,《전통건축의 배치에 대한 지리체계적 해석에 관한 연구》, 서울대학교
     박사학위논문, 1992

2   최기수,《곡과 경에 나타난 한국전통경관 구조의 해석에 관한 연구》, 한양대학교
     박사학위논문, 1989

국 남송 대의 주희^{朱熹, 朱子, 1130~1200}는 존숭의 대상이 되지 않을 수 없었다. 주자에 대한 존숭은 그의 사상에 대한 숭앙으로 그치지 않고 그가 지은 작품과 삶에 대한 관심으로 이어졌다. 이러한 관심의 중심에 자리한 것이 무이구곡^{武夷九曲}, "무이구곡도가^{武夷九曲櫂歌}", 〈무이구곡도^{武夷九曲圖}〉이다.[3]

무이산은 중국 푸젠성^{福建省} 제일 명산으로 36개의 봉우리와 99개의 동굴이 있다는 승경지이며, 기이한 층암절벽과 그 사이를 흐르는 푸른 계류가 옥같이 맑은데, 물가의 바위색은 모두 붉고 윤기가 나기에 '벽수단산^{壁水丹山}'이라고도 불렸다.[4]

주자는 무이산 일대에 은거하며 무이구곡을 경영하였고, 1183년 무이구곡의 제5곡에 무이정사^{武夷精舍}를 짓고 강론과 저술 작업에

중국 푸젠성 무이구곡 제1곡의 구곡계^{九曲溪} 암각 ⓒ임의제

---

3   김문기, 《경북의 구곡문화》, 역락, 2008
4   董天工, 《武夷山志》(1751), 方志出版社, 1997

이성길, 〈무이구곡도〉, 1592 ⓒ 국립중앙박물관 소장

집중했는데 이때 지은 글이 "무이정사잡영武夷精舍雜詠"이다. 1184년에
는 구곡의 원류인 "무이구곡도가"를 지었는데 무이산 아홉 계곡의
묘사를 통해 도학道學을 공부하는 단계적 과정을 설명하였다. 무이구
곡 각 곡의 명칭은 제1곡 승진동升眞洞, 제2곡 옥녀봉玉女峯, 제3곡 선기
암仙機巖, 제4곡 금계동金鷄洞, 제5곡 철적정鐵笛亭, 제6곡 선장봉仙掌峯,
제7곡 석당사石唐寺, 제8곡 고루암鼓樓巖, 제9곡 신촌시新村市. 星村市이다.[5]
주자에게 무이산 일대의 자연경관은 신유학적 질서를 발견하고 수
학修學을 하는 공간으로서 의미가 컸다. 주자가 지은 시문詩文은 〈무이
구곡도〉의 바탕이 되었으며 이러한 문예 전통은 점차 한국에 유입되
었다.

　　"무이구곡가"는 지극한 이치의 추구와 유가적 철학을 자연묘
사를 통해 표현한 성리학적 이상시理想詩라 할 수 있다. 특히 '무이구
곡가'라고 통칭되는 "무이구곡도가"는 조선의 성리학자들 사이에 '차
주문공무이도가운次朱文公武夷櫂歌韻'이라는 방작들이 나오는 동기가 되
었고,[6] 구곡을 경영하며 정사를 짓고, 시九曲歌를 짓고 그림九曲圖을 그
리는 것이 하나의 규범적 형식으로 굳어졌다. 이런 맥락에서 사대부
들은 곡曲의 단순히 시각적인 특성도 고려했지만, 각 곡에서 도를 닦
는 수신의 과정으로 생각했으며 득得하면 경세제민經世濟民하겠다는
당시 사회·정치적인 경향도 엿볼 수 있다. 즉 단순히 산수의 아름다

5　　董天工,《武夷山志》(1751), 方志出版社, 1997
6　　유준영, 〈조형예술과 성리학〉,《한국미술사논문집》, 1984, 10쪽

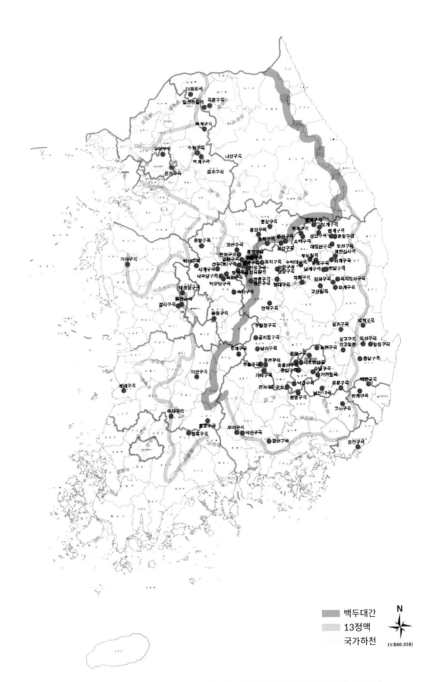

한국 구곡원림의 분포도. 출처: 노재현·최영현·김상범, 〈조선 선비가 설정한 구곡원림의 현황과 경물 특성〉,
《한국전통조경학회지》36(2), 2018, 41쪽

이형부,《화양구곡도첩》중 〈화양전도〉, 1809 ⓒ송준호 소장

움만을 취하는 것이 아니기에 정사를 경영해 심성을 수련하고 학문을 닦아 도를 이루며, 후학을 가르치고 양성하니 교敎의 장소가 되고, 시와 그림을 남기니 문文과 예藝를 이루는 장소가 된다. 이러한 구곡의 경영에서 조선시대 사대부의 성리학적 자연관을 살펴볼 수 있다.

중국이 원류인 구곡문화는 주자 이후 활발하게 경영되지 못하고 쇠퇴하였다. 그러나 한국에서는 조선시대 성리학적 세계관의 형성과 주자에 대한 학문적 존숭의 영향으로 다수의 구곡이 경영되었고 조선 후기를 대표하는 전통 조경문화의 한 유형으로 정착되었다.

한국에서 〈무이구곡도〉의 가장 이른 사례는 1592년에 제작된 창주 이성길滄洲 李成吉, 1562~1621의 작품이다. 이후 〈무이구곡도〉는 적어도 17세기까지는 성리학에 대한 이해를 가진 문인층에 의해 주로 감상되고 전해진 것으로 보인다. 그러나 18세기에 이르면 보다 다양한 계층에서 병풍, 화첩과 같은 여러 형식으로 제작된 사례가 발견된다. 이는 단순히 성리학 비조鼻祖의 거처라는 의미를 넘어 일반적인 이상경理想景이자 명승지로서의 의미를 갖게 된 것이다. 또한 주자의 무이구곡을 모방해 조선의 성리학자들이 각자의 은거지에 구곡을

〈백련구곡도〉, 조선 후기

경영하는 문화가 확산되었다.[7]

조선시대 '구곡원림九曲園林'을 경영하면서 구곡가 계통 시가를 창작한 초기의 인물은 박구원朴龜元, 1442~1506과 박하담朴河淡, 1479~1560으로 추정된다.[8] 박구원은 밀양 고야산의 무이천에 구곡을 경영하면서 "고야구곡가姑射九曲歌"를 지었고, 박하담은 1536년에 청도 운문산을 비롯한 동창천東倉川 일대의 빼어난 승경을 구곡으로 경영하면서 "운문구곡가雲門九曲歌"를 지었다. 비슷한 시기에 이이李珥, 1536~1584는 황해도 해주에서 고산구곡을 경영하면서 "고산구곡가高山九曲歌"를 지었다. 이러한 구곡가는 조선시대 성리학자들이 구곡을 경영하면서 일대의 승경을 읊은 것으로 구곡원림 연구에 중요한 자료가 된다.

7   두산백과 https://www.doopedia.co.kr/
8   김문기, 〈박구원의 고야구곡 원림과 고야구곡시〉, 《퇴계학과 유교문화》 제52집, 2013, 2~3쪽

문경 석문구곡 제2곡의 주암정 ⓒ임의제

관련 연구에 의하면 설정된 처處 수의 50% 이상이 확인된 남한 지역의 구곡은 2018년 현재 총 107개소에 이른다. 조선시대 팔도 구분상으로는 경상도 65개소60.7%, 충청도 26개소23.4%, 전라도 6개소5.6%, 경기도와 강원도 각각 4개소3.7%, 한양 2개소 등의 순으로 확인되었다. 구곡이 집중분포된 곳은 '소백산–월악산–속리산'을 잇는 백두대간의 좌·우안과 낙동정맥 우안의 낙동강 유역에 집중되는 경향이 매우 강하게 나타났는데, 이는 영남 성리학파의 학풍 및 그들의 원림 향유와 밀접하게 관련된 것이다.[9]

조선시대 저명한 성리학자들이 경영했던 구곡원림으로 대표적인 것은 명승으로 지정된 괴산 화양구곡華陽九曲, 송시열을 비롯해 영주 죽계구곡竹溪九曲, 주세붕, 안동 도산십이곡陶山十二曲, 이황, 해주 고산구곡高山九曲, 이이, 제천 황강구곡黃江九曲, 권상하, 문경 화지구곡花枝九曲, 권섭과 석문구곡石門九曲, 채헌, 화천 곡운구곡谷雲九曲, 김수증, 성주 무흘구곡武屹九曲, 정구, 진주 금천구곡琴川九曲, 성여신, 울주 백련구곡白蓮九曲, 최남복, 서울 우이구곡牛耳九曲, 홍양호 등이 있다.

---

9 노재현·최영현·김상범, 〈조선선비가 설정한 구곡원림의 현황과 경물 특성〉, 《한국전통조경학회지》 36(3), 2018, 37~47쪽

국제자연보전연맹과 국립공원

國際自然保全聯盟, 國立公園
International Union for Conservation of Nature and
Natural Resources (IUCN) and National Park

▶ 국제자연보전연맹은 세계의 자연환경 및 천연자원을 보호하기 위하여 결성한 국제기관이다. 국립공원이란 자연 경치가 뛰어난 지역의 자연과 문화적 가치를 보호하기 위하여 나라에서 지정하여 관리하는 공원이다. _표준국어대사전

▶ 국제자연보전연맹은 전세계 자원 및 자연보호를 위한 국제기구이며, 국립공원은 한 나라의 자연풍경을 대표하는 경승지를 국가가 법에 의하여 지정하고 이를 유지·관리하는 공원이다. _두산백과사전

▶ 국립공원이란 우리나라의 자연생태계나 자연 및 문화경관을 대표할 만한 지역이다. _「자연공원법」

국제자연보전연맹은[IUCN] 국제사회에서 자연환경 분야를 대표하는 국제기구이다. 국립공원은 자연환경을 보호하기 위해 지정된 나라를 대표하는 공원이다.

1911년 미국, 캐나다, 러시아, 일본을 중심으로 보호회의 International Council for Bird Preservation, ICBP가 창설되고 1928년 IUCN이 결성되었으며 UN의 지원으로 1948년 국제기구로 정식 발족되었다. IUCN의 본부는 스위스 글란드에 있으며 자원과 자연의 관리 및 동식물 멸종 방지를 위한 국제간의 협력 증진을 도모하고, 야생동물과 야생식물의 서식지나 자생지 또는 학술적 연구 대상이 되는 자연을 보호하기 위해 자연 보호 전략을 마련해 회원국에 배포하고 있다.

2019년을 기준으로 90개국 130개 정부기관, 1,131여 개의 비정부기구가 가입했다. IUCN은 보호지역을 관리 특성과 보호수준에

설악산 국립공원 ⓒ박세린

따라 분류하는 카테고리 시스템을 운영하고 있다. IUCN의 기준에 따르면 우리나라 국립공원은 모두 보호수준이 상대적으로 낮은 카테고리에 분류되어 있었으나 2007년 지리산, 오대산, 월악산, 소백산국립공원이 'IUCN II'로 인증 받았으며, 설악산, 지리산, 오대산은 2014년 IUCN으로부터 '세계적으로 최고수준을 관리하는 보호지역'으로 인증하는 'IUCN 녹색목록'에 등재되었다.

미국의 옐로스톤Yellowstone 공원은 1872년 국립공원으로 지정되었으며 미국 최초이자 세계 최초의 국립공원이다. 그 이후 캐나다, 유럽, 일본 등에서도 국가마다 국립공원을 지정하여 자연을 보호하는 기구를 설치했다. 미국은 1890년 요세미티Yosemite, 1919년 그랜드캐니언grand Canyon 등이 국립공원으로 지정되어 있다. 캐나다에서는 1885년 밴프Banff공원이 국립공원으로 지정되었으며 일본도 1933년 운센, 아소, 닛코 등을 국립공원으로 지정했다. 우리나라에서는 1967년 공원법 제정 후 같은 해 12월 29일 지리산이 최초의 국립공원으로 지정되었다.

　우리나라는「자연공원법」[2020]에 의해 자연공원을 지정했으며, 국립공원, 도립공원, 군립공원 및 지질공원 등을 포함한다. 우리나라는 현재 22개의 국립공원이 지정·관리되고 있다. 국립공원은 현재 환경부 소관으로 산하기관인 국립공원공단 21개를 관리하고 있으며, 한라산국립공원만 지방자치단체인 제주특별자치도에서 관리하고 있다. 국립공원은 우리나라 자연생태계와 문화경관을 대표할 만한 자원으로 환경부장관이 지정하고 있다.

그린인프라
Green Infrastructure(GI)

가로
공원
광장
녹지
도시숲
빗물정원
저영향개발

▶ 그린인프라 또는 블루-그린인프라는 자연을 통해 도시 및 기후 문제를 해결하기 위한 요소를 제공하는 네트워크를 의미한다. _위키피디아

그린인프라는 자연 생태계의 가치와 기능을 유지하고 보존하며 사람과 자연에 다양한 혜택을 제공하는 자연지역, 오픈스페이스, 녹지 등의 상호 연결된 네트워크로 정의할 수 있다.[1] 광의적으로는 자연생태계의 가치 및 기능을 보전하는 녹지, 습지, 산림, 하천, 공원, 광장 등의 연결을 의미하고, 협의적으로는 빗물 정원, 식생수로, 투수포장 등의 시설을 의미하기도 한다.

'Green'과 'Infrastructure'가 합성된 신조어로 1999년 미국 정책보고서인 지속가능한 발전에 관한 대통령 위원회Presidents' Council on Sustainable Development에 처음 명시되었으며 지속가능한 발전을 위한 실천 전략 중 하나로 그린인프라가 제시되었다. 그린인프라의 이론적 체계는 베네딕트Mark A. Benedict와 맥마흔Edward T. McMahon이 발표한 〈그린인프라스트럭처: 21세기를 위한 스마트 보존Green Infrastructure: Smart Conservation for the 21st Century〉2002과 《그린인프라스트럭처: 랜드스케이프와 커뮤니티의 연결Green Infrastructure: Linking Landscape and Communities》2006에서 보다 구체적으로 정립되었다.

---

1   Mark A. Benedict, Edward T. McMahon, *Green Infrastructure: Linking Landscapes and Communities*, Island Press, 2006

그린인프라 유형

기능	규모	그린인프라 유형
보존지역 hubs	소	우수침투시설, 생태저류지, 투수성 포장, 수목, 빗물 저장통 Infiltration Tools, Detention Pond, Permeable Pavement, Trees, Rain Barrel
	중	어린이공원, 숲, 텃밭정원, 정원(커뮤니티/도시), 옥상녹화, 벽면녹화, 공원(일반/농업), 주차장, 빗물정원, 체육공원, 습지 Children Playground, Forest, Garden(Allotment), Garden(Community/Urban), Green Roof, Green Wall, Park(Natural/Agricultural), Parking Lot, Rain Garden, Sports Playground, Wetland
	대	녹지지역, 농경지, 야생동물 서식공간 Vegetated Surface, Farm, Wildlife-Habitat
연결지역 links	소	생태수로, 실개천 Bio-Swale, Creek
	중	녹색길, 호수 Green Street(Alley), Lake
	대	블루웨이(물길), 그린웨이, 하천 및 강 Blue Way(Water Way), Green Way, Stream & River

그린인프라는 핵심지역core, 보존지역hubs, 연결망links으로 구성되며 핵심지역은 네트워크의 중점지역, 보존지역은 핵심지역의 완충지역이며 연결망은 핵심지역과 보존지역을 연결시키는 역할을 한다. 예를 들어 녹지, 습지, 산림, 오픈스페이스 등이 보존지역의 역할을 하며, 하천이나 생태통로 등은 연결망의 역할을 한다.[2]

그린인프라 유형은 분야, 기능, 규모 등에 따라 다양하게 분류할 수 있다. 이혜민 외 3인은 국내외 선행연구를 분석해 기능에 따라 보

2   Mark A. Benedict, Edward T. McMahon, "Green infrastructure: smart conservation for the 21st century", *Renewable Resources Journal* 20(3), 2002, pp.12~17

존지역과 연결지역으로, 규모에 따라 소규모, 중규모, 대규모로 구분해 그린인프라 유형을 표(128쪽)와 같이 분류했다.[3]

인간은 그린인프라를 통해 자연생태계의 가치와 기능을 유지하고 이와 관련된 혜택을 얻을 수 있으므로 그린인프라는 자연과 인간의 공존을 위한 공간계획의 수단으로 활용되고 있다. 그린인프라는 2000년대 후반부터 급격한 도시화에 의한 홍수, 열섬현상, 대기오염 등의 도시환경 문제 해결과 우수 관리, 물순환 등의 도시 물관리를 위한 개념적 대안으로 강조되기 시작했다. 특히 도시환경에 그린인프라 개념을 도입함으로써 환경적 순기능을 제공할 뿐만 아니라 도시민들에 대한 인문사회적인 순기능을 기대할 수 있다. 그린인프라는 도시환경에서 자연적인 물순환 체계를 개선할 수 있으며, 이러한 개념은 옥상녹화, 빗물정원, 식생수로, 투수성 포장 등의 기술을 포함한 저영향개발기법Low Impact Development, LID과 유사한 개념으로 이해할 수 있다. 또한 자연재해 저감, 도시열섬 완화, 빗물 저류 및 정화, 수질 개선, 생물다양성 증진, 도시민의 삶의 질 개선과 건강 증진 등 다양한 기능을 제공함으로써 기후변화와 도시 문제 해결을 위한 공간계획 대안으로 활용될 수 있다. 하지만 그린인프라 개념이 공간계획이나 녹지계획에 적극적으로 활용되기 위해서는 법적·제도적 틀과 방법론 체계구축이 필요하다.

현재 「국토의 계획 및 이용에 관한 법률」2021에서 녹지는 개별적인 공간 개념으로 정의하고 있으며 네트워크 개념은 전혀 반영되지 않고 있다. 다만 「도시공원 및 녹지 등에 관한 법률」2021 제6조와 「도시공원 및 녹지 등에 관한 법률 시행령」2021 제9조에서 공원녹지기본계획에 공원녹지의 축과 망에 관한 사항을 포함하도록 하고 있다.

---

3   이혜민·유수진·박사무엘·전진형, 〈도시 리질리언스 향상을 위한 재해별 그린인프라 유형 고찰〉, 《대한국토·도시계획학회》 제53권 제1호, 2018, 215~235쪽

「도시공원 및 녹지 등에 관한 법률 시행규칙」²⁰²¹ 제18조에서는 연결
녹지 설치기준을 규정하고 있지만, 이는 산책 및 휴식을 위한 소규모
가로공원에 관한 사항으로 법률에서 정의된 녹지축과 망의 구체적
인 설치기준과 방법은 구체적으로 설명하지 않고 있다. 방법론 측면
에서 그린인프라 구성요소(핵심지역, 보존지역, 연결망)의 계획 및 설치기
준 그리고 그린인프라 구조 평가방법, 그린인프라의 효과 평가 등에
대한 연구는 국내외적으로 아직 미진한 실정이다. 또한 현장 적용을
위해서는 다른 공간적 위계(국가, 지역, 도시)의 그린인프라의 구조적
관계에 대한 심도있는 연구와 이해가 필요하다.

그린인프라와 관련된 유사 개념은 다음과 같다.

① 최적관리기법Best Management Practices, BMPs: 최적관리기법BMPs은 미
국에서 우수 관리를 위해 제안된 비점오염을 저감하는 기법이
나 기술을 의미하는 용어이다. 도시와 같은 개발지역 물순환 체
계 개선 관점에서 그린인프라는 저영향개발LID 그리고 최적관리
기법BMPs과 밀접하게 연결되어 있다.

② 자연기반해법Nature-based Solution, NbS: IUCN은 자연기반해법을 "인
간의 웰빙과 생물 다양성 혜택을 동시에 제공하면서 사회적 문
제를 효과적이고 적응적으로 해결하는 자연 또는 수정된 생태
계를 보호, 지속가능하게 관리 및 복원하기 위한 도구"로 정의
한다. 개념의 위계적 측면에서 그린인프라는 자연기반 해법의
한 도구로 이해할 수 있다.

근대문화유산

近代文化流産 · Modern Cultural Heritage

도시공원 리모델링
문화재조경
산업유산
전통조경

「문화재보호법」에서는 근대문화유산의 개념과 범위를 "등록문화재"라는 용어를 통해 다음과 같이 정의한다. 첫째, 역사, 문화, 예술, 사회, 경제, 종교, 생활 등 각 분야에서 기념이 되거나 상징적 가치가 있는 것. 둘째, 지역의 역사·문화적 배경이 되고 있으며, 그 가치가 일반에게 널리 알려진 것. 셋째, 기술 발전 또는 예술적 사조 등 그 시대를 반영하거나 이해하는 데에 중요한 가치를 지니고 있는 것이다. 근대문화유산은 개화기 이후의 근현대 시기에 만들어지거나 새로 도입되어 나타난 문화적 자산으로 근현대 주요 건축물과 시설물, 각종 소품 및 공간을 모두 아우르는 개념이다.

근대문화유산은 시기적으로 현대와 가장 가까운 시기에 형성된 유산으로 전국 각지에 다양한 형태로 현존한다. 이 가운데 의미 있는 자산은 국가등록문화재로 등록해 관리한다. 「문화재보호법」은 지정문화재로 지정 못하지만 보존가치가 있거나 보존하지 않으면 훼손·멸실의 위기에 있는 근대문화유산을 보존하는 법적 체계로 등록문화재 제도를 활용한다. 근대문화유산을 보호하기 위한 등록문화재 제도는 2001년 「문화재보호법」의 개정을 통해 시작되었다. 등록문화재 제도는 그동안 지정문화재로 지정되어 보호받지 못한 근현대기의 문화유산에 대한 보호와 보존의 필요성에 대한 인식을 바탕으로 급격한 사회변화 과정에서 점차 멸실 또는 훼손되어 가는 많은 근대문화유산에 능동적으로 대응하고 문화재의 보호 방법을 다양화함으로써 보호 및 보존과 활용을 할 수 있는 기반을 마련하고자 도입되었다. 등록문화재는 건설, 제작, 형성된 지 50년이 경과된(긴급한 보호조치가 필요한 경우 50년이 지나지 않은 경우의) 유산을 대상으로 한다. 근대문화유산은 다른 문화재와는 달리 현재의 우리의 삶이 이루어지는 생활 현장에 남아 지금도 기능을 하거나 할 수 있는 자산이 대부분이며 이러한 특징을 반영하여 등록문화재 제도는 지정문화재 제도에 비해 비교적 완화된 보호조치의 체계를 가지고 있다. 예를 들어 근대문화유산의 등록문화재 등록은 기본적으로 소유자의 자발적인 협조를 바탕으로 진행되며, 지정문화재 제도와 달리 현상변경을 할 때 허가제가 아닌 신고제이다. 이런 완화된 보호조치와 각종 인센티브를 기반으로 소유자가 직접 등록문화재의 보호에 참여하도록 유도하는 것이 등록문화재 제도의 핵심이다. 그러나 이러한 완화된 보호조치는 유산의 보존에 영향을 미칠 행위 규제 등에 대한 법적 강제성이 없어 지정 전·후 일부만 남거나 멸실되는 경우가 발생하기도 하는 등 문제점이 드러나기도 한다.

2020년까지 개별 건축물이나 시설물 또는 사물을 대상으로 등록되었던 등록문화재에 2021년부터 '서천 판교 근대역사문화공간'과 '진해 근대역사문화공간' 같은 면적 단위의 근대문화유산이 등록되기 시작했다. 역사경관 차원에서 면적 단위의 문화유산 인식은 특히 보존과 함께 활용이 매우 중요한 근대문화유산의 새로운 활용방안에 대한 접근 가능성을 보여줄 것으로 예상된다.[1]

근대문화유산은 전국에 넓고 다양하게 분포하고 있으며, 지역문화·재생자원으로 활용될 수 있는 만큼 점점 더 중요성이 부각되고 있다. 또한 이미 다수의 근대문화유산이 다양한 측면에서 도시 및 지역재생 사업의 대상으로 활용되고 있다. 향후 전국에 산재한 다양한

---

1   채혜인·박소현, 〈'역사정원'에서 '역사도시경관'까지: 문화유산으로서 경관보존 개념의 변천 특징에 관한 연구〉, 《한국도시설계학회 춘계학술발표대회 논문집》, 2012, 200~206쪽

대표적 근대문화유산인 옛 군산세관 ⓒ김순기

형태와 성격의 근대문화유산을 어떻게 활용할지에 대한 보다 다양한 측면에서의 방안 구축이 요구되며, 등록문화재 제도의 보완을 통해 근대문화유산의 저변 확대 및 효율적인 제도 운용과 보존 방안의 개선 또한 필요하다. 마지막으로 근대문화유산에 대한 많은 편견은 근대문화유산을 소위 불편문화유산으로 인식한다는 점이다. 근대문화유산에 대한 진정한 가치 평가를 위해서는 단순히 역사적 배경만을 바탕으로 불편문화유산으로 생각하는 편견을 버리고 해당 문화유산에 대한 객관적이며 세계사적 관점에서의 해석과 보전이 필요하다.

금원

禁苑, 禁園·Palace Garden

내원
비원
원유
후원

▶ 예전에, 궁궐 안에 있던 동산이나 후원을 말한다. _표준국어대사전

▶ 궁궐 안의 후원後苑을 말한다. 비원秘苑, 어원御苑 _한국고전용어사전

사전적 의미로는 '출입이 금지된 궁궐의 정원'을 의미하는데,《조선왕조실록》에 의하면 궁원의 명칭으로 후원後苑, 북원北園, 어원御苑, 금원禁苑 등이 유사한 의미로 사용되었다.

'금원禁苑'으로 지칭한 용례는《조선왕조실록》에서 다수 발견되는데 "이른바 금원이라는 것은 상림원上林園 같은 것을 가리키는 말이다(세종13년 1월)", "금원에서 곡식을 심고 친히 누에를 길렀다(성종7년 10월)", "창덕궁 금원에서 친잠親蠶하시었다(중종25년 8월)"와 같은 기록에서 찾을 수 있다.[1] 현재《표준국어대사전》을 포함한 대부분의 문헌에서 '苑'을 택하고 있어, 금원禁苑이 보다 보편적으로 쓰인 용어로 알려졌으나, '금원禁園'이라는 용어 또한《조선왕조실록》(태종10년, 연산군 11년, 정조19년)에 보이므로 양자를 혼용해 썼던 것으로 추정된다.

오준영2019의 연구에 의하면 궁궐의 내원內苑은 국왕을 비롯한 왕실 구성원의 전유물이었기 때문에 누구나 쉽게 범접할 수 없는 금원禁苑으로 관리되었다. 조선시대 중종 연간에 후원을 관람한 종친과 재상들은 "특별히 금원을 관람하게 되어 정말로 뜻밖의 일이었다."라고 말하였다. 금원 역시 궁궐의 동산을 가리키지만, '금禁'은 사사

---

1   문화재청,《전통조경 정책기반 마련을 위한 기초조사 연구》, 2020, 11~30쪽

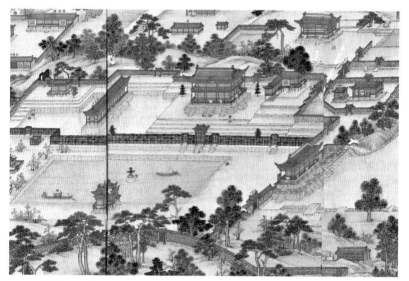

창덕궁 금원(후원) 주합루 일원, 동궐도 부분 ⓒ동아대박물관

로운 접근과 이용이 불가한 제한구역의 속성을 아울러 내포하고 있
다. 세속과 대비되는 금원의 신성한 성격이 궁궐에 치환되기 시작
하면서 금원은 궁궐과 왕실의 권위를 상징하는 의미로 사용된 것이
다. 전제적 왕조사회였던 조선에서도 금원은 매우 엄중한 장소로 인
식되어 이곳에 무단으로 출입하는 행위는 국법으로 엄격히 규제되
었다.

　　금원은 보통 궁궐의 원유苑囿를 가리키지만, 궁성 밖의 외원外苑
도 금원으로 관리되었다. 특히 영조는 창경궁 함춘원含春苑과 창덕궁
상림원上林苑이 궐 안에 위치하지는 않지만, 모두 금원과 같다고 강조
하였다.[2] 이는《승정원일기》영조8년1732 5월 기록에 "동쪽에는 함춘
원이 있고, 서쪽에는 상림원이 있다. 이곳들은 모두 궐 안을 굽어보

2　　오준영,《조선시대 궁궐 외원外苑의 조영과 변천》, 한국전통문화대학교
　　박사학위논문, 2019

고 있으므로 예로부터 담을 쌓고 동산을 만들었으니, 비록 궐 안과는 다르지만 모두 금원이다.”라는 기록에서 확인할 수 있다. 이처럼 궁궐의 내원과 외원 모두 금원으로 운영되었으며, 금원의 대상이 궁궐 내부에만 한정된 것은 아니었다.

기후변화

氣候變化 · Climate Change

▶ 일정 지역에서 오랜 기간에 걸쳐서 진행되는 기상의 변화이다. _ 표준국어대사전

▶ 세계 날씨의 변화 특히 대기 중 이산화탄소를 증가시키는 인간의 활동으로 지구 기온이 상승하는 현상을 말한다. _ 캠브리지 사전

▶ 사람의 활동으로 인하여 온실가스의 농도가 변함으로써 상당 기간 관찰되어 온 자연적인 기후변동에 추가적으로 일어나는 기후체계의 변화를 말한다. _「기후위기 대응을 위한 탄소중립 · 녹색성장 기본법」

기후변화란 일반적으로 인간의 활동으로 발생하는 인위적 요인과 화산활동 등 자연적 요인에 의한 지구의 평균적인 기후변동으로 정의할 수 있다. 기후변화에 관한 정부 간 협의체Intergovernmental Panel on Climate Change, IPCC에서는 장기간에 걸쳐 기후의 평균 상태나 변동이 통계적으로 의미 있는 변동이 있을 때를 기후변화라 하며 이때의 변동은 인간 행위로 인한 것과 자연적인 변동을 모두 포함하며 시간의 경과에 따른 기후의 변화를 포괄한다.[1] 유엔기후변화협약United Nations Framework Convention on Climate Change, UNFCCC에서는 전 지구대기의 조성을 변화시키는 인간의 활동이 직접적 또는 간접적으로 원인이 되어 일어나고 충분한 기간에 관측된 자연적인 기후 변동성에 추가하여 일어나는 기후의 변화로 정의한다.

기후변화는 기온, 비, 눈, 바람의 대기 상태를 의미하는 '기후

---

1   국가기후변화적응센터 https://kaccc.kei.re.kr/

climate'와 '변화change'의 합성어로 1966년 세계기상기구World Meteorological Organization, WMO에서 기후변화climatic change, 기후적 불연속성climatic discontinuity, 기후변동climatic variation, 기후 주기성climatic periodicity 등을 정의했다. 1970년대 지구온난화 현상에 대해 알려졌으나 지구의 역사에서 기후는 오랜 시간에 걸쳐 서서히 변화해 왔기 때문에 지구온난화 현상에 대한 이견이 있었다. 그러나 현재 기후변화는 인류에게 큰 위기를 가져올 수 있는 명백한 사실로 받아들여지고 있으며 국제적으로 기후변화 문제를 해결하기 위해 적극적으로 대응하고 있다.

기후변화의 원인은 크게 자연적인 요인과 인위적인 요인으로 구분할 수 있으며 인위적인 요인으로는 온실가스, 에어로졸, 토지피복 변화, 산림파괴 등이 있다. 자연적 요인으로는 기후시스템과의 상호작용, 태양 에너지의 변화, 지구공전궤도 변화, 화산폭발 등이 있다. 인위적 요인 중 온실가스 요인은 인간의 활동으로 발생한 지구온실가스Green House Gases, GHGs 배출로 지구 대기의 화학적 조성이 변화되고 기후변화가 유발되는 것을 의미한다. 주요 6대 온실가스로는 이산화탄소CO_2, 메탄CH_4, 아산화질소N_2O, 수소불화탄소HFCs, 과불화탄소PFCs, 육불화황SF6이 지정되어 있다. 이러한 온실가스는 인간 활동 중에서도 화석 연료의 연소가 가장 큰 원인인 것으로 알려져 있다. 또한 공기에 미세한 형태로 분포하는 미세입자인 에어로졸은 화석 연료, 바이오매스 연소 등의 연소로 인해 증가하였으며 기후변화에 영향을 주는 요인이다. 인간의 활동으로 인한 도로 건설, 도시화 및 산업화, 농업 확장, 산림파괴 등의 토지피복 변화는 이산화 배출을 증가시키고 지표면의 반사율 변화를 유발하는 등 기후변화에 영향을 미친다.

전 지구 평균기온은 지난 100년 동안 지속적으로 상승하고 가속화되고 있다. 극한 기상현상의 증가는 자연재해로 이어지므로 기후변화를 해석하고 기후를 예측할 수 있는 기후변화 시나리오와 예측 모델을 이용하여 미래 전 지구 및 지역의 기온, 강수, 바람 등의 정보를 정량적으로 산출하고 있다. IPCC에서는 2000년 보고서에서 6종류 시나리오를 설정해 미래 사회경제 및 기술의 변화를 가정해 작성했다. IPCC 5차 평가보고서에서는 4차 평가보고서에서 사용한 배출 시나리오에 관한 특별 보고서인 SRES Special Reports on Emission Scenarios 온실가스 시나리오 대신 대표농도경로인 RCP Representative Concentration Pathways를 새로운 시나리오로 제시했다. RCP 시나리오는 인간의 활동이 대기에 미치는 복사량으로 온실가스 농도 값을 설정했다. RCP 2.6, 4.5, 6.0, 8.5 시나리오가 제시되고 있으며 RCP 시나리오에서의 숫자는 복사강제력을 의미한다.

기상청에서 발간한 《한국 기후변화 평가보고서》2014에 따르면 2001~2010년까지 우리나라 평균 연강수량은 지난 30년에 비해 약 7% 이상 증가하고 강수량의 지역적 차이가 크며 여름철 강수량 증가가 더 클 것으로 예상되었다. 우리나라 연평균 기온은 1980년대 이후로 계속 증가하고 있으며 RCP 4.5에서는 2℃ 이상, RCP 8.5에서는 4℃ 이상 증가할 것으로 추정되었다. 2018년 10월 IPCC에서는 《지구온난화 1.5℃ 특별보고서》를 승인했으며 지구 평균 온도 상승을 1.5℃ 이내로 억제하기 위해 온실가스 배출량을 2030년까지 2010년 대비 최소 45% 이상 감축해야 하고, 2050년까지 전지구적으로 탄소 순 배출량이 '0'이 되는 탄소중립을 달성해야 한다고 제시했다. 이러한 목표를 달성하기 위해 세계 각국에서 탄소중립을 법제화했으며, 유럽, 중국, 일본 등 주요국에서 탄소중립 목표를 선언했다. 우리나라에서도 2020년 12월 7일 '2050 탄소중립 추진전략'을 마련했다. 기후변화에 대응하고 탄소중립 목표를 달성하기 위해 도시숲, 공원녹지, 그린인프라 등 조경 분야에서의 역할에 대한 논의가 활발하게 진행되고 있으나 국내 연구는 미진한 실정이므로 수종별 탄소흡수 능력, 탄소 저감을 위한 조경 식재 패턴 등 앞으로 다양한

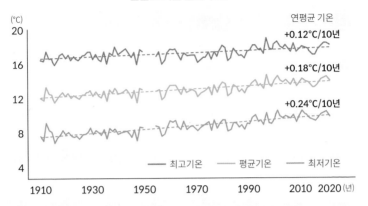

한반도 기온 변화 추이

우리나라 연평균 최고, 평균, 최저기온의 변화, 1912~2017 ⓒ국립기상과학원

분야에서 연구와 개발이 필요하다.

기후변화와 관련된 유사 개념은 다음과 같다.

① 기후변동: 시간이 지나면서 대기환경 및 자연환경의 변화로 기후가 점차 변화하는 것이다.

② 기후위기: 기후변화가 극단적인 날씨뿐만 아니라 인류에 회복할 수 없는 위험을 초래하는 상태를 말한다.

③ 지구온난화global warming: 전 세계적으로 증가되고 있는 화석 연료의 사용에 의한 온실가스 영향으로 지구의 온도가 높아지는 현상이다.

④ 온실가스greenhouse gas, GHG: 적외선 복사열을 흡수하거나 재방출해 온실효과를 유발하는 대기 중의 가스 상태의 물질이다.

⑤ 탄소중립carbon neutrality, net-zero: 대기 중에 배출·방출 또는 누출되는 온실가스의 양에서 온실가스 흡수의 양을 상쇄한 순배출량이 '0'이 되는 상태를 말한다.

내원, 외원

内苑, 内園 · Inner Garden; 外苑, 外園 · Outer Garden

금원
별서
원유
후원

[내원内苑, 内園]

▶ 궁궐 안에 있던 동산이나 후원을 말한다. 금원禁苑 _ 표준국어대사전

▶ 궁궐 안의 뜰 또는 정원을 말한다. 금원禁苑, 내원內園 _ 한국고전용어사전

[외원外苑, 外園]

▶ 궁궐 따위의 바깥쪽에 있는 넓은 정원을 말한다. _ 표준국어대사전

사전적으로 내원과 외원에서 접미사인 '苑'과 '園'은 구분 없이 혼용
되었으나 '苑'이 더 보편적으로 쓰이고 있다. 내원內苑은 궁궐 안에 있
는 동산을 의미하며, 조선시대에는 보통 후원을 가리켰다. 조선시대
순조는 창덕궁에 조성된 동산苑을 '내원'으로 지칭하면서 관풍각觀豐
閣, 춘당대春塘臺, 소요정逍遙亭 등과 같은 동궐 후원의 주요시설을 개괄
하였다. 내원과 달리 궁궐 밖에 조성된 함춘원含春苑, 상림원上林苑, 방
림원芳林苑은 각각 창경궁, 창덕궁, 경희궁의 '궁실宮室'로 운영되었다.
궁실은 궁궐과 동일한 의미로 쓰이거나, 각종 전각을 비롯해 궁궐의
제반 시설을 통칭하는 개념으로도 사용된다. 외원은 후자에 해당하
며, 궐내 각사처럼 궁궐 소속의 시설로 관리되었다.[1] 오준영2019의 연
구에 의하면 궁궐의 내원과 외원 모두 금원禁苑으로 운영되었으나 위
상은 동일하지 않았는데, 외원이 내원만큼의 위계를 갖춘 장소는 아

---

1   오준영, 《조선시대 궁궐 외원外苑의 조영과 변천》, 한국전통문화대학교
     박사학위논문, 2019

강진 백운동원림 내원 ⓒ임의제

니었기 때문이다. 기본적으로 국왕을 비롯한 왕실 구성원이 위락이
나 정무 등을 위해 외원에 거동했던 사례는 찾아보기 어렵다. 그러
나 궁궐의 외원이 내원에 견주기 어려운 위상과 비중을 가졌다 하더
라도 궁궐의 금원禁苑으로서의 정체성만큼은 뚜렷하게 확립되어 있
었다.

　　궁궐 이외의 전통 공간에서도 내원과 외원을 구분할 수 있는데,
대표적인 사례를 조선시대 정원 양식 중 하나인 별서원림에서 찾을
수 있다. 별서원림의 외부공간 구조는 담장 안의 '내원', 담장 밖 가시
권역인 '외원' 그리고 정원에 간접적으로 영향을 줄 수 있는 '영향권
원'의 3개 권역으로 나누어진다. 별서에서의 감상 대상은 단순히 담
장 안의 내부공간을 중심으로 한 것이 아니고 외부의 경관도 포함하
기 때문이다.[2] 이는 별서에서 읊은 시문詩文이나 기문記文 등의 기록을
통해서도 쉽게 유추할 수 있다.

　　명승문화재로 지정된 순천 초연정원림超然亭園林에 대한 문화재

2　　한국전통조경학회, 《최신 동양조경문화사》, 대가, 2016

순천 초연정원림 외원 ⓒ임의제

청의 설명에서 "초연정 정자와 정자 주변의 외원外苑을 함께 일컫는 것으로, 왕대마을 모후산의 자연 계곡을 외원으로 삼고 있다."와 같이 외원이라는 용어를 공식적으로 사용하고 있음을 볼 수 있다.[3] 명승 강진 백운동원림白雲洞園林도 별서 담장을 경계로 내원과 외원이 명확히 구분되면서 경관적으로는 유기적인 관계를 형성하고 있다.[4] 국가민속문화재인 별서 영양 서석지瑞石池와 민가 주택인 구례 운조루雲鳥樓의 정원 또한 내원, 외원, 영향권원으로 정원 구분이 가능하다.

---

3   문화재청 국가문화유산포털 http://www.heritage.go.kr/
4   정민,《강진 백운동 별서정원》, 글항아리, 2015

녹색 젠트리피케이션

Green Gentrification

가로
공원
광장
그린인프라
도시숲

▶ 도시녹화 사업으로 부유한 사람들이 이사 오고, 주택을 개선하며 가난한 도시지역의 특성이 바뀌고 일반적으로 그 과정에서 현재 거주자를 대체하는 과정을 뜻한다._위키피디아

녹색 젠트리피케이션의 과정은 환경 편의시설Environmental Amenities을 조성하거나 복원하는 녹화사업에서 시작된다. 환경 편의시설에는 녹지공간, 옥상녹화, 정원 및 에너지 효율 건축 자재가 포함되는데, 이러한 녹화사업은 표면적으로 지역의 환경을 개선하기 위한 목적으로 조성되지만 녹화사업으로 해당 지역의 부동산 가격이 상승하면서 빈곤층(특히 세입자)이 집을 잃거나 더 높은 주택 비용을 지불해야 하는 경우가 발생한다. 즉 환경적 편의시설은 의도치 않게 부유층을 끌어들이고 저소득층은 밀어내면서 젠트리피케이션을 낳는다. 녹색 젠트리피케이션은 고소득 이민자에게 유리하게끔 저소득 거주자를 밀어내기 때문에 사회적 형평성 문제로 간주되고, 사회적 불평등을 생산하게 된다.[1]

　도시녹화 현상은 전세계 대도시에서 흔하게 볼 수 있는 현상이다. 최근 도시들은 새로운 공원, 해안 산책로, 강변 산책로, 자전거 도로, 녹지 및 보행자 전용 쇼핑몰로 관심을 끌기 위해 경쟁적으로 녹

---

[1]　Peter Marcuse, "Abandonment, gentrification, and displacement: The linkages in New York City", *The Gentrification Reader*, Routledge, 2010, pp.333~347

미국 뉴욕시 하이라인파크, 2016 ⓒ김순기

화사업을 추진하고 있고, 친환경건물임을 인증하는 LEED^{Leadership in Energy and Environmental Design} 인증 건물, 청정에너지 및 대중교통 개선을 선전하지만 도시녹화가 반드시 지속 가능한 개발에 기여하는 것은 아니다. 불평등을 증가시키는 도시녹화는 더 높은 규모에서 지속 가능성을 달성하는 데 필요한 사회적 조건을 훼손하고 계층화 시스템의 최하층에 가까운 사람들의 삶의 질을 지역적으로 감소시키는 단점이 존재한다.[2]

대표적인 예로 뉴욕 맨해튼의 하이라인파크가 있다. 폐철로 시설에서 그린인프라로 탈바꿈한 하이라인파크는 공공녹지 공간이지만, 하이라인 조성 이후 공원 인근의 부동산 가격이 치솟아 기존 원주민들의 이주로 이어지게 됐으며, 이러한 과정은 부유층 시민들이 녹지를 더 많이 점유하고 반대로 취약계층은 녹지가 부족한 지역에 거주하게 되는 결과를 낳게 된다. 젠트리피케이션은 이러한 부정적인 효과에도 지역의 물리적 환경을 개선한다는 점에서 긍정적으로 보는 경우도 있지만, 지역의 물리적 개선은 과거 상점을 몰아내고 프랜차이즈 상점이 입점한다는 점에서 장소성을 잃어버린다는 단점이 있다. 이러한 단점을 극복하고자 최근 성수동에서는 지속가능발전 구역을 설정해 임대료 상승 방지와 건물주, 임차인의 인식 개선에 나서고 있다. 조례 제정 및 협약을 통한 젠트리피케이션 방지대책을 내세우고 있지만, 현재까지는 이행강제성을 부여하기 어려운 상황에서 인센티브 제공, 임대료 안정 및 인프라를 구축할 수 있는 법적인 개선안이 필요하다.

2   신현방·미류·최소연·이채관·신현준·달여리·정용택·김상철·이강훈·이영범·조성찬·전은호, 《안티 젠트리피케이션 무엇을 할 것인가?》, 동녘, 2017

녹지

綠地 · Green Space

경관
문화경관
탄소흡수원

▶ 천연적으로 풀이나 나무가 우거진 곳 또는 도시의 자연환경 보전과 공해 방지를
위하여 풀이나 나무를 일부러 심은 곳을 말한다. _표준국어대사전

▶ 자연환경을 보전하거나 공해, 재해 등을 방지하기 위해 풀이나 나무를
계획적으로 심은 곳 또는 자연적으로 풀이나 나무가 우거진 곳을 말한다._
건축용어사전

▶ 녹지 · 녹지지역 · 녹지공간 또는 공원녹지라고도 한다. 좁은 의미로는
도시용도지역의 공원녹지만을 가리키지만, 넓은 의미로는 하천 · 산림 · 농경지를
포함한 개방공간 또는 녹화된 공간 전부를 일컫는다. _두산백과사전

녹지는 법적 · 학술적 측면에 따라 다양하게 정의된다. 「국토의 계획
및 이용에 관한 법률」2021에서는 용도지역 중 도시지역에서 녹지지
역을 구분해 지정하고 있으며 자연환경 · 농지 및 산림의 보호, 보건
위생, 보안과 도시의 무질서한 확산을 방지하기 위해 녹지의 보전이
필요한 지역으로 정의한다. 「도시공원 및 녹지 등에 관한 법률」2021
에서는 쾌적한 도시환경을 조성하고 시민의 휴식과 정서 함양에 이
바지하는 공간 또는 시설을 공원녹지로 정의하고 있으며, 제6조에
서는 완충녹지, 경관녹지, 연결녹지로 구분하고 있다. 또한 「자연공
원법」2020에서의 '자연공원', 「산림자원의 조성 및 관리에 관한 법률」
2020 및 「산림기본법」2020에서의 '산림', 「산지관리법」2021에서의 '산
지' 또한 녹지에 포함되는 개념으로 볼 수 있다. 법률상 정의에서 녹
지는 지역지구에서의 개념과 도시계획시설에서의 개념으로 혼용되

대만 타이중 도시 녹지, 2020 ©박세린

어 사용되고 있다.

학술적 측면에서 녹지는 연구의 목적이나 방법, 관점에 따라 개발제한구역, 광장, 공공공지, 하천, 가로수, 수변녹지 등 매우 다양하게 설정되고 있으며 협의적·광의적 개념으로 녹지를 정의하고 있다. 협의적 개념으로는 피복된 식생이 자랄 수 있는 지반이며, 광의적으로는 식생이 자랄 수 있는 지역을 포함해 건물이나 구조물이 없는 모든 토지와 수면, 도로, 광장 등의 공지空地를 포괄하는 개념으로 오픈 스페이스open space를 의미한다고 볼 수 있다.

녹지는 생물 서식공간, 미세먼지 저감, 열섬현상 완화, 탄소흡수원, 여가공간 제공 등과 같은 다양한 기능을 하며, 기후 및 환경문제의 심화로 녹지에 대한 사람들의 요구가 점점 증가하고 있다. 지속적인 녹지의 확충과 합리적이고 체계적인 보전 및 관리가 필요하다.

농촌 어메니티

Rural Amenities

▶ [어메니티] 사람들에게 휴양적, 심미적 가치를 제공해주는 농촌에 존재하는 특징적인 모습을 총칭하는 용어로 쓰인다. 여기에는 생물종의 다양성, 생태계, 지역 고유의 정주패턴, 경작지, 고건축물, 농촌공동체의 독특한 문화나 전통 등을 포함하고 있다. _농업용어사전

▶ 농촌의 쾌적한 농업경관과 자연환경, 고유한 지역공동체의 문화, 농촌 수공예품 등 다양한 차원에서 대중에게 심미적 만족감과 휴양적 효용을 제공하는 것을 두루 총칭하는 용어로 쓰인다. _국토연구원

어메니티는 인간과 환경의 교감에서 나오는 쾌적함, 매력성, 즐거움 등 긍정적인 감흥을 불러일으키는 특정 장소의 속성을 지칭하는 복합적인 개념이다. 도시 차원에서 어메니티 용어를 사용할 경우 도시환경의 질적 개선을 위한 위생, 공중보건의 청결함, 편리성과 안전성 등으로 인식되지만, 농촌 어메니티로 사용하면 문화적 향토성에 초점을 맞춘 개념으로 발전한다. 예를 들어 농촌 어메니티는 기존 경관자원적 접근과 달리 개구리 울음소리, 달빛, 밤공기, 원두막, 휴경논, 시골학교 등 농촌에 존재하는 모든 농촌자원의 합이 만들어내는 농촌다운 감흥을 뜻하는 것으로 인간의 심리적인 감정을 포괄한다.

  농촌 어메니티 용어는 서유럽 국가의 농촌개발 관련한 연구에서부터 시작했으며, 농촌이라는 공간을 농산물을 생산하는 1차적인 공간으로 보는 것을 넘어 농촌의 다원적 가치에 초점을 맞춘 접근 방법으로 농촌이 가진 특유의 농촌다운 경관, 문화적·역사적 전통 자

산, 주민들의 공동체 활동, 지역관광 상품이나 토속 특산물 등의 자원이 총체적으로 인식되어 형성되는 만족감으로 정의된다.[1] 이러한 농촌다운 자원은 농촌지역의 소득을 창출하는 중요한 요소인 동시에 도시인들이 농촌지역을 방문하는 주된 요인으로 평가된다.

농촌어메니티 유형

인지자원

- 농촌다운 경관
- 맑은 공기와 조용함

체험자원

- 농사체험
- 음식체험
- 물놀이체험

교류자원

- 도시민과 주민의 교류
- 농업환경

농촌 어메니티 유형을 명확하게 구분하기는 어렵지만, 보통 다음 세 가지 단계로 나누어 설명할 수 있다. 첫째, 인지자원은 농촌다운 경관, 맑은 공기와 조용함과 같은 농촌자원의 보전과 그러한 농촌다움을 유지하는 것으로, 둘째, 체험자원은 농사체험, 음식체험, 물놀이 체험과 같이 농촌에서 활용가능한 자원의 활용 및 농외소득창출을 의미하며, 셋째, 교류자원은 도시민과 주민의 교류와 같이 외지인과 지역주민의 상호작용을 통해 기존 자원의 강화 및 지속적인 운영기반을 창출하는 것으로 발전될 수 있다.[2]

우리나라에서는 2003년 농촌의 새로운 성장동력원으로 농촌 어메니티를 적극적으로 개발하도록 명시함으로써 농촌 지역개발에서 지속적으로 강조되고 있다. 다양한 지자체 및 도시에서도 어메니티를 강조하고 있으며, 지자체의 이름에 어메니티 용어를 사용하여 홍보를 하기도 한다(어메니티 서천). 또한 농촌진흥청에서는 농촌 어메니티 정보화 시스템을 구축해 운영하며 농촌 어메니티에 대한 관련 정보를 제공한다.

1   오형은·조중현, 〈농촌체험마을의 어메니티 평가 경향 연구〉, 《농촌사회》 21(1), 2011, 7~48쪽
2   오형은, 《농촌체험마을의 어메니티 해석과 강화모델 연구: 이용자 체험평가를 중심으로》, 서울시립대학교 박사학위논문, 2008

다양성과 이질성

多樣性, 異質性 · Diversity and Heterogeneity

▶ 다양성이란 모양, 빛깔, 형태, 양식 따위가 여러 가지로 많은 특성이며, 이질성이란 서로 바탕이 다른 성질이나 특성이다. _ 표준국어대사전

▶ 다양성이란 많은 양의 또는 여러 가지 성질을 가리킨다. 이질성이란 구성이나 색상, 형태, 크기, 무게, 높이, 분포, 재질 등의 특성이 균일하지 않은 것을 의미한다. _ 위키피디아

다양성과 이질성은 경관생태학에서 경관 구성요소의 특성과 관련이 있다. 즉 경관 구성요소의 다양성, 경관요소 사이 이질성을 의미한다. 경관 다양성이란 지리적 다양성과 생물다양성을 특징으로 하는 비생물적, 생물적 시스템의 다양성을 의미하며, 경관 이질성이란 구조적 이질성compositional heterogeneity과 구성적 이질성configurational heterogeneity을 포함하며 다른 경관요소의 수와 비율 및 경관 내 요소의 복잡한 공간적 배열로 정의할 수 있다.[1] 일반적으로 이질성은 다양성을 포함한 개념으로 사용된다. 즉 다양성은 경관에서 다른 경관요소의 수에 초점을 둔 개념이라면, 이질성은 경관요소나 생물종의 수뿐만 아니라 경관요소의 크기, 형태나 질감spatial heterogeneity과 시간적 변화성temporal heterogeneity을 포함한다.

---

1   Hartmut Leser & Peter Nagel, "Landscape diversity: A holistic approach", *Biodiversity*, Springer, 2001, pp.129~143; L. Fahrig, W. K. Nuttle, "Population ecology in spatially heterogeneous environments," *Ecosystem Function in Heterogeneous Landscapes*, Springer, 2005, pp.95~118

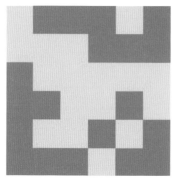 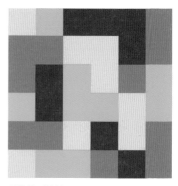

구조의 이질성compositional heterogeneity   구성의 이질성configurational heterogeneity

다양성의 어원은 라틴어 디베르수스diversus로 '다른 방향의', '대립된'이라는 의미를 갖는다. 이질성은 '다른'을 의미하는 'hetero'와 '종류'를 의미하는 'gene'에 어원을 두고 있다. 퀴퍼Juliette Kuiper는 경관이 생태적, 미적으로 가치를 높이기 위해서는 다양성이 중요한 지표로 사용될 수 있다고 했다.[2] 이러한 경관의 다양성은 경관의 구조와 기능, 변화를 계량화해 표현하는 경관지수의 개발을 통해 정량적으로 분석하기 시작했다. 경관 다양성 지수는 생물종 다양성을 정량화하는 심슨Simpson과 섀넌Shannon 지수를 통해 도출 가능하다. 다양성은 풍부도richness, 균등도evenness와 관련이 있다. 풍부도는 한 지역에 분포하는 종의 수가 얼마나 많은지와 관련이 있으며 균등성은 한 지역에 분포하는 개체가 얼마나 균등하게 분포하느냐와 관련이 있다.

심슨지수는 에드워드 심슨Edward Simpson이 1949년 제안한 것으로 동식물 종의 수, 종의 분포 비중을 이용해 종의 다양성을 측정한다. 심슨지수는 0에 가까울수록 다양성이 높아지고 1에 가까울수록 다양성이 낮아진다. 섀넌지수는 경관 다양성과 관련된 연구에서 널리

---

2   Juliette Kuiper, "Landscape quality based upon diversity, coherence and continuity: landscape planning at different planning-levels in the River area of the Netherlands", *Landscape and Urban planning* 43(1-3), 1998, pp.91~104

사용되는 지수이다. 정보이론의 불확실성 개념을 기초로 하여 다양도가 높으면 불확실성이 높고, 다양도가 낮으면 불확실성이 낮다는 개념을 적용하고 있다. 섀넌의 다양성지수^{Diversity index(SHDI)}는 일반적으로 풍부도, 균등도로 구성되며 대상지 내 출현하는 유형의 수와 조화를 이루는 각 조각이 점유한 비율로 계산한다.

대체서식지

代替棲息地·Alternative/Compensatory Habitat

복원
생태통로

▶ 자연환경이 훼손되어 원래의 서식지에서 살 수 없는 동물을 위하여 환경 조건이 비슷하게 다른 지역에 조성한 서식지이다._우리말샘

대체서식지란 현재 상태를 개선하기 위해 다른 서식지로 원래의 서식지를 대체하는 것을 의미한다. 대체서식지는 각종 개발 사업으로 불가피하게 훼손되거나 영향을 받는 서식처를 다른 지역에 조성하는 것이다. 대체서식지는 복원Restoration, 창출Creation, 향상Enhancement의 의미를 포괄하며 넓은 의미에서는 복원의 개념으로 볼 수 있다.[1] 창출이란 새로운 서식지를 조성하는 활동, 향상이란 기존 서식지를 개선하는 활동을 의미한다.

　　대체서식지를 직접적으로 규정하고 있는 법은 없으나 「자연환경보전법」2021, 「습지보전법」2021, 「해양생태계의 보전 및 관리에 관한 법률」2021에 유사한 개념을 규정하고 있다. 「자연환경보전법」2021 제2조에서는 기존의 자연환경과 유사한 기능을 수행하거나 보완적 기능을 수행하도록 하기 위해 조성하는 것으로 '대체자연'을 규정하고 있고, 「습지보전법」2021 제18조 인공습지의 조성·관리 권장에서 인공적인 습지를 조성하도록 권장하고, 훼손된 습지의 주변에 자연적으로 조성되는 습지를 가능한 한 유지 또는 보전하기 위한 것으로

1　　Richard J. Hobbs & David A. Norton, "Towards a conceptual framework for restoration ecology", *Restoration Ecology* 4(2), 1996, pp.93~110

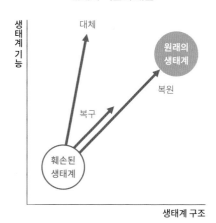

대체와 복원의 개념

규정하고 있다. 또한 「해양생태계의 보전 및 관리에 관한 법률」[2021] 제46조에서 개발행위 등으로 해양생물의 서식지가 훼손되는 경우 이에 대한 보전 및 관리 대책을 마련하도록 규정하고 있다.

　대체서식지를 조성하기 위해서는 개발사업으로 훼손된 서식지의 구조와 기능을 정확하게 분석하여야 한다. 특히 목표종과 분류군의 특성을 기반으로 한 분석이 필요하다. 대체서식지의 구조는 조성 위치, 규모, 형태, 구성 비율, 공간배치 등을 고려해야 하며 목표 종이 안정적인 개체군을 유지하도록 충분한 크기가 확보되어야 한다. 대체서식지의 핵심 구성요소는 먹이, 커버(피난처, 은신처, 잠자리, 휴식처 등), 공간(행동권, 세력권), 수자원 확보 등이 있다. 생태적 관점에서 대체서식지 조성은 장기적인 모니터링을 필수적으로 고려해야 한다. 즉 대체서식지에 목표 종 이주 뒤 목표 종의 개체군 수가 일정 시간 유지되는지 확인하는 모니터링이 대체서식지 조성의 필수 항목으로 고려되어야 한다.

도시공원 리모델링

都市公園再生 · Park Renewal

도시공원 리모델링은 오래되고 낡은 시설물, 훼손된 녹지, 공원 이용 행태 변경 등으로 인해 공원의 일부 또는 전반에 대한 시설 및 환경 개선이 필요한 경우에 실시하는 공원의 물리적 개선사업을 일컫는다. 공원을 이용하는 주민을 대상으로 한 관찰조사 및 이용행태조사, 요구사항에 대한 설문조사 등을 통해 공원 리모델링을 실시하며, 기존 노후하고 불량한 공원을 시민의 문화·휴식·체육 놀이공간 등 복합적인 여가생활 공간으로 재조성하고자 하는 사업이다. 이러한 노후 도시공원 재생사업은 도시계획시설로서 도시재생을 달성하는 좋은 매개체 역할도 담당하고 있다.

국내의 많은 도시공원이 1980년대 도시개발 사업과 함께 조성된 공원이 많음에 따라 당시 만들어진 공원들을 대상으로 공원의 시설물 노후화를 해결하고 변화된 이용자의 행태와 욕구를 반영하고자 하는 시대적 흐름에 따라 도시공원 리모델링이 시작되었다. 노후 및 불량에 대한 개념이 불명확하지만, 국토해양부[1]에서는 공원 재생 대상공원의 선정기준으로 시간적 경과(시설의 노후화 정도, 시설 노후에 따른 위험 여부 등), 공간적 기능 저하(이용 행태의 단순함, 이용자 수의 감소, 특정 연령대의 점유 등), 시대적 요구변화(저에너지형 공원 요구, 새로운 문화 예술적 요구, 주민참여 등), 생태적 건강성(생물 종 다양성 형성 기여도, 자생력 여부, 외부 스트레스 반응 정도 등)을 제시하고 있다.

---

1   국토해양부, 《미래지향적 저탄소 녹색성장형 도시공원 리모델링 연구》, 2011

서울 양천구 파리공원 리모델링, 2021 ©김영민

　도시공원 리모델링 유형 구분이 명확하게 나타나지는 않지만, 안승홍[2]의 연구에서는 공원 재생 정도에 따라 유지관리, 보수, 개수, 개조로 구분하고 있다. '유지관리'는 리모델링이 요구되지 않는 공원에서의 현상 유지를 위한 가장 소극적인 접근이다. '보수'는 초기 공원이 가지고 있는 성격과 기능을 유지하는 차원에서의 재생 접근 방법이다. '개수'는 기능과 성격을 동일하게 유지하되 성능향상을 위한 접근이며, '개조'는 도시공원 재생을 통한 전면적 기능 성격의 변화를 위한 접근으로 볼 수 있다.

　국내 사례와 가장 유사한 일본에서는 시설물 '건전도 조사'라는 용어로 공원 개별시설물의 노후도를 진단하고자 만든 도구가 존재한다. 공원 시설의 관리 방법은 예방보전형 관리와 사후보전형 관리

2　안승홍, 〈노후 도시공원의 쟁점과 재생 전략〉, 《수원시정연구원-한국조경학회 공동 심포지엄》, 2020

재생정도에 따른 공원재생 유형

공원시설 장수명화 계획 책정지침(안)

판정	평가기준
A	전체적으로 우수하다. 긴급 보수가 필요없기 때문에 일상적인 유지보전을 한다.
B	전체적으로 양호하나 부분적으로 열화가 진행하고 있다. 긴급 보수는 필요 없지만 유지보전 중 열화부분에 대한 정기적인 시찰이 필요하다.
C	전체적으로 열화가 진행하고 있다. 현시점에서는 사고와 연계될 위험은 없지만 안전한 이용을 위해 부분적인 보수 또는 갱신이 필요하다.
D	전체적으로 현저하게 열화가 진행되어 있다. 중대한 사고와의 연계성이 높고, 공원시설의 이용금지 또는 긴급한 보수 및 갱신이 필요하다.

로 구분해 관리하며, 공원 시설의 건전도 판정은 A, B. C, D의 4단계 평가를 표준으로 하고 있다.[3] '예방보전형 관리'는 공원 시설의 기능 보전에 저해되는 손상을 미연에 방지하기 위해 일상적인 유지 보전(청소, 보수, 수선 등)뿐만 아니라 일상점검, 정기점검의 장소를 활용한

3   김용국·김영현·양시웅, 《민·관 협력을 통한 노후 공원 재정비 및 관리·운영 방안 연구》, 건축공간연구원, 2020

정기적인 건전도 조사를 실시함과 동시에 시설마다 필요로 하는 계획적인 보수 및 갱신을 실시하는 것을 의미한다. '사후보전형 관리'는 일반적인 유지보전(청소, 보수, 수선 등), 일상점검, 정기점검을 실시해 열화 및 손상, 이상, 고장 등으로 인해 더는 기능을 할 수 없다고 판단되는 시점에 철거 또는 갱신하는 것을 의미한다.

도시화가 1970~80년대부터 시작됨에 따라 현재 많은 공원의 리모델링이 요구되고 있다. 도시재생, 공원 재생 방안에 대한 설계 작품은 다수 출품되고 있지만, 공원 노후도에 대한 명확한 개념 및 진단, 평가 기준이 미흡한 실정이다. 공원 재생에서 기존의 건축물이나 도시에서 노후도나 쇠퇴 정도를 나타내는 개념과 다른 의미의 도시공원 노후도에 대한 구체적 지표가 필요할 것으로 판단된다. 특히 단순한 시설물의 노후화를 넘어 공원의 시대적, 사회적 요구를 담을 수 있는 도시공원의 재생 방향이 요구될 것으로 생각된다.

도시공원의 포용성

都市公園 包容性 · Urban Parks for Inclusion

도시공원의 포용성은 공원이 국민 건강과 삶의 질에 직·간접적 영향을 미치는 공공재로 판단해 어떤 계층도 소외되지 않고 풍부하고 질적으로 우수한 공원 서비스를 제공받아야 한다는 개념이다. 사회경제적으로 취약한 계층의 공원 이용률 및 접근 기회가 상대적으로 낮은 것에 기인하여 빈곤계층 및 사회취약계층의 수준을 고려한 공원의 접근성을 높여주는 개념을 의미한다. 즉 포용적 공원 개념은 공원의 양적·질적 개선을 통해 거주민의 삶의 질을 향상시키고 근린지역 경제 활성화, 커뮤니티 통합, 공원을 통한 불평등 개선을 해소하고자 함에 목적이 있다.[1]

도시공원의 포용성 개념이 나오게 된 배경에는 과도한 도시화에 따라 환경오염 문제, 경제적 양극화가 심각한 수준에 도달함에 따라 대안적 방식으로 '포용적 성장Inclusive Growth' 개념이 대두하고, 조경에서도 공원의 건강과 복지효과를 강조하며 취약계층의 공원 접근성 강화를 통한 포용inclusion, 형평성equity, 다양성diversity을 강조하며 포용적 공원의 개념이 나타나기 시작했다.[2]

1   김용국, 〈7대 광역시 공원서비스의 포용성 분석〉, 《한국도시설계학회지 도시설계》 20(5). 2019, 19~31쪽; Smiley Kevin, Sharma Tanvi·Steinberg Alan, Hodges-Copple Sally, Jacobson Emily & Matveeva Lucy, "More inclusive parks planning: Park quality and preferences for park access and amenities", *Environmental Justice*, 9(1), 2016, pp.1~7

2   Mehta Vikas & Mahato Binita, "Designing urban parks for inclusion, equity, and diversity", *Journal of Urbanism: International Research on Placemaking and Urban Sustainability*, 14(4), 2021, pp.1~33

다양한 인종 및 계층의 사람들이 이용하는 뉴욕 맨해튼의 광장, 2012 ©이재호

　　최근 조경 및 도시 분야에서 공원 형평성, 녹색복지 등의 용어를 빈번하게 사용하며 공원 접근성 향상을 통한 불평등 개선, 삶의 질 개선의 방향으로 연구를 진행하고 있다. 공원의 포용성 관련 연구는 주로 녹지 접근성과 관련된 연구로 진행이 되었으며, 공원과의 직선거리, 네트워크 거리를 포함한 다양한 방법으로 연구되고 있다. 해외에서는 계층 간, 지역 간 불균형 문제를 해소하기 위해 국가 차원에서 복합결핍지수Index of Multiple Deprivation를 개발해 포용적 관점에서의 공원 정책 및 계획 수립과 연계하고 있으며, 국내에서는 공원서비스의 포용성 분석을 위해 공원서비스 수준, 인구구조 특성, 경제 및 교육 수준, 건강 수준, 환경적 취약성 등 5개 부문으로 나눠서 공원의 포용성 분석을 실시하고 있다.

　　도시 지역은 앞으로 인종, 민족, 소득, 성별, 연령 면에서 더욱 다양해질 것이며 소수자와 노인인구에 대한 배려가 중요한 이슈로 발전할 것으로 판단된다. 따라서 다양한 유형의 사람이 도시공원을 안전한 환경에서 이용할 수 있는 (예: 노인 친화적 디자인) 연구와 설계에 반영히는 것이 필요할 것으로 판단된다.

도시숲
Urban Forest

▶ 도시, 마을 또는 교외 즉 인간이 거주하는 지역에 의해 영향을 받는 공간 내에서 자라는 숲 또는 공원녹지 등을 이르는 말이다. 길거리의 가로수나 공원의 나무들을 모두 포함한다. _위키피디아

▶ 도시에서 국민의 보건·휴양 증진 및 정서 함양과 체험활동 등을 위하여 조성·관리하는 산림 및 수목을 말하며, 「자연공원법」 제2조에 따른 공원구역은 제외한다. _「도시숲 등의 조성 및 관리에 관한 법률」

도시숲이라는 용어는 도시녹지, 도시림, 도시공원, 공원녹지 등 여러 용어가 혼재되어 사용되고 있으며 용어를 사용하는 목적이나 맥락에 따라 그 의미와 범위가 다양하게 나타나고 있다. 도시숲은 도시 내 산림 및 수목, 공원, 학교숲, 산림공원, 가로수 등을 포함한다. 녹지, 산림 대신 숲이라는 용어를 사용하여 도시민에 친근함을 주면서 환경·생태적인 측면과 문화적, 전통적, 공동체 측면을 포괄하는 의미를 가진다.

　　도시숲의 대표적인 해외 사례로는 맨해튼 중심 고가 철도에 만들어진 공원인 미국 뉴욕의 하이라인파크High Line Park, 야구장 자리에 복합개발 프로젝트로 재개발이 추진되어 만들어진 일본 오사카의 난바파크Namba Park 등이 있으며 국내 사례로는 기존 철길을 공원화한 서울 연남동 경의선 숲길, 과거 골프장과 경마장으로 활용되었던 뚝섬 일대를 생태숲으로 조성한 서울숲 등이 있다.

　　우리나라 인구 90% 이상이 도시에 거주하고 있으며 도시 생활

서울의 대표 도시숲인
서울숲, 2017 ©박세린

환경이 열악해지고 있다. 이처럼 도시에서 생활하는 인구가 증가하면서 휴식·휴양을 위한 도시숲에 대한 수요와 관심이 높아지고 있다. 도시숲에 대한 접근성을 의미하는 '숲세권'이라는 용어가 등장했으며 도시숲 접근성은 부동산 가격에도 영향을 미치고 있다. 도시숲은 특히 미세먼지나 폭염 등 기후변화나 환경의 위협을 완화하고 대응할 수 있는 방안으로 그 가치가 조명되고 있다. 2020년에는 「도시숲 등의 조성 및 관리에 관한 법률」(이하 「도시숲법」)이 제정되었으며 산림청과 지역자치단체에서 추진 중인 도시숲 확대 정책이 활성화될 것으로 기대된다. 「도시숲법」[2020]은 도시숲의 체계적 조성과 생태적인 관리를 위한 내용을 담고 있다. 「도시숲법」 주요 내용은 도시숲 등 기본계획 및 조성·관리계획의 수립, 도시숲 등 기능별 관리, 모범 도시숲 인증기관 지정 및 절차, 도시숲 등의 기부채납 등이다.

　「도시숲법」 제정 추진 과정에서 「도시숲법」은 조경사업과 상충되고 「산림자원법」 도시림 사업이 포함되어 있으며 도시녹지, 도시공원 사업과 중복되는 등의 문제가 제기되어 산림청과 조경계 사이에서 업역과 관련된 논의가 있었다. 향후 업역을 분명히 하고 업계에 피해가 없도록 상생과 협력을 통해 갈등을 최소화하기 위한 노력이 필요할 것이다.

도시재생

都市再生 · Urban Regeneration

▶ 인구의 감소, 산업구조의 변화, 도시의 무분별한 확장, 주거환경의 노후화 등으로 쇠퇴하는 도시를 지역 역량의 강화, 새로운 기능의 도입·창출 및 지역자원의 활용을 통하여 경제적·사회적·물리적·환경적으로 활성화시키는 것을 말한다. _「도시재생 활성화 및 지원에 관한 특별법」 제2조

▶ 지역의 특색 있는 자원을 활용하여 물리적인 환경뿐 아니라 경제·사회·문화·복지 등의 측면에서 종합적으로 활성화하여 주민의 삶의 질을 향상시키고 도시 경쟁력을 확보하기 위한 사업을 말한다. _두산백과사전

도시재생 개념은 과거 재건축, 뉴타운사업, 대규모 아파트 공급 등을 포함하는 개발성장 중심의 도시 재개발 사업에서 벗어나, 최소한의 물리적 개선으로 지역문화 기능을 회복하고 도시 활력을 회복시키는 도시관리 접근방식이다. 국가나 지자체에서 주도하기보다는 현재 거주하고 있는 주민들이 직접 참여하여 의견을 제시한다는 점이 핵심이며 도시환경에서 점차적으로 상실되어 가는 장소성과 공동체의 가치를 중시하는 것이 중점이다.

조경에서는 유휴 국·공유지, 이전적지, 폐철도·도로, 자투리 공간 등과 같은 노후화된 도시시설물을 공원화하여 지역의 문화 및 역사를 보존하고 지역경제를 활성화하는 방식으로 이용된다. 특히 공원을 통한 대표적 도시재생 사례는 경의선 숲길이다. 기존 폐철길이 담고 있는 역사적 의미를 간직하고자 철로를 공원화한 사업이다. 폐철로라는 정체성도 살리고 지역사회 참여로 이뤄진 대표적 도시재생

경의선 숲길, 2021 ©김순기

서울로 7017, 2021 ©김순기

사례로 조성 이후 많은 관광객이 찾는 등 공공성의 가치에 중점을 두고 있다. 이외에도 경춘선 숲길, 서울로 7017 등이 있으며, 과거 도로, 폐철로 등 산업유산을 공원화하는 형식이기 때문에 선형공원의 형식을 띄는 경우가 많다. 선형공원은 기존의 공원 형태와 다르게 폭에 비해 길이가 긴 형태적 특징을 가지기 때문에 녹지 접근성을 높이고 주변 지역 및 상권과 연결된 공간을 제공할 수 있는 장점이 있으며, 도시민들에게 걷기 및 자전거 타기와 같은 일상적인 운동의 기회를 제공해주는 산책로로서의 기능도 제공해 주는 장점이 있다. 또한 주변 지역과의 연계성을 통한 상권의 형성과 지역 활성화에 긍정적 영향을 주는 등 최근 '숲세권'이라 불리는 공원 및 녹지가 연결된 지역의 토지가격 및 주택가격의 상승과 조경의 도시재생이 관련이 있다.[1]

도시재생은 지역 본래의 모습과 가치를 존속시키고 지역 고유의 특성을 부각한다는 장점도 있지만, 도시재생 특성상 다양한 주체 간의 협업이 수시로 이뤄져야 하기 때문에 이해관계자 간의 갈등 및 젠트리피케이션 문제도 발생하는 문제가 있다.[2] 최근에는 주민참여의 방식을 다양하게 확대하고자 지역 SNS를 통한 주민참여 방식의 가능성을 제시하는 경우도 있으며,[3] 전문가와의 정보 접근 차이를 극복하기 위해 지역주민들이 활용할 수 있는 GIS 프로그램의 사용법을 제시하는 경우도 있다.[4]

1   고나연·김한배, 〈경의선숲길 공원조성에 따른 주변도시의 경제적, 사회적 변화-
     와우교, 연남동을 중심으로〉,《한국조경학회 학술발표대회 논문집》, 2016, 10~11쪽

2   채종헌·최호진,《성공적인 도시재생을 위한 갈등관리와 공동체 정책에 관한 연구》,
     한국행정연구원, 2019

3   이자성, 〈일본 지방정부의 지역SNS 운영에 관한 연구〉,《한국지역정보화학회지》
     제16(2), 2013, 63~92쪽; 윤주선, 〈지역SNS를 활용한 주민참여 마을재생의
     재구축〉,《한국도시설계학회 2015 춘계학술발표대회 논문집》, 2014, 18~33쪽

4   Kahila Maarit & Kyttä Marketta, "SSoftGIS as a Bridge-Builder in
     Collaborative Urban Planning", *Planning Support Systems Best Practice and
     New Methods*, Springer, 2009, pp.389~411

도시재생을 비판적으로 바라보는 관점에서는 '참여를 위한 참여'에 불과하다고 말하며, 기존의 도시계획 체계와 다름없이 소수의 전문가에 의사결정권이 여전히 있다고 말하며 지역의 특색있는 개발이 아닌 전국 어디나 유사한 사업내용이 반복되는 문제도 있다. 또한 주민참여가 도시재생의 핵심이지만, 여전히 공공주도의 성격을 띄고 있는 사업이 많은 것이 현실이기 때문에 기존의 형식적 주민참여 형태가 아닌 주민이 기획하고 계획한 방안에 대해 행정이나 전문가가 기술적 지원을 해주는 방식인 주민주도 형태로 넘어가야 할 것이다.

동천

洞天

가거지
구곡
삼신산
이상향

[동천洞天]

▶ 산천으로 둘러싸인 경치 좋은 곳을 말한다. 동학洞壑 _ 표준국어대사전

▶ 도가道家에서 말하는 신선이 산다는 별천지를 말한다. _ 문화원형용어사전

[동천복지洞天福地]

▶ 중국의 도교에서 신선이 산다는 명산승경을 말한다. 복지동천福地洞天 _
종교학대사전

▶ 천하의 명산과 승지勝地. 선인仙人이 산다는 36동천 72복지. 깊은 산 인적이
닿지 않는 곳에 실재한다고 믿은 낙원을 말한다. _ 한자성어·고사명언구사전

[선경仙境]

▶ 신선이 산다는 곳을 말한다(선간仙間, 선계仙界, 선향仙鄕, 선환仙寰). 경치가
신비스럽고 그윽한 곳을 비유적으로 이르는 말이다. _ 표준국어대사전

동천은 도교적 용어인 동천복지를 의미하며, 신선사상神仙思想과 직접
적인 관련성이 있다. 동천은 신선들이 사는 세계를 지칭하는 말로 사
용되었으며 그곳의 경관은 수려하며 사철 화려한 꽃이 만발해 있는
별천지이다. 또 심산 골짜기에서 속세와 인연을 끊은 사람이 사는 곳
으로 비유되곤 하는데 이러한 의미는 서양에서 말하는 이상향인 유
토피아와 부합되는 부분이 있다.

　　문헌에서 동천이라는 용어는 중국 당대 사마승정司馬承禎, 647~735
이 기록한《천지궁부도天地宮府圖》에서 지상의 신선이 산다는 곳을 가
리키는 것으로 처음 사용되었다. 한국에선 고려시대《동국이상국후

집東國李相國後集》에 실린 이규보李奎報, 1168~1241의 시가에서 '신선의 집洞
天仙宅'으로 동천을 나타낸 기록이 있다. 조선시대에는 제영시題詠詩, 유
산기遊山記, 소품문小品文, 散文 등에서 도교적 신선이 거처하는 장소의
상징어로 자주 언급되는데, '신선이 사는 곳'과 더불어 '은자가 사는
곳', '신비스러운 곳'으로 동천을 무릉도원에 비유하기도 하였다.[1]

김덕현2008은 한국 명승 문화의 대표적인 사례로서 '동천구곡洞
天九曲' 유형을 제시했는데, 동천이 특별한 개별 경관을 가리키는데 비
해, 구곡은 주체 인물이 자신의 지향에 따라 몇 개의 동천을 조직한
것이 다르다고 하였다.[2] 구곡이 성리학적 이상세계와 관련이 있는
반면 동천은 도교적 세계관과 관련이 깊다.

전통공간에서는 바위글씨岩刻로 존재하는 여러 동천을 발견할
수 있다. 전통공간과 시·서·화에서 발견되는 동천은 단순히 신선이
사는 세계를 뜻하는 것이 아니라 그곳의 경관과 밀접한 관련이 있으
며, 대유大儒로 자처하는 유학자들에게서 도학적 사고의 산물인 동천
이 언급되고 있다는 점에서 조영자의 사상이 반영된 장소임을 알 수
있다.

동천의 사례는 중국뿐만 아니라 한국에서도 많은 수가 설정되
었다. 중국의 남송대 주자朱子가 무이산에 설정하고 경영한 무이구곡
武夷九曲의 제5곡 복호암伏虎巖에는 '무이동천武夷洞天, 승진원화지동昇眞
元化之洞'이라는 바위글씨가 있다.[3] 주자는 조선시대 유학자들이 존숭
하던 인물로서 한국의 구곡 경영뿐만 아니라 동천의 설정과 조영에
도 영향을 미쳤을 것으로 보인다. 또한 중국 강남원림의 대표격인 쑤
저우 졸정원拙政園에서 정자 명칭으로 '별유동천別有洞天'을 사용했는데

1   이혁종,《전통조경공간에서 나타난 동천의 조영 특성》, 서울시립대학교
     석사학위논문, 2009
2   김덕현,〈전통 명승 동천구곡의 연구의의와 유형〉,《경남문화연구》제29집, 2008,
     149~186쪽
3   동천공董天工,《무이산지武夷山志; 淸代》, 方志出版社, 1997

무이구곡 제5곡의 '무이동천'과 '승진원화지동' 암각 ⓒ노재현

중국 무이산의 '복지동천' 암각 ⓒ임의제

이는 동천이 이상향인 별천지와 동일한 의미로 사용되고 있음을 보여준다.

　동천의 공간은 당시 사람들이 갈구하였던 이상세계였다. 산수 자연 속 승경지에 동천을 조성함으로써 제약된 현실 상황에서 벗어나 자유롭고 이상적인 세계에 살고 싶어 하는 인간의 원초적인 욕망을 구현하고자 하였다. 결국 동천은 전통적 이상향의 공간 중 하나로서 그 근원은 도가에서 말하는 신선계에서 비롯하여 지상낙원에 대

한 좀 더 현실적인 공간의 대안으로 나타난 것으로 보인다.[4]

이혁종[2009]은 한국 전통조경공간에 나타난 동천 연구를 통해 총 92개소의 동천을 파악하였다. 그중 서울 백악산, 안동과 영주, 괴산, 지리산에 64개소가 설정되어 특정 지역에 편재된 경향이 보이며, 특히 경상북도 영주, 예천, 안동지역에 약 30%에 이르는 동천이 집중되었는데 이는 예로부터 '십승지'로 일컬어지는 지역과 관련이 있는 것으로 추정하였다.

한국 동천의 대표적인 사례로는 봉화 닭실마을 석천계곡의 '청하동천靑霞洞天', 해남 보길도 윤선도원림의 '동천석실洞天石室', 상주 우복동의 '우복동천牛腹洞天', 괴산 사담리 송시열의 '사담동천沙潭洞天', 태백 구문소의 '오복동천자개문五福洞天子開門', 동해 무릉계곡의 '두타동천頭陀洞天', 의정부 수락산의 '수락동천水落洞天', 옛 부안 동헌 진석루鎭石樓 앞에 암각된 봉래동천蓬萊洞天 등이 있다. 또한 조선시대 한양에는 이름난 동천이 두 곳 있는데, 북악산 자락 백사실계곡의 '백석동천白石洞天'과 인왕산 자락 청계계곡의 '청계동천淸溪洞天'이다. 이밖에 서울에 국한해서만 보더라도 자하동천紫霞洞天, 벽운동천碧雲洞天, 복호동천伏虎洞天, 청린동천靑麟洞天, 도화동천桃花洞天 등의 산수간山水間을 터전 삼아 속세와는 동떨어진 이상향을 추구한 것을 찾을 수 있다.

동천과 유사한 용어로 '동문洞門'이 있으며, 동문은 동천의 변용變容으로 볼 수 있다. 동문은 중국의 원림園林 입구에 설치한 문인데, 실제 문이 아닌 동네 또는 동천의 입구라는 상징적 의미로 쓰이기도 하였다. 현재 국내에서 '동문'으로 명명된 암각 사례는 송시열 유적으로 알려진 괴산 화양구곡 입구의 '화양동문華陽洞門'이 대표적이다. 서울 북악산 아래 삼청동 석벽에 새겨진 '삼청동문三淸洞門'은 옛날 삼

---

4   이혁종, 《전통조경공간에서 나타난 동천의 조영 특성》, 서울시립대학교
     석사학위논문, 2009

태백 구문소 오복동천자개문 ⓒ임의제

봉화 석천계곡 청하동천 ⓒ임의제

청도관三淸道觀이 있던 것과 관련이 있는데 산과 물과 사람이 맑은 곳을 뜻하며, 신선이 사는 마을의 입구를 상징한다.[5] 이밖에 북한산의 '중흥동문重興洞門'과 도봉산 일원의 '도봉동문道峯洞門', '명월동문明月洞門' 등과 같이 동문은 동천의 세계로 이르는 진입구로서 동천과 거의 유사한 개념으로 인식되었다.

5   유본예 지음, 권태익 옮김, 《한경지략漢京識略》, 탐구당, 1981

랜드스케이프

Landscape

영어의 '랜드스케이프^{landscape}' 또는 독일어의 '란트샤프트^{landschaft}'를 우리나라에서는 '경관'으로 이해하고 있다. 하지만 '경관'이라는 우리 말은 실제 서구에서 사용하는 개념과는 약간 차이가 있다. 이로 인해 관련 개념들 사이 이해의 혼선이 빚어지기도 한다.

랜드스케이프^{landscape}에서 '랜드^{land}'는 대상이 되는 토지영역으로 구성 요소들에 의해 분석이 가능한 객관적 실체이고, '스케이프^{scape}'는 보고 느끼는 것 이상으로 대상지와 관련된 과거와 현재의 역사와 보는 이의 정서와 희망을 불러일으키는 주관성을 뜻한다. 랜드스케이프는 원래 이 양면의 의미가 결합된 용어이다.[1]

랜드스케이프는 17세기 플랑드르에서 시작된 풍경화^{landscape painting}에서 파생된 용어로 알려져 있다. 유럽 사람들이 자연풍경을 아름다움의 대상으로 바라보기 시작한 것은 이와 같은 풍경화를 그리기 시작한 시기와 일치하는데, 출현 시기는 동아시아의 산수화^{山水畵}(보통 4~5세기 육조시대 기원설)보다 약 천 년쯤 뒤라고 한다. 풍경화 속에서 아름답게 지각된 자연의 모습은 18세기 영국의 낭만주의 정원의 모형이 되면서, 실제 거주환경의 일부로 만들어지기 시작했다. 나아가 19세기에는 근대공원과 낭만주의 도시계획에서 하나의 양식^{Picturesque, 회화풍}으로 확장, 적용되기 시작했다.

---

1   Meto J. Vroom, *Lexicon of Garden and Landscape Architecture*, Birkhäuser Architecture, 2006

이와 함께 서구문화에서 랜드스케이프와 관련된 주요 확장 개념은 다음과 같다. 첫째, 서구문화에서 랜드스케이프는 전통적으로 두 갈래의 뜻으로 사용되어 왔다. 하나는 북유럽의 풍경화와 영국의 풍경식 정원을 통해 정착된 '아름다운 자연풍경'이라는 미학적 의미이고, 다른 하나는 독일어권의 란트샤프트의 의미를 경관지리학에서 정착시킨 것으로 '토지'와 '지역'이라는 지리적 대상으로서의 의미이다. 첫째, 영미권에서 근대 조경이 '랜드스케이프 아키텍처landscape architecture'라는 이름으로 제도화된 것은 주로 전자의 미학적 의미를 계승하면서였다. 둘째, 독일어에서는 앞서 랜드스케이프의 두 번째 의미인 지역과 토지의 개념에 주목하면서 자연과학에 기반한 '경관생태학landscape ecology'을 탄생시켰고, 영미권에서는 패트릭 게데스Patrick Geddes, 1915의 자원조사 중심의 지역계획을 기원으로 하여 '랜드스케이프 플래닝landscape planning'이라고 부르는 생태학적 접근의 지역계획 분야를 독자적으로 발전시켜 왔다.[2]

국내에서는 랜드스케이프 플래닝을 '조경계획'이나 '경관계획'으로 직역하는 오류를 종종 범해왔는데 이는 랜드스케이프라는 말이 가지는 이중적 의미를 혼동하면서 벌어진 경우이다. 랜드스케이프 플래닝은 영국의 조경가 브라이언 해킷Brian Hackett에 의해 보편화된 지역계획 과정의 일부로서 개발에 따르는 성장 조절을 위한 보존적 계획이었다. 이는 기본성격상 환경계획environmental planning이나 생태계획ecological planning과 가장 가깝다. 즉 랜드스케이프 플래닝은 생태자원 중심의 광역토지이용계획으로 여기서 시각적·미적 고려는 종속적인 것이었다.[3] 이 랜드스케이프 플래닝은 이후 미국의 조경

---

2   Patrick Geddes, *Cities in Evolution: An Introduction to the Town Planning Movement and to the Study of Civics*,(1915) Hard Press Publishing, 2012
3   양병이, 〈조경계획과 조경설계〉, 《터전》 제2호, 서울대학교 환경대학원 부설 환경계획연구소, 1989

서 오스트레일리아 주의
시각경관계획 보고서 표지, 2021
ⓒWestern Austrailian Planning
Commission

가 이안 맥하그[Ian McHag, 1920~2001] 등을 거치면서 기존의 생태학에 인문사회 변수를 포함하고 GIS를 이용한 체계적 방법론으로 정교화되면서 20세기 후반의 한 시대를 풍미하게 된다.[4] 맥하그의 이론은 최근에는 그의 제자 제임스 코너[James Corner, 1961~]와 일군의 조경 및 건축가들을 중심으로 하는 '랜드스케이프 어버니즘[landscape urbanism]'이라는 이름의 도시·경관·생태를 포함하는 포괄적 계획설계 운동으로 확장하는데 큰 기여를 한 것으로 인정받고 있다.[5]

셋째, 앞서의 랜드스케이프 플래닝이 주로 토지환경의 과학적 분석에 치중한 것이라면, 경관계획은 주로 토지환경의 시각 미학적 측면에 치중한 계획이고 이를 전자와 구분하기 위해서 영어권에서는 '시각경관계획[Visual Landscape Planning in Western Australia]'이라고 부른다. 이런 면에서 앞서의 조경과 경관은 미학적 측면에서 공유부분이 있기도 하지만, 조경이 주로 공원, 녹지 등 한정된 외부공간의 조성을 위한 계획·설계 분야를 의미한다면, 경관계획은 도시나 지역이라는 광역의 영역을 대상으로 하여 경관의 보존과 조화를 제도적으로 관리하기 위한 공공적 계획분야라고 그 차이를 구분할 수 있다.

---

4   Ian L. McHarg, *Design with Nature*, Natural History Press, 1969

5   James Corner, *Recovering Landscape: Essays in Contemporary Landscape Architecture*, Princeton Architectural Press, 1999; 김한배, 〈낭만주의 도시경관 담론의 계보연구〉,《한국경관학회지》12(2), 2020, 85~106쪽

리질리언스
Resilience

기후변화
취약성

▶ 사람이나 사물이 충격이나 부상 후 신속하게 회복하는 능력 또는 물질이
구부러지거나 늘어난 후 원래의 형태로 되돌아가는 능력을 의미한다. _옥스포드 사전

▶ 다양한 분야에서 연구되는 개념으로 극복력, 탄력성, 회복력 등으로 번역되기도
하며 분야에 따라 그 정의에 차이가 있으나 일반적으로 교란으로부터 회복할 수
있는 한 시스템의 능력을 의미한다. _위키피디아

리질리언스 개념은 생태학, 공학, 심리학 등 다양한 분야에서 적용
되고 있으며 하나의 시스템 또는 생태계가 외부 교란으로부터 변화
를 흡수하고 유지할 수 있는 능력으로 정의할 수 있다.[1]

리질리언스는 '다시 튀어 오르다 to jump back'라는 뜻의 라틴어 '리
실리오 resilio'에서 파생되어 물리학이나 심리학에서 전통적으로 사
용되어 왔다. 리질리언스 개념은 생태학에서는 1973년 홀링 Crawford
Stanley Holling, 1930~2019의 "생태계의 리질리언스와 평형 Resilience and Stability
of Ecological System"에서 처음 등장했으며 최근에는 기후 및 환경변화로
인한 재난재해에 대응하기 위한 개념으로 확대되어 그 중요성이 높
아지고 있다.

리질리언스는 생태적, 공학적, 사회생태적 관점으로 구분될 수
있다.[2] 생태적 리질리언스 Ecological Resilience는 예측 불가능한 교란을 흡

---

1   C. S. Holling, "Resilience and Stability of Ecological Systems", *Annual Review
     of Ecology and Systematics* 4(1), 1973, pp.1~23

수하고 안정된 체제를 유지하려는 시스템의 능력으로 정의한다.[3] 교란이 발생했을 경우 교란을 흡수해 다시 안정화될 수 있도록 시스템을 변화하거나 재구성하게 된다. 즉 생태적 리질리언스는 변화가 있더라도 원래 상태로 되돌아가는 것이 아니라 본질적인 기능을 유지하고 지속할 수 있는 능력을 의미한다. 생태적 리질리언스에서는 평형점equilibrium이 여러 개일 수 있다고 본다. 공학적 리질리언스 Engineering Resilience는 정해진 평형equilibrium 상태를 유지하기 위해 교란을 견디고 기존 상태로 되돌아오는 능력을 의미하는데 이는 공학자들에 의해 발전된 개념으로 기계나 시스템의 저항resistance이나 회복recovery을 설명하기 위해 발전되었다.[4] 공학적 리질리언스는 평형점으로 복귀하는 속도가 중요하며 기능의 효율성을 유지하고 시스템의 지속성, 예측 가능한 세계에 초점을 둔다. 공학적 리질리언스의 경우 교란이 예측 가능하며 불변성이 있다는 점에서 생태적 리질리언스와 차이가 있다.

생태적 리질리언스와 공학적 리질리언스의 개념에서 보다 폭넓고 복잡 다양한 환경을 이해하기 위해 리질리언스의 더 넓은 개념이 필요, 사회시스템과 생태시스템 간 상호작용으로 융합한 것이 '사회생태시스템Socio-Ecological System, SES'의 관점에서의 리질리언스이다. 사회생태적 리질리언스Socio-ecological Resilience는 사회와 생태시스템의 관

---

2   Steve Carpenter, Brian Walker, J. Marty Anderies & Nick Abel, "From Metaphor to Measurement: Resilience of What to What?", *Ecosystems* 4(8), 2001, pp.765~781; Michel Bruneau, Stephanie E. Chang, Ronald T. Eguchi et. al., A Framework to Quantitatively Assess and Enhance the Seismic Resilience of Communities. *Earthquake Spectra* 19(4), 2003, pp.733~752

3   C. S. Holling, *Engineering Resilience versus Ecological Resilience*, National Academy Press, 1996

4   C. S. Holling and Gary K. Meffe, "Command and Control and the Pathology of Natural Resource Management", *Conservation Biology* 10(2), 1996, pp.328~337

계를 강조하며 생태적 리질리언스 개념의 한계를 극복하는 개념이다. 사회생태적 리질리언스는 교란이나 충격을 흡수할 수 있도록 시스템의 기능 및 구조를 변화시켜 시스템을 재조직화할 수 있는 능력을 의미한다.[5]

리질리언스 구성요소는 연구자에 따라 다르게 제시되고 있으나 재해와 관련이 있는 요소는 총 4가지로 4R Robustness, Rapidity, Redundancy, Resourcefulness이다. 내구성 Robustness은 충격 혹은 교란이 발생했을 때 시스템이 손상을 입지 않고 견뎌낼 수 있는 능력을 의미한다. 신속성 Rapidity은 충격 혹은 교란에 대해 적절한 시기에 이전의 안정된 상태로 회복되는 능력을 의미한다. 중복성 Redundancy은 시스템을 구성하는 세부요소의 기능이 충격 혹은 교란에 대해 대체가 가능해 시스템이 유지되도록 하는 것을 의미한다. 자원동원성 Resourcefulness은 충격 혹은 교란을 해결할 수 있도록 정보, 물적 자원, 인적자원을 동원해 시스템을 안정되게 유지하는 능력을 의미한다.

폴케 Carl Folke 외 5인은 리질리언스는 사회생태시스템의 역동성과 진화를 다루기 때문에 리질리언스 사고를 이해하기 위해서는 사회생태시스템의 이해가 필수적이라고 했다.[6] 사회생태시스템은 복잡적응계 complex adaptive system이며 이를 이해하기 위해서는 3가지의 핵심 개념인 문턱 thresholds, 적응적 순환 adaptive cycle, 패나키 panarchy의 개념을 이해해야 한다.

문턱 thresholds의 사전적 정의는 "특정반응, 현상, 결과 또는 상태가 발생하거나 나타나기 위해 초과해야 하는 크기 또는 강도"이다. 사회생태시스템은 하나 이상의 안정된 상태로 존재하나 어떤 하나

5   Carl Folke, "Resilience: The Emergence of a Perspective for Social-Ecological Systems Analyses", *Global Environmental Change* 16(3), 2006, pp.253~267

6   Carl Folke, Stephen R. Carpenter, Brian Walker, Marten Scheffer, Terry Chapin and Johan Rockström, "Resilience Thinking: Integrating Resilience, Adaptability and Transformability", *Ecology and Society* 15(4), 2010, p.20

의 시스템이 문턱을 넘어서는 경우 이전과는 다른 방식으로 작동되며 경우에 따라 급격하게 변화되거나 시스템의 역동성이 경계를 이동하면서 이전 상태로 되돌아가기 어려워지게 된다.

적응적 순환adaptive cycle은 시간의 흐름에 따라 사회생태시스템이 어떻게 변화하는지와 관련이 있다. 홀링Holling은 자연 대부분의 시스템이 이용/성장(r), 보존(K), 해체(Ω), 재조직화(α)의 4가지 시스템 단계를 거쳐 진행된다는 결론을 도출했다. 이러한 적응적 순환의 주기는 고정적이거나 절대적이지 않아 순서대로 나타나지 않을 수 있으며 사람과 자연계 사이의 수많은 변수가 존재하므로 작은 변수에도 순서의 변화가 나타날 수 있다.

패나키panarchy는 계층구조를 나타내는 위계hierachy와 예측 불가능한 이미지를 나타내는 그리스 신의 이름 팬pan이 합쳐 만들어진 합성어이다. 패나키는 서로 다른 규모에 걸쳐 동적으로 이루어진 인간과 자연계의 상호작용을 설명하기 위한 개념이다. 패나키는 다양한 규모의 적응주기가 연결되어 있는 형태이며 상하위 시스템 또는 시스템 간의 상호 작용을 주고받는 위계적 적응순환주기를 보여준다. 즉 패나키는 적응시스템의 전체적인 구조를 보여주면서 사회생태시스템은 서로 다른 시간과 공간적 규모에서 나타나는 적응을 통해 지속적으로 변화하고 발전함을 보여준다.

리질리언스는 우리나라에서 회복탄력성, 회복력, 복원력 등 연구자들마다 다양한 용어로 번역하여 사용하고 있으나 한 가지 용어로 통일되지 않은 채 리질리언스라는 용어로 가장 많이 사용된다. 리질리언스의 개념은 다양한 분야에서 사용되고 있는 만큼 그 의미가 계속 발전하여 여러 관점에서 개념화되고 있다. 관련 분야 연구자들이 통일해 사용할 수 있는 용어와 개념 정립이 필요하다.

환경 및 도시계획 분야에서도 최근 미래 기후와 환경변화에 대한 불확실성과 불안전성이 증가하면서 리질리언스 관련 연구가 증

리질리언스가 낮은 시스템과 높은 시스템의 비교

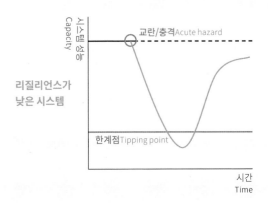

**리질리언스가
낮은 시스템**

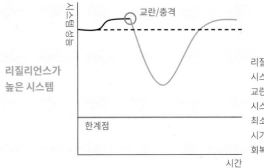

**리질리언스가
높은 시스템**

리질리언스가 높은
시스템의 경우 충격이나
교란이 발생했을 때
시스템의 손상을
최소화하며 적절한
시기에 안정된 상태로
회복하여 시스템 유지

가하고 있으며 그 중요성이 강조되고 있다. 가뭄, 홍수, 열섬, 폭우 등
기후변화 위기에 대응하기 위해 전 지구 차원에서부터 국가, 지역,
도시, 커뮤니티 등 다양한 공간적 규모에서 리질리언스 개념이 발전
하고 있다. 리질리언스는 기후변화에 대응하기 위한 개념으로 논의
되고 있으나 기후변화 뿐만 아니라 외부 교란으로부터 회복할 수 있
는 대응능력으로 이해해야 한다. 리질리언스 향상을 위해 리질리언
스 평가와 정량화를 위한 심도있는 연구와 이해가 필요하다.

마을만들기

地域再生 · Community Development

도시재생
지역공동체
커뮤니티 리질리언스

▶ 주민의 자발적인 참여를 바탕으로 지역의 전통과 특성, 문화자원 등을 활용하여 아름답고 쾌적한 생활환경을 가꾸어 가는 것을 말하며 그 사업은 지역 공동체 복원 및 형성 사업, 동네 개성과 전통 및 문화재 복원 등 특성화 사업, 쾌적한 주거환경 및 쉼터, 커뮤니티 공간 조성 사업, 그밖에 주민의 삶의 질을 향상하기 위하여 시장이 필요하다고 인정하는 사업이 있다. _광주광역시 살기좋은 마을만들기 지원조례 제2조

마을만들기 용어는 마을이나 동네와 같은 주거지역을 대상으로 주민들이 주체가 되어 일상 생활환경 문제를 해결해 나가는 사업이다. 과거 물리적 개발을 통해 경제성만을 추구하는 것이 아닌 마을 환경의 물리적 개선을 포함한 마을 공동체를 형성하고 마을의 문화를 만들어가는 소프트웨어적 의미까지 포함하고 있다.[1] 핵심은 주민역량을 바탕으로 하는 주민 주도적 지역사회개발사업으로, 지역자원과 지역의 독창적 특성을 조화시켜 특색있고 아름다운 마을을 조성하는 것에 중점이 있다. 지역의 정체성과 장소성을 강조해 주민들의 사회적, 경제적 활력을 높이고 궁극적으로 삶의 질을 높이고자 하는 것이 특징이다. 넓은 의미에서 지역을 기반으로 커뮤니티 공동체를 구축하고 사람 간의 관계를 회복하는 것을 의미한다.

---

1   정원식, 《커뮤니티기반 지역사회 발전론 주민자치의 현장》, 경남대학교출판부, 2018

마을만들기의 배경에는 도시화 및 산업화와 같은 다양한 시대적 변화로 인해 해체되거나 와해된 커뮤니티를 다시 복구하고자 하는 열망과 지역의 정체성과 가치의 재발견에 대한 주민 욕구가 커지면서 지역공동체를 통해 사회 및 경제적 생활의 활력을 찾고자 하는 운동이 있다. 즉 장소나 공간 중심에서 사람 중심으로, 양적 성장에서 질적 개선으로, 그리고 성장 위주에서 성장관리와 지속가능한 개발로의 변화와 맞닿아 있다. 예로는 1980년대 후반에 등장한 미국의 뉴어버니즘New urbanism,[2] 1990년대 초 영국의 어번빌리지Urban village,[3] 그리고 일본의 마치츠쿠리まちづくり[4]가 있다. 우리나라의 경우에도 문화, 농업, 예술, 관광 등 다양한 분야에서 시도되고 있으며, 그 취지와 내용, 방법 등이 다양하게 나타나고 있다. 분야 및 추구하는 방향에 따라 우리나라의 마을만들기 운동은 마을 디자인, 마을 가꾸기, 마을 진흥사업, 생태마을운동, 공동체 운동, 주민자치운동 등으로 불리고 있다.

1990년대 후반을 기점으로 대구, 경기 등에서 시민단체를 주축으로 그린파킹, 동네에 벽화를 조성하는 등 마을만들기 형태가 진행되며 광주와 전북 등의 지자체에서 다양한 마을만들기가 추진되었다. 중앙정부에서는 2006년부터 마을만들기 시범사업을 실행했으며 각 지자체별로 2007년부터 조례 제정을 통해 마을만들기의 제도적인 틀을 갖추기 시작했다. 이러한 사업의 내용을 통칭해 '마을만들기사업' 또는 '마을가꾸기 사업'으로 부른다.

---

2 Hall Kenneth & Porterfield Gerald, *Community By Design: New Urbanism for Suburbs and Small Communities*, McGraw Hill Professional, 2001

3 Magnaghi Alberto, *The Urban Village: A Charter for Democracy and Local Self-Sustainable Development*, Zed books, 2005

4 니시카와 요시아키·이사 아츠시·마츠오 다다스 엮음, 진영환·진영효·정윤희 옮김, 국가균형발전위원회·국토연구원 공동기획, 《시민이 참가하는 마치즈쿠리 사례편 NPO·시민·자치단체의 참여에서》, 한울, 2009

기천리 마을만들기 지원사업, 2020 ⓒ김은솔

    국내 마을만들기는 2010년부터 국토교통부, 행정안전부, 문화체육관광부, 보건복지부 등 부처별로 장기간에 걸쳐 다양한 사업이 전국적으로 활발히 진행되고 있다. 그럼에도 중간지원조직 간 연계 및 협업 노력 부재, 운영관리의 어려움, 지원 보조금 후의 성과 부재 등 마을만들기 사업의 한계가 노출되고 있으며, 추진 과정에 발생하는 주민 갈등, 리더의 희생 등이 복합적으로 작용하는 경우도 많다. 마을만들기의 핵심은 역량 있는 주체(사회적 요인)가 우선적으로 확보되고, 사업이나 프로그램을 자립적으로 운영(경제적 요인)할 수 있는 역량이 갖춰질 때 가능하기 때문에 무분별한 마을만들기 사업을 따라하기보다는 자체적인 역량을 먼저 키울 필요가 있다.

맥락

脈絡 · Context

▶ 맥락은 어떤 단어나 구와 함께 사용되고 그 의미를 설명하는 데 도움이 되는 단어들을 말한다; 어떤 것이 존재하거나 일어나는데 상호 관련된 조건(환경, 설정)을 말한다. _웹스터 사전

시지각 이론에서 맥락 효과context-effect는 물체의 배경에 대한 광도를 말한다. 우리의 지각은 맥락 효과의 영향을 받는다. 어린이들 사이에 있을 때 커보이는 성인은 거인들 사이에 있을 때 작아 보인다. 저층 건물들 사이에서 커보이는 나무는 고층 건물 사이에서 작아 보인다.

맥락context은 라틴어 'contexere'에서 유래했다. 조경 디자인이 진공 상태에서 이루어지는 경우는 절대 없다. 조경이 다루는 외부 공간을 둘러싼 환경이 항상 존재한다. 조경 재료와 패턴, 공간의 형태와 활동은 맥락 안에서 직조되고, 이는 다시 주변 환경의 일부가 된다.[1]

맥락과 장소는 연관 개념이다. 조경 디자인은 맥락과 엮여 장소성을 창출하거나 강화한다. 대상지의 물길이나 가로수 같은 선적인 패턴을 외부와 연결하거나, 비스타vista 같은 시선을 원경과 연계하는 것은 맥락을 중시하는 설계 방법이다. 인접 지역의 식생이나 생태계를 반영해 식재 계획을 수립하는 것도 맥락적 접근 방법이다. 이렇게

---

[1]   Meto J. Vroom, *Lexicon of Garden and Landscape Architecture*, Birkhäuser Architecture, 2006

대상지와 주변 맥락을 중시해 접근하는 태도를 맥락주의Contextualism 라고 한다. 맥락을 중시하는 건축가는 신축 건물을 설계할 때, 가로 경관이나 인접 건물과의 조화를 고려하여 건물의 크기, 비례, 재료 등을 선택한다.

멸종위기종

滅種危機種·Endangered Species

▶ 국제자연보전연맹에서 가까운 미래에 멸종 위험이 높은 희귀종으로 지정한 야생 생물이다._우리말샘

▶ 가까운 미래에 야생에서 멸종될 위험이 높아 보전할 필요가 있는 야생동식물 또는 멸종위기 야생생물이다._한국민족문화대백과사전

▶ 효과적인 보호를 위해 야생생물을 대상으로 환경부에서는 현재 멸종위기 야생생물 I급과 멸종위기 야생생물 II급으로 분류하여 지정·관리하고 있다. 멸종위기 야생생물 I급은 자연적, 인위적 위협요인으로 인해 개체수가 많이 줄어 멸종위기에 처한 야생생물이며 멸종위기 야생생물 II급은 자연적 또는 인위적인 위협요인으로 인하여 개체수가 크게 줄어들고 있어 현재의 위협요인이 제거되거나 완화되지 아니할 경우 가까운 장래에 멸종위기에 처할 우려가 있는 야생생물이다._「야생생물 보호 및 관리에 관한 법률」

멸종위기종이란 자연적, 인위적 위협요인으로 인해 개체수가 현저히 감소하거나 소수만 남아 있어 가까운 미래에 절멸될 위기에 처해 있는 야생생물을 말한다. 국제자연보전연맹IUCN은《멸종위기에 처한 동식물 보고서Red data book》를 발간하고 있다. IUCN의 적색목록Red List등급은 9가지 단계로 분류하며 '심각한 위기종CR', '멸종위기종EN', '취약종VU'이 '멸종위기에 직면한 종Threatened'으로 분류되고 있다.

멸종위기에 처한 동·식물의 교역에 관한 국제협약으로는 CITESConvention on International Trade in Endangered Species of Wild Flora and Fauna가 있다. CITES는 멸종위기에 처한 야생생물의 국제거래를 일정한 절차

멸종위기 야생생물 두루미 ©국립생태원(이형종, 이정현)

멸종위기 야생생물 맹꽁이 ©국립생태원(이형종, 이정현)

를 거쳐 제한해 멸종위기에 처한 야생생물을 보호한다. 야생동·식물의 과도한 불법 거래로 인해 세계적으로 많은 야생동·식물이 멸종될 위기에 처해 국제적 환경보호 노력의 일환으로 1973년 세계 81개국이 CITES 협약을 체결했으며 우리나라는 1993년에 가입했다. CITES 협약에 따라 멸종위기에 처한 동·식물, 교역을 규제하지 않으면 멸종할 위험이 있는 동·식물, 각국이 교역에 의한 규제를 위해 국제협력을 요구하는 동·식물을 규제되어야 할 야생동식물의 종류로 규정하고 있다.

명승

名勝 · Scenic Spots and Places

구곡
동천
문화경관
문화재조경
승경
역사경관
팔경

▶ 훌륭하고 이름난 경치(경승景勝, 승경勝景, 승치勝致)를 말한다._표준국어대사전

▶ 유적과 더불어 주위 환경이 아름다운 경관을 이루고 있는 곳을 국가가 법으로 지정한 문화재를 말한다._한국민족문화대백과

명승은 자연이나 인간의 활동에 의해 만들어진 곳에 인문적 요소가 투영된 복합적 개념의 대상이다. 명승은 사전적으로 '훌륭하고 이름난 경치'로 정의되며 「문화재보호법」에서는 '경치가 좋은 곳으로서 예술적 가치가 크고 경관이 뛰어난 것'으로 정의하고 있다. 또한 유구한 역사·문화를 갖는 유적과 주변 환경까지 포함하는 유기체적 성향을 지니는 장소로, 자연 중심의 요소보다는 유적이나 기념물적 요소의 비중이 큰 사적史蹟과는 구분된다.[1] 문화재청에서는 형성과정 측면을 부가해 '역사적, 예술적, 경관적 가치가 크며 자연미가 빼어나고 형성과정에서 비롯된 고유성, 희귀성, 특수성이 큰 곳'으로 정의하고 있다. 현재 명승의 유형을 '유적건조물'이나 '유물'이 아닌 '자연유산'의 범주로 분류하고 있으며, 자연유산에는 천연기념물, 명승, 천연보호구역이 있다.[2] 또한 「문화재보호법」2022. 12. 01. 제25조에 따르면 명승의 법적 분류체계상 지위는 국가지정문화재의 기념물 중 하나로 사적, 천연기념물 등과 같은 법적 위계를 지니고 있다.

---

1   국립문화재연구소, 《원림복원을 위한 전통공간 조성기법 연구》, 2017, 6~7쪽

2   문화재청 국가문화유산포털 http://www.heritage.go.kr/

문화재로서 명승은 1933년에 제정된「조선보물고적명승천연기념물보존령朝鮮寶物古蹟名勝天然記念物保存令」에 의하여 보호되기 시작하였다. 광복 후에는「제헌헌법」에 의하여「조선보물고적명승천연기념물보존령」이 존속되었으며, 1962년「문화재보호법」이 새로 제정되어 명승의 지정이 시작되었다.[3] 1970년 강릉 '명주 청학동 소금강'이 명승 제1호로 지정된 이래 2000년까지는 총 7건이 지정되는 것에 그쳤다. 이후 2001년「문화재보호법」의 명승 지정기준이 확대 개정됨에 따라 명승의 지정 건수가 점차 증가하기 시작하였다. 2006년에 시행된「명승 지정·보호 활성화 정책」에 따라 2023년 2월 현재 명승으로 지정된 곳은 모두 131개소에 이른다. 명승으로 지정된 구역 내에서는 허가 없이 현상 변경을 금지하고 동식물·광물까지도 엄격히 법률로 보호하고 있다.

　　명승의 양적 확대와 이로 인한 사회적 관심의 증가에 따라 효율적인 명승의 지정과 관리를 위한 유형분류가 여러 차례 제시되었으나 명승 문화재가 갖는 다양성과 융합적 가치로 인해 구체적이고 실효성 있는 분류체계 도입의 어려움이 있었다. 이에 따라 명승의 추가 지정과 이미 지정된 명승의 관리를 위한 정책 수립 및 보존 관리의 어려움이 발생하고 있어 2010년대 이후 문화재청에서는 명승의 유형분류에 대한 지속적인 연구와 관심을 기울이고 있는 실정이다.

　　명승의 유형분류가 공론화된 계기는 2009년 문화재청과 국립문화재연구소가 개최한 국제학술심포지엄이다. "명승의 현황과 전망"을 주제로 개최된 이 심포지엄에서 명승의 세분화된 유형분류에 대한 논의가 이루어진 것이다. 자연경관과 구분되는 문화경관의 중요성이 강조되기 시작했으며 인간, 문화, 경관이 어우러진 전통 정원과 원림에 대한 인식이 제고되었다. 문화재청은 2016년 명승의 유형

3　　한국학중앙연구원 한국민족문화대백과 http://encykorea.aks.ac.kr/

명승의 유형

유형	내용
자연명승	**자연 그 자체의 심미적 가치가 인정되는 자연물** • 산지, 하천, 습지, 해안지형 • 저명한 서식지 및 군락지 • 일출, 낙조 등 자연현상 및 경관 조망지점
역사문화명승	**자연과 조화를 이루며 만들어진 인문적 가치가 있는 인공물** • 정원, 원림園林 등 인공경관 • 저수지, 경작지, 제방, 포구, 마을, 옛길 등 생활·생업과 관련된 인공경관 • 사찰, 경관, 서원, 정자 등 종교·교육·위락과 관련된 인공경관
복합명승	**자연의 뛰어난 경치에 인문적 가치가 부여된 자연물** • 명산, 바위, 동굴, 암벽, 계곡, 폭포, 용천湧泉, 동천洞天, 구곡九曲 등 • 구비문학, 구전口傳 등과 같은 저명한 민간전승의 배경이 되는 자연경관

을 이원화해 '자연명승'과 '역사문화명승'으로 구분하였다. 자연명승은 봉우리, 절벽, 기암괴석, 해변, 하천, 계류, 폭포, 연못, 숲, 수목 등의 요소로, 역사문화명승은 사찰, 누정, 산업경관, 유적, 마을, 길, 각자 등의 인공적 요소로 구분하였다.

2017년에는 "명승 유형별 보존관리방안 연구"를 통해 기존에 논의되어 온 명승의 경관 형상과 특성에 대한 분류기준을 수용하였다. 그 결과 기존의 '자연명승'과 '역사문화명승'의 이원체계를 유지하면서 '자연명승'은 '산악형, 하천·계곡형, 도서해안형'으로, '역사문화명승'은 '정원·마을숲형, 사찰형, 산업기반형'의 유형으로 분류하였다. 자연명승은 문화재구역 내 핵심경관자원이 자연물일 경우에 해당하며, 역사문화명승은 문화재구역 내 핵심경관자원이 인간 행동양식의 전승적 가치를 포함하고 있을 경우에 해당하는 것이다.[4]

---

4   문화재청,《명승 유형별 보존관리방안 연구》, 2017, 9~38쪽; 문화재청,
     《문화재수리 업무편람》, 2021

명승의 지정 기준

기준	내용
역사적 가치	• 종교, 사상, 전설, 사건, 저명한 인물 등과 관련된 것 • 시대나 지역 특유의 미적 가치, 생활상, 자연관 등을 잘 반영하고 있는 것 • 자연환경과 사회·경제·문화적 요인 간의 조화를 보여주는 상징적 공간 혹은 생활 장소로서의 의미가 있는 것
학술적 가치	• 대상의 고유한 성격을 파악할 수 있는 각 구성요소가 완전하게 남아있는 것 • 자연물·인공물의 희소성이 높아 보존가치가 있는 것 • 위치, 구성, 형식 등에 대한 근거가 명확하고 진실한 것 • 조경의 구성원리와 유래, 발달 과정 등에 대해 학술적으로 기여하는 바가 있는 것
경관적 가치	• 우리나라를 대표하는 자연물로서 심미적 가치가 뛰어난 것 • 자연 속에 구현한 경관의 전통적 아름다움이 잘 남아 있는 것 • 정자·누각 등의 조형물 또는 자연물로 이루어진 조망지로서 자연물, 자연현상, 주거지, 유적 등을 조망할 수 있는 저명한 장소인 것
기타	• 「세계문화유산 및 자연유산의 보호에 관한 협약」 제2조에 따른 자연유산에 해당하는 것

현행 「문화재보호법 시행령」2022. 12. 01.에는 명승의 지정기준을 세분해 제시하고 있으며, 하나 이상의 가치 기준을 충족하는 것을 명승으로 지정한다(위 표 참조).

또한 동법에서 명승의 유형을 자연명승, 역사문화명승, 복합명승의 세 가지로 나누고 있으며 각각의 분류기준을 명시하고 있다.

이상과 같이 「문화재보호법 시행령」은 기존 법령에서 포괄적으로 명시했던 명승의 지정기준을 '가치'와 '유형' 측면으로 나누고, 보다 명확하고 세분화된 기준을 수립하였다. 기존의 지정기준과 비교해 주목할 만한 것은 전통 조경 및 경관의 구체적인 대상을 보완 적시하고, '복합명승'의 유형을 새롭게 제시하였다는 점이다. 원림 유적을 중심으로 한 역사문화명승과 복합명승은 전통 문화재조경의

예천 초간정원림 ⓒ임의제

포항 용계정 ⓒ임의제

봉화 석천계곡 석천정사 ⓒ임의제

담양 소쇄원 오곡문 ⓒ임의제

담양 명옥헌원림 ⓒ임의제

주요 범주로서 다루어지고 있다.

　문화재청 국가문화유산포털(2023. 2. 현재)에서는 문화경관, 자연경관, 역사문화경관의 세 가지 유형으로 분류해 명승을 소개하고 있다. 문화경관 명승은 명주 청학동 소금강을 비롯한 총 58개소이며, 자연경관 명승은 거제 해금강을 포함한 총 41개소, 역사문화경관 명승은 순천 초연정원림을 포함해 총 32개소가 지정되어 있다. 그러나 현재 포털에 소개된 유형 분류는 밀양 월연대 일원, 광주 환벽당 일원, 괴산 화양구곡과 같은 역사문화경관 명승이 자연경관 명승으로 소개되고 있는 등 전반적으로 정확한 구분이 되어 있지 않으므로, 개정된 명승 지정기준 유형에 맞춰 수정할 필요가 있다.

명승으로 지정된 '원림'은 문화경관 가치 발굴을 통해 세계유산 등재를 추진할 필요성이 있으며, 전통조경 분야에서 오랜 기간 축적해온 연구를 기초자료로 활용할 수 있다.[5] 중국의 경우 쑤저우 지역의 원림 유적이 세계문화유산으로 지정되었고, 일본은 명승 지정 대상지 중에서 과반수 이상이 원림 지역에 해당한다.[6]

국가문화유산포털(2023. 2. 현재)에서 역사문화경관 명승으로 분류하고 있는 전통조경의 주요 대상은 순천 초연정원림超然亭園林, 남원 광한루원廣寒樓苑, 보길도 윤선도원림尹善道園林, 서울 부암동 백석동천白石洞天, 담양 소쇄원瀟灑園, 예천 초간정원림草澗亭園林, 구미 채미정採薇亭, 거창 수승대搜勝臺, 담양 식영정 일원息影亭 一圓, 담양 명옥헌원림鳴玉軒園林, 봉화 청암정과 석천계곡靑巖亭과 石泉溪谷, 춘천 청평사 고려선원淸平寺 高麗禪園, 진도 운림산방雲林山房, 포항 용계정과 덕동숲龍溪亭과 德洞숲, 안동 만휴정원림晩休亭園林, 함양 화림동 거연정 일원居然亭 一圓, 거창 용암정 일원龍巖亭 一圓, 화순 임대정원림臨對亭園林, 강진 백운동원림白雲洞園林, 서울 성북동 별서城北洞 別墅, 영덕 옥계 침수정 일원玉溪 枕漱亭 一圓이 있다.

5   문화재청, 《전통조경 보존관리활용 기본계획》, 2021, 119쪽
6   국립문화재연구소, 《원림복원을 위한 전통공간 조성기법 연구》, 2017, 6~7쪽

모자이크

Mosaic

▶ 여러 가지 빛깔의 돌이나 유리, 금속, 조개껍데기, 타일 따위를 조각조각 붙여서 무늬나 회화를 만드는 기법이다. _표준국어대사전

▶ 여러 가지 빛깔의 돌·색 유리·타일·나무 등의 조각을 맞추어 도안·회화 등으로 나타낸 것 또는 그러한 미술 형식이다. _건축용어사전

▶ 모르타르나 석회·시멘트 등으로 접착시켜 무늬나 그림모양을 표현하는 기법이다. _두산백과사전

높은 곳에서 경관을 내려다보면 다양한 토지이용을 갖는 모자이크로 보인다고 하여 경관을 토지 모자이크land mosaic라고 한다.[1] 토지 모자이크는 다른 군집으로 구성된 이질적인 지역으로 경관 구성요소인 조각patch, 통로corridor, 바탕matrix으로 구성되는 경관의 패턴pattern을 의미하기도 한다. 우리가 살아가고 있는 공간은 자연적인 지역이나 인간 교란에 의해 영향을 받은 지역이나 모두 모자이크로 구성되어 있다. 건축물, 지형, 식생, 물, 토지 등 경관에 존재하는 요소는 모두 조각난 형태로 분포한다.

경관생태학에서 조각patch이란 바탕 및 주변지역과 구분되는 비선형적인 요소이며, 통로corridor는 다른 조각을 연결하는 선형의 경관요소이다. 바탕matrix은 경관을 우점하는 요소로 대상지역의 바탕을

---

1   Richard T. T. Forman, *Land Mosaics: the Ecology of Landscapes and Regions*, Cambridge University Press, 1995

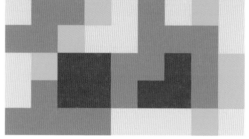

경관 모자이크의 예

형성한다. 통로는 야생동물의 서식지가 되며 다른 서식지 조각을 연결해 생존이나 이동을 제공하고 에너지 교환 및 여과 등의 역할을 하기도 하나 도로와 같은 통로는 종의 흐름을 단절해 부정적인 기능을 하기도 한다. 바탕은 일반적으로 여러 종류의 경관요소로 구성되었으며 가장 광범위하게 연결되는 조경요소로 기능에서 중요한 역할을 한다.

문화경관

文化景觀 · Cultural Landscape

▶ 자연경관에 인간의 영향이 가하여져 이루어진 경관. 오늘날 지표면의 대부분이 이에 해당한다. _ 표준국어대사전

▶ 문화집단이 지표상에 이룬 인위적인 공간으로 인간집단이 자연환경과 상호작용하여 형성한 가시적인 물질문화를 말한다. _ 산림임업용어사전

문화경관은 인간과 인간을 둘러싼 환경 사이의 상호작용을 통해 만들어진 경관으로 대대로 이어지는 사회적, 경제적, 문화적 힘과 자연환경의 영향을 받아 인간사회와 정주지가 오랜 시간에 걸쳐 진화되어 온 바를 뚜렷이 보여주는 경관을 의미한다.[1]

1992년 유네스코 세계유산위원회에 의해 문화경관 개념이 세계유산의 세부 유형의 하나로 채택되면서 특히 공원과 정원 등 조경가에 의해 설계된 경관이 다른 기념비적 건축물이나 시설물과 같이 문화유산의 하나로 인식될 수 있는 기반을 마련했다. 문화경관의 개념 채택 이전인 1981년에 이미 국제기념물유적협의회International Council on Monuments and Sites, ICOMOS에 의해 '플로렌스헌장'이 채택되면서 자연요소와 문화요소가 함께 나타나는 역사정원에 대한 유산 개념의 확장이 시도되었고, 이러한 살아있는 기념물Living Monuments에 대한 문화유산 인식의 저변이 확대되면서 1992년 유네스코는 문화경관 개념을

---

1   류제헌, 〈경관의 보호와 관리를 위한 법제화 과정: 국제적 선례를 중심으로〉,
     《대한지리학회지》 48(4), 2013, 575~588쪽

유네스코 「세계유산협약」의 문화경관 유형 분류

유형	내용
설계된 경관	인간이 (종종 종교적 또는 여타 기념적 건축물과 연관되기도 하면서) **심미적 이유로 의도적으로 만드는** 정원 및 공원과 같은 경관
유기적으로 진화하는 경관	사회, 경제, 행정, 종교 등의 다양한 배경과 목적으로 생성된 것들이 시간 경과와 함께 변화, 적응되면서 형성된 것 ① 화석경관 ② 계속되는 경관
연상적 경관	물질적, 문화적 차원보다는 자연요소와의 강한 종교적, 예술적 결합

문화경관의 보존 원칙[2]

원칙	내용
원칙 1	문화경관과 연관된 사람들이 관리에 있어 주된 해당사자들일 것
원칙 2	성공적인 관리는 포괄적이고 투명해야 하며, 주요 이해당사자들 사이에서 대화와 동의를 통한 거버넌스를 형성할 것
원칙 3	문화경관의 가치는 사람과 그들의 환경 사이의 상호작용에 기반하며, 관리의 초점을 그 관계성에 맞출 것
원칙 4	관리의 초점은 문화경관의 가치를 유지하기 위해 변화를 지도guiding할 것
원칙 5	문화경관의 관리는 더 넓은 경관의 맥락에 통합될 것
원칙 6	성공적인 관리는 지속가능한 사회에 기여할 것

채택한다. 이후 문화경관에 대한 유산 인식은 역사경관 개념과 합쳐지며 2005년 새로 채택된 역사도시경관 개념으로 진화되어 도시화와 도시개발의 위협이 있는 역사도시/지구의 보존방식으로 확장되었다. 유네스코가 채택한 문화경관은 설계된 경관, 유기적으로 진화하는 경관, 연상적 경관 등 세 가지 유형으로 분류된다.

---

2   채혜인·박소현, 〈'역사정원'에서 '역사도시경관'까지: 문화유산으로서 경관보존 개념의 변천 특징에 관한 연구〉, 《한국도시설계학회 춘계학술발표대회 논문집》, 2012, 200~206쪽

이탈리아의 세계유산 발도르차Val d'Orcia 문화경관, 2017 ⓒ김순기

네델란드의 세계유산 킨더디지크-엘슈트Kinderdijk-Elshout 문화경관, 2017 ⓒ김순기

채해인·박소현에 따르면 문화경관은 "유산의 자연적 가치와 문화적 가치가 보존해야 할 대상으로서 결합되는 과정이자 더 진화하여 무형의 사회적 가치까지를 보존의 대상으로 확장하는 과정이며 동시에 새로운 보존 방식에의 탐구과정이라 할 수 있다. 이 과정에서 경관 보존의 개념은 변화하는 유산의 속성을 보존의 주안점으로 삼

는다는 공통된 특징을 확인할 수 있다."[3] 따라서 문화경관의 성공적인 보존 및 관리를 위해서는 문화경관을 구성하는 물리적 환경에 더해 공동체 및 사회의 가치와 무형문화유산까지를 그 대상으로 해야 하므로 연관된 이해당사자 간의 협의와 공조가 필수적이다.

경관 보존의 개념은 역사정원, 문화경관, 역사도시경관 순으로 진화하면서 유산의 자연적, 물리적 형태에 더해 무형의 사회적 가치까지를 보존의 대상으로 확장했다. 문화유산의 보존이 점적 보존을 넘어 면적 보존으로 변화해가면서 경관 유산에 대한 인식의 확대는 지속될 것으로 보이며, 보다 다양한 문화경관 유형에 대한 보존 및 관리 방안의 구축이 요구될 것으로 보인다.

3   채혜인·박소현, 〈'역사정원'에서 '역사도시경관'까지: 문화유산으로서 경관보존
     개념의 변천 특징에 관한 연구〉, 《한국도시설계학회 춘계학술발표대회 논문집》,
     2012, 200~206쪽

문화재조경

文化財造景 · Landscaping of Cultural Properties

근대문화유산
명승
문화경관
사적지조경
산업유산
역사경관
전통조경

[문화재文化財. Cultural Properties]

▶ 문화 활동에 의하여 창조된 가치가 뛰어난 사물 _ 표준국어대사전

▶ 인위적이거나 자연적으로 형성된 국가적 · 민족적 또는 세계적 유산으로서

역사적 · 예술적 · 학술적 또는 경관적 가치가 큰 것을 말한다. _ 문화재보호법

▶ 문화재보호법에서 보호의 대상으로서 다룬

유형문화재 · 무형문화재 · 민속자료 · 기념물을 총칭하는 말이다. _ 건축용어사전

[문화유산文化遺産, Cultural Heritage]

▶ 장래의 문화적 발전을 위하여 다음 세대 또는 젊은 세대에게 계승 · 상속할 만한

가치를 지닌 과학, 기술, 관습, 규범 따위의 민족 사회 또는 인류 사회의 문화적

소산을 말한다. 정신적 · 물질적 각종 문화재나 문화 양식 따위를 모두 포함한다. _

표준국어대사전

[세계유산世界遺産, World Heritage]

▶ 국제연합교육과학문화기구UNESCO가 1972년 제17차 정기총회에서 채택한

'세계 문화 및 자연 유산 보호 협약'에 따라 지정하고 있는 세계적 자산 _

표준국어대사전

문화재조경이란 '문화재로 지정된 대상에 대한 조경 행위'라는 협의의 측면에서 전통조경, 사적지 및 명승 조경과 직접적인 관련이 있다. 그러나 문화재조경의 대상은 '법으로 지정된 문화재'를 넘어 더욱 광범위한 것이며, 이는 '문화재'와 '문화유산'의 개념을 구분하는 논의에서 찾을 수 있다.

1962년 「문화재보호법」 제정, 1997년 "문화유산헌장" 공포, 1999년 문화재청 설립, 2008년 「문화유산과 자연환경자산에 관한 국민신탁법」 제정 등에서 미루어 볼 수 있듯이, 관련 법안이나 기관에서 사용하는 용어에서도 '문화유산'과 '문화재'는 혼용되어 사용되었다. 이 가운데 1960년대부터 1990년대까지도 문화재가 문화유산보다 광의의 개념으로 정의되어 왔으나 최근에는 문화유산이 보다 포괄적인 개념으로 인식되고 있다. 문화유산 개념은 문화'재' 개념에서 문화'유산' 개념으로 확대되는 과정에서 등장하였다. 근래에는 문화재를 문화유산으로 부르기도 하며, 학술적으로도 문화재 개념이 과거보다 확대되고 있다. 사전적으로도 문화재는 '문화재보호법에서 정한 보호의 대상'으로 특정하고 있으나 문화유산은 '계승·상속할 만한 가치'를 가진 포괄적인 대상으로 정의되는 점에서 차이가 있다. 문화재 활용 논의에서 문화재와 문화유산의 용어가 필연적으로 정리되어야 하는 것은 아니지만 문화유산에 내재된 가치를 발굴하고 현재화·대중화하기에는 문화재의 개념보다 문화유산의 개념을 사용하는 것이 적정하다는 견해가 있다.[1]

　　문화재청에서 제정한 "문화유산헌장"[2]의 전문에서는 문화유산이 생성되고 현재까지 이어 온 과정을 설명하고 있다. 문화유산의 의미와 가치는 인류가 함께 공유해야 한다는 점과 문화유산을 보호·보존하는 방향성과 우리의 책임과 의무를 명시하였다. 강령은 전문에서 밝힌 문화유산의 보존·활용과 새로운 가치 창출을 위한 다짐을 5개 조항으로 구성했으며, 헌장 제정의 목표와 방향성을 제시하고 있다. 문화유산은 과거로부터 물려받은 것이지만 현세대에서 잘 지키고 가꾸며 새로운 가치를 더해 미래 세대에게 오롯이 물려주어야 한

1　　문화재청, 《문화유산 활용에 관한 법률 제정 연구》, 2015, 13~15쪽
2　　문화재청, 《문화유산헌장》, 2020

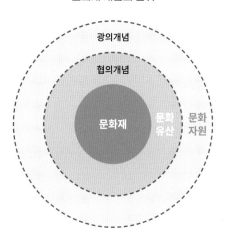

문화재 개념의 범위

광의개념

협의개념

문화재 / 문화유산 / 문화자원

다는 것을 강조하였다.

한국에서는 세계유산世界遺産, World Heritage에 대한 관심이 지속적으로 증대되어왔으며 전통조경 분야에서도 이에 대한 문화재조경 측면의 대응과 관심을 기울이고 있다. 그 사례로 창덕궁이 동아시아 궁전 건축사에서 비정형적 조형미를 간직한 대표적인 궁으로 주변 자연환경과의 완벽한 조화와 배치가 탁월하다는 평가를 받아 세계유산으로 등재되었다. 2022년 현재 한국은 세계유산 15건을 보유하고 있으며, 석굴암·불국사, 해인사 장경판전, 종묘이상 1995, 창덕궁, 수원화성이상 1997, 경주역사유적지구, 고창·화순·강화 고인돌 유적이상 2000, 제주 화산섬과 용암동굴2007, 조선왕릉2009, 한국의 역사마을: 하회와 양동2010, 남한산성2014, 백제역사유적지구2015, 산사: 한국의 산지승원2018, 한국의 서원2019, 한국의 갯벌2021이 등재되었다. 이 중에서 제주 화산섬과 용암동굴, 한국의 갯벌은 자연유산이고 나머지는 모두 문화유산이다. 세계유산에 등재된 대상은 궁궐, 서원, 사찰, 마을, 성

함양 남계서원 ⓒ임의제

곽, 왕릉, 역사유적 등과 같은 문화재조경의 주요 대상이 되는 유적
이 대부분이다. 전통조경 분야에서는 전통조경 관련 유적의 세계유
산 등재가 계기가 되어 유산의 보존과 가치를 알리는데 많은 기여를
하고 있다.

협의의 문화재조경 측면에서 《문화재수리표준시방서》[3]는 2005
년에 전면 개정된 이후 실제 현장에서 적용되는 '문화재 조경공사'의
기준이 되고 있다. 그 공사의 주요 범위는 "기반조성, 정자, 화계, 연
못, 조산, 포장, 수목식재 및 관리, 괴석 등을 설치하는 것을 말한다."
고 했으며, "문화재 및 이에 준하는 지역의 조경공사에 적용"하도록
하고 있다. 그러나 공사의 세부지침 수준은 《조경공사표준시방서》[4]
와 큰 차이가 없어 문화재라는 특성을 충분히 반영하지 못하고 있는
실정이다. 이는 국가 문화재인 '사적지조경' 측면에서도 공통적으로

---

3   문화재청, 《문화재수리표준시방서》, 2021
4   국토교통부, 《조경공사표준시방서》, 2016

영월 장릉 ©임의제

지적되는 문제점인데, 사적지를 포함하는 문화재는 일반 조경공사
와 달리 각각의 정비 대상이 지닌 특성과 형성 배경, 입지환경이 모
두 다르기 때문이다. 문화재조경의 수준을 제고하기 위해서는 조경
유적에 대한 심층적인 조사와 연구를 바탕으로 정비 방향을 수립하
고, 적절한 정책과 제도 제정 등의 방안이 마련되어야 한다. 이러한
맥락에서 문화재청과 국립문화재연구소는 사적지를 비롯한 명승,
원림 등의 주요 전통조경 문화재에 대한 학술조사 및 연구와 보존,
정비, 관리기준 마련에 지속적인 관심을 기울여 그 성과를 축적하고
있다.

미세먼지

微細 · Particulate Matter

▶ 입자의 크기가 지름 10마이크로미터 이하인 대기오염물질 중 하나이다. _

두산백과사전

▶ 눈에 보이지 않을 정도로 입자가 작은 먼지이다. _위키피디아

▶ 입자의 지름이 10마이크로미터 이하인 먼지를 미세먼지PM10, 입자의 지름이

2.5마이크로미터 이하인 먼지를 초미세먼지PM2.5라 한다. _「미세먼지 저감 및

관리에 관한 특별법」

미세먼지란 '분간하기 어려운 정도로 아주 작은'을 의미하는 '미세微細'와 공기 중에 부유하는 미립자 중 고체상 물질을 의미하는 '먼지'의 합성어이다. 미세먼지는 대기오염물질 중 하나이다. 대기오염과 관련된 세계적인 사건은 1930년 벨기에 뫼즈계곡 사건, 1948년 미국 도노라 사건, 1952년 런던 스모그 사건 등이 있다. 특히 런던 스모그 사건을 계기로 세계 모든 나라에서 대기오염이 중요한 문제로 대두되면서 오염물질 배출기준을 설정하고 오염발생 시설에 대한 규제와 대책이 마련되었으나 계속되는 도시화와 산업화로 인해 대기오염은 광역화되며 그 피해 정도가 심각해지고 있다.

먼지의 범위는 0.001~1μm(마이크로미터, 1=1,000분의 1㎜)로 다양하다. 미세먼지는 사람의 눈에 보이지 않을 정도로 작은 먼지의 입자로 미세먼지의 기준이 되는 크기는 국가별로 상이하다. 지름이 10μm 이하인 먼지를 PM10, 지름이 2.5μm 이하인 먼지를 PM2.5로 정의하고 일반적으로 PM10을 '미세먼지', PM2.5를 '초미세먼지'로 구분한다.

미세먼지로 덮인
서울 하늘, 2023
ⓒ이종원

　미세먼지는 '자연발생'과 '인위발생'으로 구분할 수 있다. 광물 먼지, 소금 먼지, 생물성 먼지 등이 자연적으로 발생되는 먼지에 해당하고 발전이나 산업시설, 교통시설 등 화석연료의 사용으로 발생하는 먼지는 인위적으로 발생하는 먼지이다. 자연발생하는 먼지는 저감시키는 데 한계가 있으므로 인위적인 발생원에 대한 감소가 필요하다. 인위발생은 생성 과정에 따라 '1차 발생'과 '2차 발생'으로 구분하는데 1차 발생은 산업단지나 자동차 등 배출원으로부터 직접 발생되거나 배출되는 것을 의미하며 2차 발생은 대기 중에서 화학 반응을 통해 2차적으로 생성되는 입자를 의미한다.

　미세먼지는 세계보건기구[WHO]에서 지정한 1급 발암물질로 인체에 매우 유해하며 조기사망을 유발한다.[1] 고농도 미세먼지에 노출될 경우 호흡기 깊숙한 곳까지 흡입되어 염증반응을 유발하며 천식, 기관지염, 기도폐쇄, 폐 기능 저하 등의 문제를 발생시킨다. 특히 PM2.5는 PM10보다도 발암력이 강하고 사망률과도 관계가 깊은 것으로 보고되고 있다.

「미세먼지 저감 및 관리에 관한 특별법」이 2020년부터 시행되었으며 해당 법안에서는 미세먼지 농도가 심각할 경우 이를 저감하기 위한 권한과 조치를 지자체에 부여했다. 지자체는 미세먼지 관리 종합대책을 수립하고 자동차 운행 제한, 대기오염물질 배출시설 가동시간 조정 등의 조치를 할 수 있다. 그러나 미세먼지는 전 지구적인 문제이므로 전 세계적으로 정책을 마련할 필요성이 있다. 또한 녹지, 도시숲 등의 미세먼지 저감효과와 관련한 연구와 기술 개발이 활발하게 진행되고 있으며 미세먼지 저감을 위해 조경의 역할이 강조되고 있다. 조경계획 및 디자인에 적용할 수 있는 효과적인 미세먼지 저감 방안에 대한 심도있는 연구가 필요하다.

---

1   OECD, Mortality Risk Valuation in Environment, *Health and Transport Policies*, OECD Publishing, 2012

변곡점

變曲點·Threshold

▶ 굴곡의 방향이 바뀌는 자리를 나타내는 곡선 위의 점을 말한다. _ 표준국어대사전

변곡점은 특정 반응, 현상, 결과 또는 상태가 발생하거나 나타나기 위해 초과해야 하는 크기 또는 강도로 정의할 수 있다. 어떤 하나의 시스템이 변곡점을 넘어서는 경우 이전과는 다른 방식으로 작동되며 경우에 따라 급격하게 변화되거나 시스템의 역동성이 경계를 이동하면서 이전 상태로 되돌아가기 어려워지게 되는데 이러한 지점을 변곡점이라 한다.

하나의 시스템에 어떠한 불안정한 상태가 발생해 변곡점을 초과하는 경우, 새로운 시스템으로 상태가 변화하게 된다. 여기서 변곡점은 저항의 크기를 의미하며 이 높이가 낮아질수록 다른 시스템으로 쉽게 넘어가게 된다. 워커Brian Walker와 마이어스Jacqueline A. Meyers는 이를 시스템에서 '체제변환regime shift'이 일어났다고 표현하고 있다.[1] 최근 기후와 환경변화로 인한 교란으로 전 지구적으로 생태계가 수용 가능한 변곡점을 넘었거나 또는 거의 그 수준에 도달해 생태계가 붕괴되고 있다고 분석하고 있다.

변곡점을 넘으면 체제변환이 일어나므로 변곡점을 높임으로써 시스템의 붕괴를 방지할 수 있다. 아헌Jack Ahern은 이 변곡점을 관리하

---

1   Brian Walker and Jacqueline A. Meyers, "Thresholds in ecological and social-ecological systems: a developing database", *Ecology and Society* 9(2), 2004

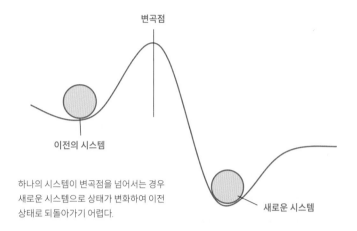

변곡점의 개념

변곡점

이전의 시스템

새로운 시스템

하나의 시스템이 변곡점을 넘어서는 경우 새로운 시스템으로 상태가 변화하여 이전 상태로 되돌아가기 어렵다.

기 위한 네 가지 전략을 제시했다.[2]

① 다기능성: 한 공간이 다양한 기능을 발휘할 수 있도록 설계해 공간적·경제적 효율성을 높일 수 있다. 대상지가 다기능성을 갖는 경우 다른 지역이 훼손된 지역을 대체할 수 있기 때문에 시스템의 붕괴를 막을 수 있게 된다.

② 중복성과 모듈화: 같은 기능을 수행하는 다양한 모듈을 중복적으로 구성하게 되면 교란에 의해 하나의 요소가 훼손되더라도 다른 모듈이 그 기능을 대신 수행할 수 있게 된다. 도시 기반 우수 침수 시스템이 중복성과 모듈화의 대표적인 예라고 할 수 있다.

③ 생물적·사회적 다양성: 시스템 내에서 같은 기능을 하는 두 개 이상의 요소가 교란에 다양하게 반응하게 되면 흡수할 수 있는

---

2   전진형, 〈리질리언스 읽기 4. 리질리언스 향상을 위한 전략, 적응과 전환〉, 《환경과 조경》 341호, 2016년 9월, 112~117쪽

교란의 정도가 확대되어 변곡점이 상승하게 된다.

④ 적응적 계획 및 설계: 시행착오, 모니터링, 융합 연구를 통해 예측하지 못했거나 기존에 발생하지 않았던 불확실한 사건을 해결하기 위해 의사결정을 내리는 과정이다.

변곡점은 문턱값, 역치, 임계점과도 유사한 개념이다.

① 문턱값, 역치threshold value: 생물이 외부환경의 변화 즉 자극에 대해 어떤 반응을 일으키는 데 필요한 최소한의 자극 세기를 말한다.

② 임계점critical point: 임계물질의 구조와 성질이 다른 상태로 바뀔 때의 온도와 압력이다.

별서

別墅 · Byeolseo(Villa) Garden

▶ 농장이나 들이 있는 부근에 한적하게 따로 지은 집을 말한다. _ 표준국어대사전

▶ 서墅는 장莊과 같은 뜻으로, 곧 별장을 의미한다. [유사어] 별업別業. 별장別莊.

별조別曹 _ 한국고전용어사전

▶ 휴양을 위하여 경치 좋은 터전을 골라 집과 별도로 마련한 건축물이다. _

한국민족문화대백과

별서는 '본가의 저택에서 떨어진 인접한 경승지나 전원에서 은둔과 은일 또는 추모, 자연과의 관계를 즐기기 위해 조성한 제2의 주택'을 의미한다.[1] 전통시대 별서는 살림집에서 멀지 않은 경관이 수려한 곳에 조성되어 유대 관계를 형성하고 있었던 것에 비해 현대의 별장은 독립성이 강하다고 할 수 있다.

별서와 유사 의미를 내포하면서 밀접하게 쓰이는 용어로는 별업別業, 별장別莊, 별저別邸, 별제別第 등이 있는데, 그중에서 별업과 별장은 중국과 한국에서 보편적으로 사용하던 용어이다. 《표준국어대사전》에서는 별서를 다른 공간으로 보고 별업과 별장을 같은 의미로 보고 있으나, 전통조경 분야에서는 별장과 별업 개념이 구분되어 사용되고 있다. 별업형別業型 별서는 조상의 묘소 근처에 살림집과 정자 원림을 갖추어 조상을 모시고자 하는 효孝문화 중심의 생활형 별서를 말한다.

---

1 문화재청, 《전통조경 정책기반 마련을 위한 기초조사 연구》, 2020

별서가 갖추어야 할 기준은 제택第宅이 있어야 하고 거리는 제택으로부터 근거리에 위치한 곳으로서 도보권에 속한다. 이에 대해 이중환은 《택리지》〈복거총론卜居總論〉 "산수조山水條"에서 "기름진 땅과 넓은 들에, 지세가 아름다운 곳을 가려 집을 짓고 사는 것이 좋다. 그리고 십리 밖 혹은 반나절 길쯤 되는 거리에 경치가 아름다운 산수가 있어 매양 생각이 날 때마다 그곳에 가서 시름을 풀고 혹은 유숙한 다음 돌아올 수 있는 곳을 장만해 둔다면 이것은 자손 대대로 이어나갈 만한 방법이다."[2]라고 하여 제택과 별서의 거리에 대해 '십리 또는 반나절 거리'가 적당하다고 하였다.

별서의 건축물은 누정樓亭으로 대표되는데, 주변 경관을 조망할 수 있게 개방되었으며, 자연 그대로의 산수경山水景을 주 감상 대상으로 한다. 그러나 필요한 경우에는 보다 적극적인 경관도입을 위해서 연못을 파거나 석가산을 조성하고 점경물과 수림을 배치하기도 하였다. 즉 별서란 주택에서 떨어져 자연환경과 인문환경을 두루 섭렵하면서 승경과 우주의 삼라만상을 느낄 수 있는 별장 또는 은일을 위한 원유 공간이라 할 수 있다. 한국 별서의 기원은 최치원崔致遠, 857~미상이 당나라에서 돌아와 난세에 실의해 벼슬을 버리고 경주와 영주 등지의 산림 속에 대사臺榭를 짓고 풍월을 읊었으며, 마산과 해인사 주변에 별서를 조영했다고 한 것이 최초로 추정된다.[3]

《삼국유사》에 따르면 통일신라에는 별서의 개념과 동일한 '사절유택四節遊宅'이 있었다. 당시 서라벌 귀족들이 '봄에는 동야택, 여름에는 곡량택, 가을에는 구지택, 겨울에는 가이택을 찾아 놀았다又四節遊宅 春東野宅 夏谷良宅 秋仇知宅 冬加伊宅.'[4]고 하는데 풍광이 수려한 곳을 찾아 계절에 따른 별장형 저택을 짓고 원림을 즐겼을 것으로 추정된다.

---

2   이중환 지음, 이익성 옮김, 《택리지擇里志》, 을유문화사, 1971
3   한국전통조경학회 편, 《최신 동양조경문화사》, 대가, 2016
4   일연 지음, 이동환 옮김, 《삼국유사》, 삼중당문고, 1975

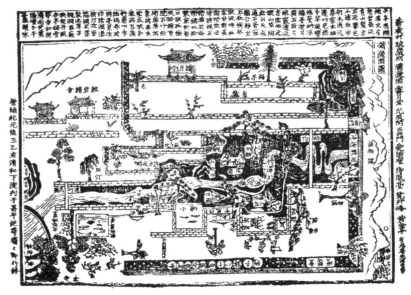

〈소쇄원도〉 목판본, 1755

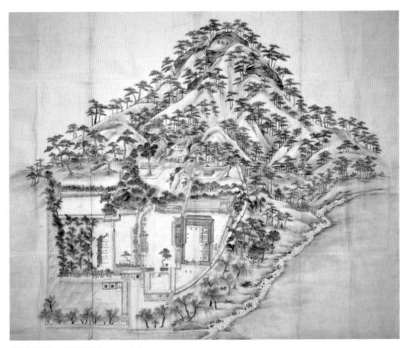

〈옥호정도〉, 조선 후기 ⓒ국립중앙박물관

별서는 조선시대에 이르러 사화와 붕당정치, 학문적 경쟁과 더불어 낙향해 자연과 벗하며 살려고 하는 선비들의 자연관에 힘입어 발달하였다. 조선시대 별서의 형성 배경은 사화와 당쟁의 심화로 초세적超世的 은일隱逸과 도피적 은둔의 풍조가 생겼던 것이 직접적인 배경이고, 유교와 도교의 발달로 인한 학문의 발전, 선비들의 풍류적 자연관이 간접 배경이다.[5] 도道가 행해지지 않는 세상, 혹은 뜻을 펼 수 없는 상황에서 유학자들이 잠시 물러나 때를 기다리는 것이 '은일'이며, 이와 같은 은일사상은 조선시대 별서의 조영에 지대한 영향을 미쳤다.

별서의 경관 구조는 울타리 안의 '내원內園', 울타리 밖의 근접한 가시권에 속하는 '외원外園', 경관 구성에 간접적 영향을 미치는 '영향권원影響圈園'으로 구성된다. 별서원림의 감상 대상은 울타리 안의 공간뿐만 아니라 근경과 원경에 속하는 외부 경관까지 포괄하는 영역인 것이다.

조선시대 별서의 사례로는 서울 옥호정玉壺亭, 석파정石坡亭, 부암정傅巖亭, 성북동城北洞 별서, 백석동천白石洞天 별서 터, 대전 남간정사南澗精舍, 완도 윤선도원림, 담양 소쇄원瀟灑園과 명옥헌원림鳴玉軒園林, 화순 임대정원림臨對亭園林, 강진 백운동원림白雲洞園林, 순천 초연정원림超然亭園林, 안동 만휴정원림晚休亭園林, 영양 서석지瑞石池, 예천 초간정원림草澗亭園林, 양산 우규동 별서 등이 대표적이다.

별서와 유사한 개념어인 별업別業, 별장別莊, 별제別第에 대해《표준국어대사전》에는 "살림을 하는 집 외에 경치 좋은 곳에 따로 지어 놓고 때때로 묵으면서 쉬는 집"으로 공통되게 풀이되어 있으나 실제 쓰임새에는 차이를 보인다.

중국에서는 별서 대신에 별업과 별장이라는 용어를 주로 사용

---

5   한국전통조경학회 편,《최신 동양조경문화사》, 대가, 2016

조선시대 별서인 대전 남간정사 ⓒ임의제

조선시대 별서인 영양 서석지 ⓒ임의제

한다. 별업은 성외城外의 먼 곳에 조상의 묘소가 있을 경우 성묘차 들렀을 때, 또는 성묘를 빙자해 안식을 취하고자 잠시 머무는 제2의 주택을 가리킨다. 대개 묘소는 수려한 자연환경 속에 위치하게 되므로 잠시 머물면서 조상을 추모하고 자연을 완상하는 기회도 아울러 갖게 되는 것이다. 이 주택에 부설해 간소한 정원을 가꾸게 되면 별업

남원 매천별업 암각 ©임의제

의 정원이다.[6]

중국에서 별장은 사대부가 '관직에서 물러나 은거하는 곳'으로 정의된다.[7] 사대부가 관직에 뜻이 없거나 은퇴하게 되면 생업이 농업이므로 생활 근거지가 도시가 아닌 향촌이 된다. 별장은 이들이 향촌에 꾸민 농가를 가리키며, 은일 생활을 겸해 누릴 수 있는 정원이 갖추어지게 된다. 이 유형의 별서는 도시와는 공간적으로 멀리 이격된 농촌이나 산촌과 같은 정주 환경 또는 그 인근의 승경지에 베풀어지는 휴양, 은거 장소의 성격을 갖고 있다.[8]

별업 또는 별장의 사례로는 중국 당시대 왕유王維. 699~759의 망천별업輞川別業과 이덕유李德裕. 787~850의 평천장平泉莊이 대표적이다. 고려시대에는《동국이상국집》〈사가재기四可齋記〉에 "옛날 나의 선군先君이 서쪽 성곽 밖에 별업을 두었는데, 계곡이 깊숙하고 경치가 그윽하여 즐길 만한 딴 세상을 이루어 놓은 것 같았다. 내가 그것을 얻어서 차지하고 자주 왕래하면서 글을 읽으며 한적하게 지낼 곳으로 삼았다昔予先君 嘗置別業於西郭之外 溪谷窅深 境幽地僻 如造別一世界 可樂也 予得而有之 屢相往來 爲讀書閑適之所."는 기록으로 '사가재'라는 별업이 있었음을 알 수 있다. 조선시대에는 인조의 셋째 왕자인 인평대군 이요李㴭. 1622~1658가 조영한

6   유병림·황기원·박종화,《조선조 정원의 원형》, 서울대학교 환경대학원
     환경계획연구소, 1989
7   강대로岡大路 지음, 김영빈 옮김,《중국정원론》, 중문출판사, 1987
8   유병림·황기원·박종화,《조선조 정원의 원형》, 서울대학교 환경대학원
     환경계획연구소, 1989

남원 매천별업 퇴수정원림 ⓒ임의제

송계별업^{松溪別業}이 서울 조계동(현 수유동)에 있었다. 현재 남아 있는 별업형 별서는 많지 않으나 대전 권이진^{權以鎭, 1668~1734}의 유회당^{有懷堂}, 강진 윤서유^{尹書有, 1764~1821}의 농산별업^{農山別業} 조석루^{朝夕樓}, 남원 매천 박치기^{梅川 朴致箕, 1825~1907}의 매천별업^{梅川別業} 퇴수정원림^{退修亭園林} 등이 대표적인 사례로 꼽힌다.

복원

復元, 復原 · Restoration

대체서식지
생태통로

▶ 원래대로 회복하다. _표준국어대사전

▶ 원래의 위치나 상태 또는 모습대로 복구하는 일 또는 없어진 건축물 또는 물건

따위를 옛 모습대로 다시 만드는 것이다. _건축용어사전

▶ 문화재를 원래의 위치나 상태 또는 모습대로 복구하는 일이다. _두산백과사전

복원은 인간의 활동으로 인한 교란, 환경오염 등으로 훼손된 생태계
를 원래의 상태로 되돌리는 것을 의미한다. 복원은 복구 혹은 회복
Rehabilitation이라는 용어에서 시작했다. 생태복원의 개념이 처음 제시
된 것은 1935년 미국 생태학자 알도 레오폴드Aldo Leopold, 1887~1948가 위
스콘신대학의 수목원에서 초원을 복원한 사례가 현대적 의미의 시
작이라고 보고 있다.

    복원은 외부의 영향에 의한 변화 이전 단계로 돌아가는 것을 의
미하지만 그 변화의 정도와 현재의 조건 등에 따라 여러 단계와 유
형으로 구분된다. 즉 훼손된 생태계를 어느 수준까지 회복하느냐
의 정도에 따라 구분할 수 있다. 복원의 개념에서 교란 이전의 원
래 상태로 정확하게 돌아가는 것은 현실적으로 매우 어려우며 복구
Rehabilitation는 원래의 상태는 아니지만 원래의 상태와 유사하게 돌아
가는 것을 목적으로 하기 때문에 비교적 달성 가능성이 높다. 또한
대체Replacement는 현재 상태를 개선하기 위해 다른 생태계로 원래의
생태계를 대신하는 개념으로 유사한 생태계의 모습을 조성한다.

    복원은 개발사업으로 훼손된 지역의 재생이나 인간의 영향이

미치지 않은 지역의 제한적인 관리를 포함해 그 대상과 범위가 매우 넓다. 복원의 주요 대상이 되는 서식처 복원은 훼손되거나 황폐화된 지역의 서식처를 회복시키거나 변화된 지역에 대해 변화 이전에 서식하는 생물종의 서식처를 창출하는 등의 내용을 포함한다. 훼손 비탈면, 인공지반, 하천생태계, 습지 생태계, 공원 및 녹지, 생물종, 오염토양 등의 복원을 대상으로 한다. 「자연환경보전법」[2022] 제4장의 2에 따라 '자연환경복원사업'에 대한 내용이 2021년 신설되었으며 훼손된 지역의 생태적 가치, 복원 필요성 등의 기준에 따라 자연환경복원사업을 시행토록 하고 있다.

복원과 관련된 유사한 개념은 다음과 같다.

① 복구[Rehabilitation]: 복원의 개념과 매우 유사하게 이전의 상태로 되돌리는 의미를 가지나 원래의 개념을 포함하고 있지 않다.

② 개선[Reclamation]: 파괴된 생태계의 상태를 향상시키는 것을 의미한다.

③ 저감[Mitigation]: 복원과 유사한 개념으로 부작용을 줄이는 의미를 가진다.

④ 향상[Enhancement]: 생태계의 기능을 증진 또는 개선시키는 의미를 지니며 복원과 유사한 개념이다.

⑤ 재생[Renewal]: 생태계 건전성 회복을 목적으로 하며 복원과 유사한 개념이다.

분석

分析·Analysis

조경계획
조경교육
조경설계

▶ [분석] 얽혀 있거나 복잡한 것을 풀어서 개별적인 요소나 성질로 나눈 것을

말한다. _표준국어대사전

▶ [환경조사분석] 환경조사분석이란 문헌조사와 현장조사, 수요자 요구조사를

통해 대상지 내 자연생태환경과 인문사회환경을 분석하고, 이에 근거하여

대상지가 지닌 문제점과 잠재력을 파악하여 대상지를 종합적으로 분석하는

능력이다. _국가직무능력표준

분석은 대상을 구성하는 각각의 요소에 대해 파악하고 각 요소 사이
의 관계를 체계적으로 이해하기 위해 진행하는 조사 과정이다. 조경
에서 분석은 주어진 계획 대상지 및 대상지를 둘러싼 주변 환경의 다
양한 요소를 확인, 그 요소들의 관계성을 규명함으로써 현황을 더욱
면밀히 파악하고 계획과 설계를 위한 기회 요소와 제한요소 등을 추
출해 계획의 방향성을 수립하는 데 도움을 준다. 특히 주어진 대상지
의 자연요소 및 생태계 보호 등 생태적 접근이 중시되는 현대 조경계
획 및 설계에서 대상지의 다양한 구성요소를 분석하고 이를 바탕으
로 대상지를 종합적으로 이해하기 위한 필수 과정이다. 현대의 조경
은 예술작품으로서 정원사에게 전적으로 맡겼던 디자인 과정에 체
계적인 분석과정을 더해 자연과학과 사회과학, 예술의 모든 측면이
통합된 과정으로 발전되었다.

　　조경가는 대상지 분석을 통해 대상지의 현황과 가능성, 잠재력,
문제점, 한계점 등을 파악하고, 파악된 각 요소를 분리, 통합하고 숨

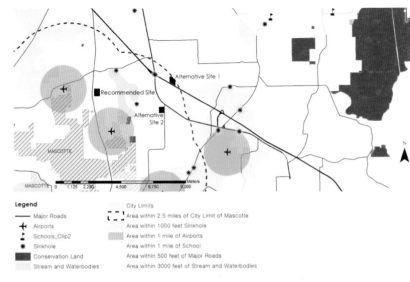

GIS의 도면중첩기법을 이용한 적지 분석 사례, 2011 ⓒ김순기

기거나 드러내고 강화하는 등 다각도에서 조절하면서 목표를 성취
할 수 있는 계획 및 설계를 진행한다.

분석은 크게 데이터의 수집과 평가라는 두 과정으로 구성된다.
오늘날 대상지의 분석은 일반적으로 대지인자Site Factor와 이용인자Use
Factor 또는 자연환경(물리·생태), 인문환경(사회·행태), 시각환경(예술·미
학) 등 유형별 요소로 구분되어 진행된다.[1] 조경계획에서 분석의 과
정이 본격적으로 가시화된 것은 1969년 이안 맥하그가 《자연에 의
한 설계Design with Nature》에서 생태적 계획 방법을 제안하면서부터이
다. 그는 대상지에 대한 자연환경 요소의 체계적인 분석을 위한 다양
한 방법을 제시했는데 이때부터 분석과정이 시작된 것으로 볼 수 있
다. 특히 이안 맥하그가 도면중첩기법을 이용한 자연환경 요소의 정

1   이규목·고정희·김아연·김한배·서영애·오충현·장혜정·최정민·홍윤순, 《이어쓰는
    조경학개론》, 한숲, 2020; 임승빈·주신하, 《조경계획·설계》, 보문당, 2019

유형별 분석 요소

자연환경	인문환경	시각환경
물리·생태적 분석	사회·행태적 분석	시각·미학적 분석
지형 지질 토양 수문 식생 야생동물 기후 종합분석	역사 이용행태 이용자 의식 주민구성 도시구조 정주패턴	시각적 특성 미적 특성 경관 특성

량적 분석 방법을 제안하면서 더욱 체계적인 환경요소에 대한 분석이 가능해졌다. 흔히 매핑Mapping이라 불리는 도면중첩기법을 통한 환경요소에 대한 분석은 GISGeographic Information System가 개발·보급되면서 보편화되었다.

추가로 1970년대에 참여설계 방법론을 통해 이용자를 중심으로 한 인문환경 요소의 분석이 추가되었으며, 1980년대에 환경심리학 등 다양한 이론적 근거를 기반으로 한 계획설계에 대한 과학적 접근 방법론이 자리 잡으면서 현재와 같은 분석 방법과 과정, 유형이 정립되었다.[2] 각 유형별 대표적인 분석 요소는 위 표와 같다.

분석은 공간이 가지고 있는 비체계적이며 명확하게 규명하기 어려운 문제를 다각적으로 이해할 수 있게 한다. 체계적인 접근을 통해 더욱 합리적인 해결방안을 도출하고자 하는 현대 조경계획의 관점에서 무엇보다도 중요한 부분이다. 더욱 다양한 요소를 면밀히 분석하고 이해하는 것은 조경계획의 방향성을 설정하고 공간을 구상할 때 합리성과 유용성, 적합성의 확보를 위해 필수적이다.

---

2   임승빈·주신하,《조경계획·설계》, 보문당, 2019

그러나 생태적 분석방법을 비롯한 다양한 과학적 방법론을 기반으로 한 분석기법을 계획·설계 과정에 도입하면서 상상력이나 창조성을 기반으로 하는 예술적 접근은 침체되었다. 또한 분석 결과를 형태화하면서 구체적인 공간의 형태나 프로그램 등과 연결점을 찾기 어렵다는 한계가 있다. 다양한 경계를 넘나들며 대상을 확장하고 있는 오늘날의 조경에서 고착화된 분석의 대상과 유형 및 과정 등을 어떻게 변화시키고 적응시킬지에 대한 고민이 요구된다.

비영리조직

非營利組織 · Non-profit Organization

▶ 국가와 시장 영역에서 분리된 제3영역의 조직과 단체를 통칭하는 포괄적 개념을 가진 말로, 이윤을 추구하지 않는 영역에서 주로 활동하는 준공공semi-public 및 민간조직을 가리킨다. _두산백과사전

공원을 조성 및 관리하는 과정에서 공공부문과 민간 부문의 연결고리connector 역할과 조정자coordinator 역할을 하는 조직·단체이다.[1] 이 단체는 주로 생활권 녹지를 확대 및 보존하고 쾌적한 도시환경을 만드는 역할을 담당하며, 개입 수준에 따라 공원의 조성 및 운영·관리에까지 참여한다.

　　민간 비영리조직의 역사는 1970년대 초로 거슬러 올라가 당시 공원 유지 및 관리에 필요한 예산과 인력부족난이 있던 영국의 공원 폐쇄 움직임에 대항하기 위한 운동에서 시작되었다. 초기 비영리조직은 공원 폐쇄 등 움직임에 반대하기 위한 압력단체로 출발했지만, 공원 관리에 필요한 권한을 점차적으로 가지게 되면서 공원 유지관리에 없어서는 안 될 중요한 단체로 자리매김하게 되었다. 공공 단독이 아닌 민간과 공공이 함께 파트너십을 유지해 기존 공공 위주의 비효율적 운영을 극복하고 유연성을 높여 공공관리에서 부담이 되던 기금조성과 모금활동 등의 역할을 민간 비영리조직이 진행해 공공

1　　김용국·한소영·조경진, 〈민·관 파트너십 도시공원 조성 및 관리방식 연구〉, 《한국조경학회지》39(3), 2011, 83~97쪽

의 부담을 줄여주는 역할을 한다. 국내에서는 1990년대 후반에 처음 비영리조직의 필요성이 대두되었다. 2000년대 들어와 점차 공원을 개선하기 위한 공원 프로그램 운영, 시민참여 프로그램 개발, 수익사업 또는 기부금 모금, 지역사회 참여 확대 등 다양한 역할을 수행하고 있다.

도시공원 관리에서 민간 비영리조직은 참여하는 방식에 따라 공공주도 민간참여방식, 민간위탁 방식, 민관협력 파트너십 방식으로 구분할 수 있다.[2]

① 공공주도 민간참여방식: 시민이 조직적으로 참여하는 방식이 아닌 개개인의 참여를 통한 방식으로 공공에서 직접 공원을 운영하는 방식이다. 공공이 공원을 운영할 때 관리 인원과 예산이 부족한 경우에 시민들의 자원봉사 정도의 활동을 통해 보완하는 방식이다. 프렌즈그룹Friends of Park Groups과 같이 특정 공원을 관리하는 자원봉사조직이 생겨나기도 하는데, 이들은 자발적으로 민간(기업, 개인)으로부터 기부금을 모을 뿐만 아니라 이벤트 등도 개최해 시市 당국을 재정적으로 지원하거나 프로그램 운영 등의 역할을 수행하기도 한다.[3]

② 민간위탁 방식: 공공에서 공원을 운영하지만 공원 프로그램 운영, 기금모금, 홍보마케팅 등을 부분 위탁하는 방식으로 공원 시설물 계약을 통해 민간에 맡기는 방식이다. 주로 북미에서는 파크 컨서번시Park Conservancy. 공원관리단의 이름으로 활동하며, 이용 프로그램의 기획운영과 시민들과의 소통업무 등 공원운영과 관련한 부분에서 역할을 담당한다.[4] 대표적 예시로는 뉴욕시의 센트

---

2   김원주, 《시민참여를 통한 생활권 공원녹지 조성방안》, 시정개발연구원, 2007

3   니시카와 요시아키·이사 아츠시·마츠오 다다스 엮음, 진영환·진영효·정윤희 옮김, 국가균형발전위원회·국토연구원 공동기획, 《시민이 참가하는 마치즈쿠리 사례편 NPO·시민·자치단체의 참여에서》, 한울, 2009

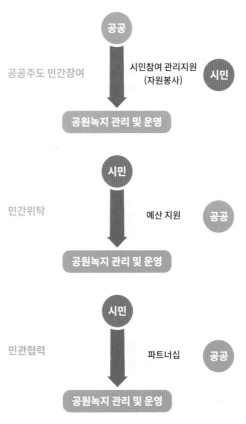

비영리조직 유형

공공주도 민간참여 | 공공 → 공원녹지 관리 및 운영 | 시민참여 관리지원 (자원봉사) 시민

민간위탁 | 시민 → 공원녹지 관리 및 운영 | 예산 지원 공공

민관협력 | 시민 → 공원녹지 관리 및 운영 | 파트너십 공공

럴파크 컨서번시Central Park Conservancy와 브라이언트파크 컨서번시
Bryant Park Conservancy가 있으며, 둘 다 뉴욕시가 소유한 공공 장소이
지만 개별 파크 컨서번시가 맡아서 운영하고 있다.

③ 민관협력 방식: 공공과 민간조직이 각자의 전문성을 토대로 업

무와 예산을 분담하는 방식으로 공공의 역할을 축소하고 민간이 공원을 유지 및 관리하는 형태이다. 민간 참여의 가장 상위 단계이다. 공원에서 기금을 마련하고 수익도 창출함으로써 자급자족 기관으로 공원을 개발하고 유지할 수 있는 권한을 부여받는 유형이다. 또한 공원 조성과 이후의 운영관리에 대한 책임과 권한을 이양받음으로써 보다 장기적인 관점에서 공원의 비전을 설정하고 지역사회 발전에 도움이 되는 결정을 내릴 수 있으며, 강력한 외부 네트워크를 통해 복합적이고 세분된 공원 운영의 기획과 프로그램 구성을 가능하게 하는 시스템이다.

국내에서는 서울그린트러스트에서 서울숲을 민간위탁하는 등 시민조직의 참여가 활성화되며 공공재정의 의존도를 낮추고 자체적으로 수익성을 높일 수 있는 선순환 구조를 만들고 있지만, 권한과 책임소재가 동일하지 않고 이원화되어 실질적으로 권한을 행사할 수 있는 부분이 많지 않은 문제가 있다. 즉 비영리조직의 조성 초기에서부터 운영 방향의 일관성과 전략을 통한 운영에 대한 권한이 함께 부여되어야 할 것으로 판단된다. 하지만 비영리조직의 역할이 비대해질 경우 지나친 상업화와 공원의 사유화 등 공원의 공공성 원칙에 위배된다는 비판도 있기에, 공원의 공공성을 해치지 않는 범위에서 소득 창출을 통한 경제적 자족성을 모색하는 것이 중요하다.[5]

---

5   심주영·조경진, 〈거버넌스를 통한 대형 도시공원의 조성 및 운영관리 전략-
     프레시디오 공원과 시드니 하버 국립공원 사례를 중심으로〉,《한국조경학회지》
     44(6), 2016, 60~72쪽

비오톱

Biotope

▶ 인간과 동식물 같은 다양한 생물종의 공동 서식 장소이다. 다양한 생물종의
서식 공간을 제공하기 위하여 조성되는 곳을 말한다. _우리말샘
▶ 인간과 동식물 등 다양한 식물종의 공동 서식장소를 의미한다. 비오톱은
야생동물이 서식하고 이동하는데 도움이 되는 숲, 가로수, 습지, 하천, 화단 등
도심에 존재하는 다양한 인공물이나 자연물로 지역생태계 향상에 기여하는 작은
생물서식 공간이다. 도심 곳곳에 만들어지는 비오톱은 단절된 생태계를 연결하는
징검다리 역할을 한다. _건축용어사전
▶ 특정 식물이나 동물들이 어우러진 생태계가 유지될 수 있는 생태공간을
의미하나, 좁은 의미로는 도시화가 진행된 지역에서 야생동물들이 서식할 수
있도록 생태계를 보전·복원하려는 목적으로 조성한 숲, 가로수, 습지, 하천 화단
등의 자연이나 설치물들을 부르는 말로 더 많이 사용된다. _두산백과사전

비오톱은 동·식물 군집이 서식하거나 서식할 수 있는 최소한의 단위
공간을 의미한다. 즉 생물 개체가 주변 환경과 상호 물질교환 작용을
할 수 있는 최소 단위공간이라 할 수 있다.
　　비오톱은 그리스어로 생명을 의미하는 '비오스bios'와 땅, 영역,
또는 장소라는 의미의 '토포스topos'가 결합된 용어로 비오톱 개념은
1866년 독일 생물학자인 에른스트 하인리히 헤켈Ernst Heinrich Haeckel,
1834~1919의 저서 《일반 형태학General Morphology》에서 소개되었고, 1908
년 독일 생물학자인 프리드리히 달Friedrich Dahl, 1856~1929이 최초로 사
용했다. 프리드리히 달은 '생물군집Biocenosis'이 존속하기 위해 필요한

매우 복잡한 물리적 조건으로 비오톱을 정의했다. 1935년에 아서 탠슬리Arthur Tansley, 1871~1959는 생태계는 비생물적인 환경과 생물군집으로 이루어졌음을 정의했는데 이때 비오톱을 비생물적 환경을 지칭하는 의미로 사용했다. 즉 초기 비오톱 개념은 비생물환경Biotop, 생물군집Biocenosis은 생태계Ecosystem를 구성한다는 의미로 사용했다.

1980년대 초부터 독일, 프랑스, 스위스 등 유럽에서 관심을 모으기 시작한 후 1992년 브라질 리우데자네이루의 유엔환경개발회의에서 생물의 '다양성보전조약'이 체결되면서 범세계적인 과제로 대두되었다. 우리나라에서는 도시 전역에 대한 비오톱 지도를 작성해 도시와 지역 계획의 기초 자료로 활용하고 있다.

환경부에서는 도시생태현황지도 즉 비오톱 지도를 작성해 도시관리의 기초자료로 활용하고자 하고 있다. 비오톱 지도는 공간을 경계가 있는 비오톱으로 구분해 비오톱의 유형과 보전가치 등급 등을 나타낸 지도이다. 비오톱의 조사 방법은 조사대상, 방법, 수단 등에 따라 다양하다. 비오톱 지도화는 선택적 지도화, 대표적 지도화, 전면적 지도화 방법으로 구분할 수 있다.[1] 선택적 지도화 방법은 조사이전 조사대상을 미리 선별해 보호할 가치가 있는 비오톱을 선정하고 현장조사를 통해 정밀하게 비오톱 조사를 수행하는 방법이다. 전면적 지도화 방법은 대상지 모든 면적을 지도화하는 방법으로 항공영상 분석 후 현장검증을 통해 수행한다. 대표적 지도화 방법은 대표적인 비오톱 유형을 표본조사하고 현장조사를 통해 정밀 비오톱 조사를 수행하여 대상지 전체에 적용하여 활용하는 방식이다.

근대 비오톱 개념은 경관생태학 연구에서 주로 사용되었는데 특히 독일에서는 산업화, 도시화에 따른 생물종 보존 측면에서 비오

---

[1]   Herbert Sukopp & Sabine Weiler, "Biotope mapping and nature conservation strategies in urban areas of the Federal Republic of Germany", *Landscape and Urban Planning* 15(1-2), 1988, pp.39~58

서울시 비오톱 유형, 2020

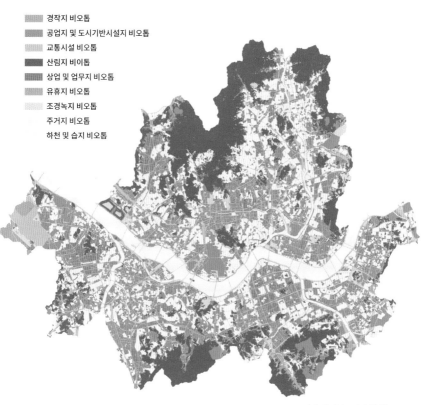

- 경작지 비오톱
- 공업지 및 도시기반시설지 비오톱
- 교통시설 비오톱
- 산림지 비이톱
- 상업 및 업무지 비오톱
- 유휴지 비오톱
- 조경녹지 비오톱
- 주거지 비오톱
- 하천 및 습지 비오톱

출처: 환경부, 도시생태현황도

톱의 중요성이 부각되었으며 1950년 이후 보존가치가 높은 비오톱에 대한 연구를 활발하게 진행하고 있다. 1990년에는 영국 합동자연보전위원회UK Joint Nature Conservation Committee가 연구를 진행하면서 서식지Habitat와 군집Community의 개념을 합성한 개념으로 정의해 사용하기 시작했다. 서식지는 비오톱의 물리적 요소이며 지리학적 위치, 지형적 특성, 물리적 및 화학적 환경으로 정의하고, 군집은 비오톱의 생물 요소로 해석할 수 있다. 이와 같이 초기 비오톱과 현대 비오톱의 정의에는 다소 차이가 있다. 오늘날 비오톱 개념은 공간적 경계를 가지는 생물군집의 서식지로 정의할 수 있다.

비오톱과 유사하거나 일부 개념을 공유하는 용어는 다음과 같다.

① 지위[Niche]: 생물 생존에 필요한 자원의 요구가 만족되는 공간을 의미한다.[2]

② 서식지[Habitat]: 생물이 생활하면서 가장 밀접하며 직접적으로 필요한 모든 조건을 제공하는 장소이다.[3]

③ 에코톱[Ecotope]: 비오톱[Biotope]과 지생태[Geotope]가 조합된 개념으로 경관을 구성하는 단위로 정의할 수 있다.[4] 초기에는 크게 구분이 없었으나 비오톱의 상위 개념으로 정립되었다.

2   Charles S. Elton, "The Nature and Origin of Soil-Polygons in Spitsbergen", *Quarterly Journal of the Geological Society* 83(1-5), 1927, p.163

3   Miklos F. D. Udvardy, "Notes on the Ecological Concepts of Habitat, Biotope and Niche", *Ecology* 40(4), 1959, pp.725~728

4   Carl Troll, "Die geographische Landschaft und ihre Erforschung", *Studium Generale*, Springer, 1950, pp.163~181

비원

祕苑 · Secret Garden

▶ 서울 창덕궁 북쪽 울안에 있는 국내 최대의 궁원宮苑을 말한다. 임금의 소풍과 산책에 사용한 후원으로 창경궁과 붙어 있으며, 울창한 숲속 곳곳에 운치 있는 정자와 연못이 있다. _표준국어대사전

▶ 조선 왕조의 별궁인 창덕궁의 후원後苑을 이르는 말. 우리나라의 조원造園 문화를 알 수 있는 대표적인 유적이다. _고려대한국어사전

▶ 1902년에 창덕궁 후원을 관리하던 관서官署 _한국민족문화대백과

한국의 전통원림은 건물의 앞을 비워 두고 뒤편에 조성되었으며, 궁궐에서도 뒤편에 정원을 조성해 후원後苑이라고 불렀다. 조선시대 궁원은 위치, 방위, 이용주체, 상징성 등에 따라 후원後苑, 금원禁苑, 내원內苑, 북원北苑, 상원上苑, 어원御苑 등 다양하게 불렸는데, 비원祕苑은 창덕궁 후원의 별칭으로 알려져 있다.

《조선왕조실록》에 실제 비원이라는 용어가 기록된 것은 조선 말기인 고종과 순종 연간에 국한된다. '동산 원苑'이 조합된 '비원祕苑'은 고종40년1903 11월에 처음으로 《비서원일기秘書院日記》 기록에 등장했으며, '집 원院'을 사용하는 '비원祕院'은 《고종실록》 고종40년1903 12월에 비원祕院을 창덕궁 내 후원後苑을 관리하는 궁내부 관제로서 증치增置하면서 쓰인 명칭이다.[1] 이후 《순종실록》 순종2년1908 4월 기록에 순종이 비원에 나갔다는 기록臨御秘苑이 보이므로 창덕궁 후원을

---

1   문화재청, 《궁능 전통조경용어 조사 및 해설 연구》, 2019, 119~123쪽

비원祕苑 옥류천 일원, 동궐도 부분 ⓒ동아대박물관

비원이라고 부르게 된 것은 대략 1904년 무렵으로 추정된다.[2]

현재는 조선시대부터 보편적으로 불리던 '후원'이 창덕궁원의 가장 타당한 명칭이라는 다수의 견해에 따라 문화재청 누리집을 포함해 일반적으로 쓰이고 있다. 그러나 비원 명칭의 사용 여부에 대해서는 여러 논란이 제기되어 왔다.

후원이란 명칭을 사용하는 것의 당위성은 비원이란 명칭이 일제강점기 영향을 받은 명칭이며,[3] 비원이라는 이름 아래 순종과 이토 히로부미伊藤博文 등이 연회를 즐기거나 일반인이 출입하는 등 당시 궁궐 정원 격에 맞지 않게 이용되었던 점[4]과 비원은 백여 년 이상

2   문화재청, 《창덕궁, 종묘 원유苑囿》, 2002, 13~14쪽
3   윤국병, 《조경사》 일조각, 1978; 정동오, 《한국의 정원》, 민음사, 1986
4   홍순민, 《한양읽기 궁궐(하)》, 눌와, 2017

사용되어 온 용어이지만, 창덕궁 후원에만 한정적으로 적용되었고, 명명 배경과 시원始原이 불분명하다는 점에서 사용을 지양해야 한다는 의견[5]이 반영된 것이다. 반면 후원은 일반명사로서 다른 명칭에 비해 고유하다는 느낌이 적고, 일반 민가에도 적용되어 왕궁의 격에 맞지 않는데 비해, 대한제국 시기에 등장한 비원은 일제가 아닌 우리가 붙인 고유한 이름이며, 궁원이라는 상징성과 함께 일반적인 조경 숲과 차별성도 있으므로 사용상 큰 무리가 없는 좋은 이름이라는 견해가 있다.[6]

창덕궁 후원을 지칭하는 것이 아닌 후원을 관리하는 관청으로서 '비원祕院'의 직제는 관원인 감독監督·勅任官 2인, 검무관檢務官·奏任官 3인, 감동監董·奏任官 1인 그리고 주사主事·判任官 4인으로 구성되었다. 1903년에 감독을 폐지하고 장長·勅任官, 부장副長·勅任官 1인을 두었다.[7]

---

5   문화재청,《궁능 전통조경용어 조사 및 해설 연구》, 2019, 119~123쪽

6   문화재청,《전통조경 정책기반 마련을 위한 기초조사 연구》, 2020, 11~30쪽;
     진상철,〈창덕궁 궁원 명칭의 사적 고찰: 비원 명칭 사용의 적합성에 대한 고찰〉,
     《한국전통조경학회지》21(4), 2003, 45~46쪽

7   한국학중앙연구원 한국민족문화대백과 http://encykorea.aks.ac.kr/

빗물정원

Rain Garden

▶ 식생체류지bioretention facilities라고도 하며 오염된 강우 유출수를 처리하기 위해 설계된 기법 중 하나이다._위키피디아

빗물정원은 강우 유출수를 효과적으로 처리하고 비점오염원을 저감할 수 있는 방안으로 식물시스템을 이용해 유출수를 차단하고 저류하는 그린인프라와 저영향개발의 요소이다. 도시지역에서 빗물을 최대한 많이 집수하고 처리할 수 있도록 설계된 지역을 의미한다. 식물과 토양을 통해 유출수의 수질과 수량을 관리하는 자연지반을 기본으로 한다.

빗물정원은 'Rain'과 'Garden'이 합성된 신조어이다. 최초 빗물정원은 1990년 메릴랜드 주의 프린스 조지 카운티에 설치되었다. 주거지역에 빗물정원을 적용한 결과 강우 유출수 처리에 매우 효과적이며 설치 비용면에서도 경제적인 것으로 나타나 이후 미국 전역으로 확대되었다.

빗물정원은 식재를 통해 강우 유출수를 저장하고 침전, 여과, 흡착, 분해 등의 작용으로 도시 물순환을 회복하고 도시로부터의 오염원을 저감하는 기능을 하며, 생물다양성을 증진시키는 생물학적 저류지의 기능을 한다. 또한 기존의 불투수층을 식생으로 대체해 도시 열섬현상 완화와 같은 미기후 조절 역할을 하며, 도시민에 문화·휴양 서비스를 제공한다. 즉 빗물정원은 빗물관리 기능뿐만 아니라 도시공간에서 녹지를 제공하고 경관개선을 개선하는 등의 기능을 한다.

미국 필라델피아 가로의 레인가든 ⓒ최정민

서울 광화문 가로의 레인가든 ⓒ최정민

현재 「물의 재이용 촉진 및 지원에 관한 법률」[2020] 제8조에서는 '빗물이용시설의 설치 및 관리 기준'을 포함하고 있다. 환경부에서는 《빗물이용시설 설치·관리 가이드북》[2010]을 발간해 빗물이용시설의 계획, 설계 및 운영·관리를 위한 기술적인 해설을 제공하며 《물 재이용시설 설계 및 유지관리 가이드라인》[2013]에서는 빗물이용시설, 중수도 등 물 재이용시설 현장에서의 계획, 설계, 운영 관리를 위한 해설을 담았다. 「물환경보전법」[2021] 제2조 비점오염저감시설의 설치 및 관리·운영기준에 대한 세부적인 기준을 《비점오염 저감시설의 설치 및 관리·운영매뉴얼》[2020]에서 제시하고 있으며 식생체류지에 대한 설치 및 관리운영에 대한 내용을 포함하고 있다.

빗물정원과 관련된 유사 개념으로 식생수로[Bioswale]가 있다. 빗물정원 또는 식생체류지와 유사한 기능을 갖는 구조물로 식생도랑이라고도 하며 강우 유출수의 여과, 침투, 배수 등의 기능을 한다.

사적지조경

史跡地造景 · Landscaping of Historic Sites

[사적史跡]

▶ 역사적·학술적·관상적·예술적 가치가 큰 것으로서, 국가가 법으로 지정한 문화재를 말한다. _한국민족문화대백과사전

▶ 역사적으로 중요한 사건이나 시설의 자취로 문화재보호법으로 정의된 문화재의 일종을 말한다. _건축용어사전

[사적지史跡地]

▶ 역사적으로 중요한 사건이나 시설의 자취가 남아 있는 곳을 말한다._ 표준국어대사전

사전적 의미에서 '사적'과 문화유적지의 '유적'은 역사적 사건이나 시설이 있었던 곳이라는 점에서 유사한 의미를 지니고 있으나 사적의 경우 '법으로 정해진 문화재'로서의 의미도 지니고 있어서 보다 포괄적이라고 할 수 있다. 따라서 사적은 '역사적 자취로서의 유적 중에서 역사적·학술적 가치가 있어 보호하여야 할 것'으로 그 의미를 명확히 할 수 있다.[1] '사적지historic site'는 '역사적으로 보존해야 할 흔적이 남아 있는 곳'으로서 장소적인 의미가 더해진 용어이며 전통 조경이나 건축의 직접적인 정비 대상이 되는 공간에 해당한다.

　　사적지조경은 「문화재보호법」의 사적 중에서 주로 주거지, 궁터, 관아, 성터, 서원, 향교 등의 건축물 주변 외부공간 등 역사문화환

1　　국립문화재연구소,《사적의 보존 활용을 위한 해외조사자료집》, 2009, 8쪽

경 전반에 대한 조경을 이른다. 여기서 '역사문화환경'이란 「문화재
보호법」에 문화재 주변의 자연경관이나 역사적·문화적인 가치가 뛰
어난 공간으로서 문화재와 함께 보호할 필요성이 있는 주변 환경을
지칭한다.

현행 「문화재보호법 시행령」^{2022. 12. 1}에 규정된 '사적의 지정기
준'은 다음과 같다.

① 역사적, 학술적 가치가 크고 다음 각 항목의 어느 하나 이상을
   충족하는 것
- 선사시대 또는 역사시대의 사회, 문화생활을 이해하는데 중요
  한 정보를 가질 것
- 정치·경제·사회·문화·종교·생활 등 각 분야에서 그 시대를 대표
  하거나 희소성과 상징성이 뛰어날 것
- 국가의 중대한 역사적 사건과 깊은 연관성을 가지고 있을 것
- 국가에 역사적, 문화적으로 큰 영향을 미친 저명한 인물의 삶과
  연관성이 있을 것

② 유형별 분류기준
- 조개무덤, 주거지, 취락지 등의 선사시대 유적
- 궁터, 관아, 성터, 성터시설물, 병영, 전적지 등의 정치·국방에
  관한 유적
- 역사, 교량, 제방, 가마터, 원지^{園池}, 우물, 수중유적 등의 산업·교
  통·주거생활에 관한 유적
- 서원, 향교, 학교, 병원, 절터, 교회, 성당 등의 교육·의료·종교에
  관한 유적
- 제단, 고인돌, 옛무덤, 사당 등의 제사·장례에 관한 유적
- 인물유적, 사건유적 등 역사적 사건이나 인물의 기념과 관련된
  유적

이처럼 다양한 유형의 사적이 있는데, 여러 유형의 사적을 보존·활용하기 위해 정비할 때 한 가지 정비 방법을 단독으로 사용한 경우는 매우 드물며 여러 방법을 상황에 맞추어 사용해야 한다. 즉 사적의 정비에는 사적이 갖는 성격에 따른 정비 방법의 차별성이 필요하다. 또한 사적과 그 주변 환경과의 관련성도 염두에 두어야 한다. 이는 사적이 갖는 각양의 성격 및 환경만큼 그 정비 방법 역시 다양할 수 있다는 것을 의미한다. 그러므로 사적이 갖는 본질적인 의미를 보존하면서 이를 정비하기 위해서는 사적의 성격과 환경을 먼저 정확히 판단하는 것이 중요하다.[2]

사적지는 인간의 문화적 행위에 의해 형성된 문화재 중에서 역사적으로 특별히 기념될 만한 시설물이며, 그 시설물은 땅에 기반을 두고 있는 경우가 많으므로 시설물이 위치한 지역도 함께 사적지에 포함된다. 따라서 사적지는 규모가 큰 경우가 대부분이므로 관리상 큰 노력이 필요하고 문제점도 많이 발생한다. 또한 사적지는 오래전부터 지정 보호되어 왔기 때문에 전통적·지역적 특성을 반영한 조경의 실체를 알 수 있는 보물창고와 같은 곳이다. 이러한 관점에서 볼 때 무엇보다도 사적지에 관한 조사 연구의 선행은 전통조경의 원형 파악과 보존을 위해서 매우 긴요하다. 특히 여기서 얻어진 결과는 설계와 기술을 통해 원형 복원사업에 활용되어야만 하며, 사적지 정비에서 방향점을 제공해야 한다.[3]

한국에서 사적지에 본격적으로 조경 정비가 시행된 것은 1967년 '현충사 성역화사업'에서부터이다. 현충사 조경 정비는 1974년까지 7년여에 걸쳐 시행되었고, 한국의 조경분야가 교육·기술·산업 등의 전문적 체계를 갖추기도 전에 이루어진 대대적인 사업이었다. 이

2   국립문화재연구소, 《사적의 보존 활용을 위한 국내조사자료집》, 2010, 6쪽
3   국립문화재연구소, 《사적지조경 실태와 과제 I : 궁궐 식재 정비방안 연구》, 2008, 3~4쪽

아산 이충무공유허(현충사) ⓒ임의제

러한 문화유적지 정비 사업은 조경의 수요를 유발하여 한국 조경분야의 발전에 크게 이바지하였다.[4] 그러나 당시 정비 사업은 철저한 고증을 거치지 않은 채 진행되어 사적지 조경유적의 원형이 훼손되고, 공간 의미를 왜곡시키는 부작용 또한 발생하였다.[5]

「문화재보호법」제3조에서 '문화재보호의 기본원칙'을 "문화재의 보존·관리 및 활용은 원형유지를 기본원칙으로 한다."라고 정하고 있는 바와 같이 문화유적지의 진정성이 훼손되지 않도록 유적지 내·외부의 경관이 조화되도록 하여야 한다. 이러한 사적지 조경 정비가 이루어질 수 있도록 하기 위해서는 학술조사 연구가 선행되어야 하며, 그 조사 결과를 정비계획에 반영하여야 한다.[6]

국립문화재연구소의 조사(2010년 6월)에 의하면 국가 사적으로

---

4   (재)환경조경발전재단,《한국조경의 도입과 발전 그리고 비전(한국조경백서)》, 2008
5   심우경, "한국 조경계, 지금은 위기다",《한국조경신문》2008년 6월 21일자
6   국립문화재연구소,《사적지조경 정비기준 확립을 위한 기초조사연구》, 2010, 3~8쪽, 31쪽

공주 공산성 연지와 만하루 ⓒ임의제

지정된 문화재 27개 유형 490건 가운데 조경 유적을 포함하고 있는 사적은 13개 유형 230개소로 약 47%에 이르는 것으로 나타나 사적지조경의 영역이 매우 큰 비중을 차지하고 있다.

  사적은 오랜 세월이 흐르는 동안 역사적 장소에서 일어난 행위의 결과가 축적되어 형성된 역사적 산물로서 거기에 내재된 역사적 정보를 현재에 알리는 것이 중요하다. 따라서 사적지의 유구를 잘 '보존'하여 후세에 남겨야 하고, 역사적 가치를 많은 사람이 이해할 수 있도록 '활용' 측면이 강조되어야 한다는 점에서 사적지조경 또한 같은 방향으로 진행되어야 한다.[7]

7   국립문화재연구소, 《사적지조경 정비기준 확립을 위한 기초조사연구》, 2010,
     3~8쪽, 31쪽

산수

山水

[산수山水]

▶ 산과 물이라는 뜻으로, 경치를 이르는 말이다. _표준국어대사전

[산천山川]

▶ 산과 내라는 뜻으로, '자연'을 이르는 말이다(산택山澤, 산하山河). _표준국어대사전

[산천경개山川景槪]

▶ 자연의 경치를 뜻한다. _표준국어대사전

한국에서는 전통적으로 자연을 '산수山水' 혹은 '산천山川'과 동일한 의미로 불러왔으며, 동양문학에서는 자연이란 개념을 대신해 산수라는 개념을 주로 사용하였다. 산수를 노래하거나 즐긴다는 말은 자신이 속해 있는 사회를 떠나 원래부터 그러한 독립적 존재에 대한 사유이며 동시에 자신이 성장하면서 습득하게 된 사회적 문화의 양식을 탈피하여 본래적인 자연의 삶으로 돌아가는 것을 의미한다.[1]

한국은 전통적으로 아름다운 '산수'가 인간의 정신을 즐겁게 하고 감정을 화창하게 한다고 믿었으며, 만약 이러한 자연과 접할 수 없으면 성품이 거칠어진다고 생각해 왔다. 따라서 번잡한 세속에서 잠시 벗어나 즐겨 찾을 수 있는 곳, 산과 물이 어우러진 자연 풍경이 있는 곳은 선비에게는 학문과 수양의 터藏修之所가 되고 나아가 자연과 인간이 조화를 이룬 이상향이 되기도 하였다. 마을 하천이 굽이쳐

---

1   손오규, 《산수미학탐구》, 부산대출판부, 1998

영천 산수정山水亭 ⓒ임의제

흐르는 계곡이나 마을에서 조금 떨어진 경치 좋은 곳을 택해 누정樓亭, 서원書院, 정사精舍 등을 배치한 것도 바로 이러한 생각에 근거한 것이다.[2]

    산과 물은 음양陰陽의 관계와 같아서 서로 조화롭게 어울려야 전체의 균형을 이룰 수 있다. 산과 물은 모순된 대립관계가 아니라 상호보완적 대대對待 관계라 할 수 있다. 산의 우뚝함은 물의 깊숙함과 대조되어야 더욱 뚜렷해지고, 산의 부동不動함은 물의 쉬지 않고 흐르는 유동流動과 서로 대조를 이루며, 산과 물이 어울린 곳에서 인간의 삶과 예술, 학문과 종교가 더욱 깊고 경건해질 수 있었다.[3]

    공자는 《논어論語》 〈옹야편雍也篇〉에서 "지혜로운 자는 물을 좋아하고智者樂水, 어진 자는 산을 좋아한다仁者樂山. 지혜로운 자는 움직이

---

2   국사편찬위원회, 《한국문화사 33: 삶과 생명의 공간 집의 문화》, 2010

3   금장태, 〈한국문화와 산〉, 《산과 한국인의 삶》, 나남출판, 1993

거창 요수정樂水亭 ⓒ임의제

고智者動, 어진 자는 고요하다仁者靜. 지혜로운 자는 즐기고智者樂, 어진
자는 오래 산다仁者壽”고 하였다. 즉 인간의 근본적인 덕성과 지성을
산수에 대비해 설명하였는데, 이는 선비들이 산과 물을 즐기는 것이
곧 지덕智德을 함양하는 수단이라고 여기게 하였다. ‘요산요수樂山樂水’
로 대표되는 이러한 관념은 전통조경 공간의 제영題詠, 편액扁額, 암각
岩刻 등에 빈번히 쓰임으로써 조영자의 유가적儒家的 가치관과 자연관
을 대변하고 있다.

　‘산과 물이 어울린 곳’에서 자족하는 삶은 선비들의 이상향이었
다. 이러한 ‘산수간山水間’이 선비들의 삶의 공간으로서 중요시된 이유
는 자연과 인간이 어울린 곳으로서 세속으로부터 초탈한 세계이며,
학문을 연마하고 수도하는 장소의 의미가 컸기 때문이다. 산수간에
자락自樂하는 선비들의 삶은 초탈한 자연에서 노닐기만 하는 것이 아
니라 유교적 도덕 규범을 간직하고 실현하는 것이었다. 산수간을 찾

아들었던 선비들은 학문과 인격을 수양하는 생활의 터를 신중하게 골랐으며^{可居地}, 이 터에 아담한 정원을 꾸미기도 하였다. 또한 수시로 원근의 주위를 거닐며 빼어난 자연경관을 감상하거나 나아가 산과 바위 혹은 시내의 물굽이에 이름을 붙이고 적극적으로 의미를 부여함으로써 자신의 사상과 연결된 주위의 생활세계를 창조하였다.[4]

4   금장태, 〈한국문화와 산〉, 《산과 한국인의 삶》, 나남출판, 1993

산수체계

山水體系

한국에서는 전통적으로 산山이 물水과 어우러져 하나의 산수山水로서 체계를 이루고 있다고 인식했으며, 땅과 밀착된 농경 정착사회라는 특성으로 인해 전통사회에서의 '산수체계山水體系'는 일상적인 주요 인지의 대상물이 되었고, 나아가서는 세계를 이해하는 주요한 바탕이 되었다. 따라서 이렇게 이해된 산수체계는 전통조경의 경관적 측면이나 관념체계의 주요한 배경이 됨은 물론 결과적으로 드러나는 건축·조경 공간 형성의 요인으로 작용하였다.[1]

선조들이 산을 신성한 장소로 여기면서 그곳을 근거로 하여 삶의 터전을 정했다는 기록은 역사서에 수없이 등장하는데 이는 숭산사상崇山思想에 그 바탕을 두고 있다. 산뿐만 아니라 물 또한 삶의 중요한 터전으로 인식하였으며, 이러한 이상적인 입지를 '의산임수依山臨水' 또는 '배산임수背山臨水'라고 한다. 즉 숭산사상에서 시작된 국토에 대한 인식은 시간이 지나면서 산과 물을 하나의 체계로 인식하는 산수체계로 자리잡게 되었다. 고려의 수도인 개성은 송악산과 천마산을 뒤로 하고 임진강과 예성강에 면하여 입지하는데, 산과 물을 연속된 하나의 체계로 인식하면서 이것이 국가의 중추적인 기능으로 자리 잡았던 것을 개성의 입지에서 확인할 수 있다. 산수체계는 조선시대에도 지역과 지역, 군현과 군현, 촌락과 촌락 등의 경계를 나누는

---

1   이원교,《전통건축의 배치에 대한 지리체계적 해석에 관한 연구》, 서울대학교
     박사학위논문, 1992

기준이 되었다. 조선시대《신증동국여지승람》을 비롯하여 대부분의 지리서에는 '산천山川'조 항목이 있는데 여기에는 지역의 중요한 산과 하천이 수록되었다. 이러한 산수체계를 기반으로 국토와 지역을 이해하는 사고방식은 국가 차원에서 먼저 지배계층에 수용되었으며 나아가 일반 민중에게로 널리 확대되었다.[2]

산수체계는 국토 전반에 걸친 '산山'과 '수水'가 어떤 질서를 갖고 어떻게 인식되었는지에 대한 지리적 대상으로서의 구조체계이며, 산수는 개별적 산山과 수水 혹은 이들의 어우러진 모습을 뜻한다. 자의字意적 의미로 풀이하면 산과 수를 계통적으로 통일한 조직을 뜻한다. 즉 산과 물이 항상 짝을 이루는 것이 우리의 자연이다. 도읍의 입지를 선정할 때도, 개개의 건축물을 지을 때도 산과 물은 항상 결정의 기본 근거가 되었다. 이렇게 산과 물이 별개의 것이 아닌 하나의 체계로 인식되어 공간인식 전반에 영향을 주었다는 사실은 여러 연구와 문헌을 통해 드러난다. 대표적으로 여암 신경준旅庵 申景濬, 1712~1781의《산경표山經表》, 다산 정약용茶山 丁若鏞, 1762~1836의《대동수경大東水經》등의 지리서에서 보이는 것과 같이 산과 물을 '산경山經'과 '수경水經', '산계山系'와 '수계水系', 혹은 '씨줄'과 '날줄'과 같이 하나로 통합해서 인식하였다.[3]

신경준은《여암전서旅庵全書》〈산수고山水考〉의 첫머리에서 "하나의 근본에서 만 갈래로 나뉘는 것은 '산'이요, 만 가지 다른 것이 모여서 하나로 합하는 것은 '물'이다. 우리나라 산수는 각기 열둘로 나타낼 수 있으니, 산은 백두산으로부터 나뉘어 12산이 되고 12산이 다시 나뉘어 조선팔도의 모든 산이 된다. 팔도의 여러 물이 합해 12수가 되고 12수가 다시 합해 바다가 된다. 물이 흐르고 산이 우뚝 솟

2   최종현,《정면성; 전통 도읍 건축의 입지 원리에 관하여》, 서울연구원, 2022
3   임의제,《하천지형을 통해 본 전통마을의 경관특성 연구》, 서울시립대학교 박사학위논문, 2001

은 형세와 산이 나뉘고 물이 합치는 오묘함을 여기서 볼 수 있다."고 하였다. 이는 국토의 근간이 되는 산과 강을 분합^{分合}의 원리로 파악해 대칭적이면서도 조화를 이루는 음양의 구조처럼 이해한 것이며, 당시 사람들이 지니고 있던 자연관과 우주관을 반영한 것이라 볼 수 있다.[4]

① 《산경표》: 산과 물이 가장 중요한 구성요소인 지리적인 환경은 그 지역에 오랫동안 거주하는 사람들에게 커다란 영향을 미친다. 한국은 산이 많은 만큼 그 산들 사이에서 형성된 작은 물줄기도 많아서 다양하고 독특한 풍토적 조건을 갖추고 있다. 이 다양한 산, 물과 더불어 살아온 옛사람들의 공통된 지리적 인식을 반영한 것이 《산경표》이다.[5] 《산경표》는 조선 영조 때 신경준이 편찬한 것으로 산줄기^{山經}와 산의 갈래, 위치를 도표로 정리한 것이다. 우리 국토의 산맥들을 산줄기와 하천 줄기 중심으로 파악해 산맥체계를 백두대간^{白頭大幹}과 연결된 1개의 정간^{正幹}, 13개의 정맥^{正脈}으로 집대성하였다. 《산경표》의 산맥체계는 산줄기만을 대상으로 했지만 수계^{水系}가 포함된 것이었고 오히려 수계가 기준이

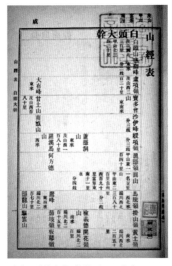

신경준의 《산경표》 첫 장, 18세기
ⓒ 국립중앙도서관

되었다. 현대의 지질구조에 바탕한 산맥개념은 땅 위의 산줄기를 기준으로 한 것이 아니며 1900년대 초 일본 지질학에서 전입

4 양보경, 〈신경준의 산수고와 산경표〉, 《토지연구》 3(3), 1992, 135~144쪽
5 한국콘텐츠진흥원 문화원형용어사전,
    문화원형백과 http://www.culturecontent.com/

신경준의 《산경표》에 의거해 그린 산경도

된 것이다. 반면에 물줄기 개념의 산경山經은 땅 위의 지형 지세에 근거한 것으로 이 땅과 더불어 살아온 우리 선인들이 자연과 관계를 맺으면서 얻은 지세에 대한 지혜를 정립시킨 것이다.

우리의 산천을 이해할 때 그 땅 위에 사는 사람을 포함시켰는가 아니면 사람을 배제하고 땅속의 구조를 중심으로 살폈는가 하는 차이는 상당히 크다. 땅 위에서 살아가는 사람들의 생활 기반이 되는 산과 물의 모습을 온전히 담고 있는 산천 인식체계가 바로《산경표》이다.[6] 또한 수계가 기준이 되었다는 것은 산줄기만으로 고찰한 것이 아니라 하천을 중심으로 하여 하나의 생활권 내지 지역권을 형성하고 있었던 인문적인 측면까지 고려했던 것이다. 이는 동양의 전통적인 자연관 즉 자연과 인간을 분리시키지 않고 유기적인 통합체로 보는 사고와도 결부된다.[7]

② 《대동수경》: 19세기 전반 정약용이 저술한 한국의 하천에 관한 지리서이다. 한반도 북부 주요 하천의 유로 및 주요 지류의 경로를 기록한 후, 하천이 통과하는 지역의 지명 및 역사적 사실을 중국, 조선 및 일본의 역사적 문헌의 기록을 조사하고 발췌해 기술한 역사지리적 관점으로 본 자연지리서이다. 《대동수경》은 기존의 전통적인 지리서의 체제에서 벗어나 특정한 주제와 대상을 가지고 서술한 자연지리서이며, 하천을 중심으로 서술한 조선시대의 유일한 독립된 지리서로서 위상을 지닌다. 정약용은 중국에서 북부의 하천은 하河로, 남부의 하천은 강江으로 불렸던 것과 구별해 조선의 물줄기를 수水라는 명칭으로 통일해 부르며 새로운 하천 명칭을 부여하고 체계화하였다. 《대동수경》은 조선 후기 하천이 중요한 교통로이자 생활권을 기초로 한 지역 간 교류의 통로로 기능했음을 인식한 실용적 관점뿐만 아니라 균형있는 국토 발전과 실제 활용 등이 정리된 실학적 지리학의 중요한 성과로 주목된다.[8]

---

6 한국콘텐츠진흥원 문화원형용어사전,
    문화원형백과 http://www.culturecontent.com/
7 양보경, 〈신경준의 산수고와 산경표〉, 《토지연구》 3(3), 1992, 135~144쪽
8 양보경, 〈조선시대의 자연인식체계〉, 《한국사시민강좌 제14집》, 일조각, 1994,
    70~96쪽; 한국학중앙연구원 한국민족문화대백과 http://encykorea.aks.ac.kr/

산업유산

産業流産 · Industrial Heritage

▶ 산업유산은 산업 관련 사회적 행위를 위해 사용된 장소로 항만, 공장, 창고,
수운시설, 철도·운송시설, 발전시설, 농업시설, 광업시설, 교통시설, 종교시설,
교육시설, 주거시설 등을 포함한다. _ 한국조경헌장

산업유산은 "인류의 노동과 생산 활동과 관련하여 생성된 역사적,
사회·문화적, 미학적, 교육·학술적, 과학·기술적 가치가 있는 산업문
화의 유산"으로 정의된다.[1] 또 다른 연구에서는 산업유산을 "산업혁
명을 전후한 공업 중심의 근대화과정에서 남겨진 과학기술과 연관
된 유산"으로 정의하기도 한다.[2] 두 번째 정의와 같이 산업유산이 가
지는 표현 특성상 산업혁명 이후 근대적 산업화를 바탕으로 나타난
공업 측면에서의 가치를 담은 유산으로 그 범위를 제한하는 경우도
있으나 국제적으로 통용되는 산업유산의 정의에는 시간적 범위에
대한 제한은 없으며, 인류가 지금까지 쌓아온 모든 산업과 관련되어
보존가치를 지니는 유산을 통칭하는 표현으로 볼 수 있다. 즉 산업
유산은 산업혁명 이후 나타난 공업뿐 아니라 그 이전까지 인류의 주
된 산업이라 할 수 있는 농업이나 어업 등과 관련되어 보존가치를 지
닌 모든 유산을 포함한다. 예를 들어 명승으로 지정된 남해 가천마을

---

1   박재민·성종상, 〈산업유산 개념의 변천과 그 함의에 관한 연구〉,《건축역사연구》
     21(1), 2012, 65~81쪽
2   강동진·이석환·최동식, 〈산업유산의 개념과 보전방식 분석〉,《대한국토계획학회》
     38(2), 2003, 7~20쪽

석유비축기지 부지를 활용한 서울 문화비축기지 ⓒ김순기

2001년 폐지된 담배공장을 디자인문화예술공간으로 전용한 대만 타이베이의
송산문화창의공원, 2016 ⓒ김순기

도자기 업체 노리다케가 창업 100주년을 기념해 도자기 공장을 공원화한 일본 나고야의
노리타케의 숲, 2015 ⓒ김순기

다랑이논과 같은 농업유산이나 남해 지족해협 죽방렴과 같은 어업유산 또한 산업유산이라 할 수 있다. 그러나 다수의 산업유산이 근·현대시기 근대적 산업화를 보여주는 유산이라는 점에서 산업유산에 대한 보존 및 활용 관련 접근은 근대문화유산의 그것과 매우 유사한 특징을 지닌다.

근대문화유산의 중요한 한 축을 형성하기도 하는 산업유산과 관련된 정책과 계획은 다른 문화유산과는 달리 보존이 아닌 보전과 활용이라는 측면을 고려하며 추진된다. 영국의 테이트모던, 독일의 뒤스부르크 노드파크, 중국의 다산츠예술구 798 등의 사례에서 볼 수 있듯이 산업유산은 지역의 역사적 가치와 정체성을 확립할 수 있는 주요한 자산으로서 도시재생에서 매우 중요한 자원으로 인식되고 있다. 국내에서도 전국 각지에 산재한 다수의 산업유산을 바탕으로 가치 발굴과 재활용을 통한 도시(지역)재생사업이 진행되었다. 국내의 대표적인 산업유산 활용 사례로는 과거 정수장 부지를 활용한 서울의 선유도공원과 석유비축기지 부지를 활용한 서울 문화비축기지 등을 들 수 있다.

박재민·성종상에 따르면, 산업유산 관련 개념에 대한 논의는 영국에서 시작되었으며, 대부분의 초기 연구는 영국에서 발표되었다.[3] 1960년대 국제적으로 확산된 산업고고학은 영국에서 처음 언급되고 대중적으로 알려지기 시작한 개념으로 영국에서는 산업유산과 유사한 의미로 사용된다. 1973년 산업유산 관련 국제기구인 산업유산보전국제위원회The International Committee for the Conservation of the Industrial Heritage, TICCIH가 설립되었고, 이러한 활동을 바탕으로 영국의 아이언브릿지를 비롯 다수의 산업유산이 세계유산으로 등재되기 시작했

---

3   박재민·성종상, 〈산업유산 개념의 변천과 그 함의에 관한 연구〉, 《건축역사연구》
     21(1), 2012, 65~81쪽

산업유산의 조건

조건	내용
역사성	역사적인 활동의 결과물로서 역사성을 보유한 산업시설
경제성	지역산업으로서 지역경제발전의 원동력이 되었던 산업시설
공간성	규모가 비교적 크거나 공간·경관적 특수성 보유한 산업시설
지역성	지역민과 (지역)공공의 관심대상인 산업시설
상징성	"타 용도로 쉽게 대체하거나 해체하면 안 된다."라는 지역(민) 차원에서의 묵시적 동의

다. 2003년 7월 국제기념물유적협의회 ICOMOS는 유네스코의 승인 아래 '니즈니 타길 헌장Nizhny Tagil Charter'을 공표했다. 니즈니 타길 헌장은 산업유산을 "역사적, 기술적, 사회적, 건축적 또는 과학적 가치가 있는 산업문화의 유산을 말한다. 이는 건물, 기계, 공방, 공장 및 방앗간, 탄갱 및 정제장, 창고, 저장고, 에너지 생산, 전달, 수송하는 것과 그 모든 인프라, 그리고 주택, 종교예배, 교육 등 산업에 관련되는 사회 활동을 위해서 사용되는 장소를 포함"하는 것으로 정의한다. 니즈니 타길 헌장의 정의는 현재까지 국제적으로 통용되는 산업유산의 개념이라 할 수 있다. 한아름·곽대영은 산업유산의 조건을 역사성, 경제성, 공간성, 지역성, 상징성으로 정리한다(위 표).[4]

산업유산의 유형구분은 기준에 따라 다양하게 나타난다. 박재민·성종상은 산업유산을 대상을 기준으로 표(269쪽)와 같이 유형과 무형유산으로 구분[5]했으며, 강동진·이석환·최동식은 종별과 조건별(270쪽)로 유형화[6]하기도 하였다.

---

4 한아름·곽대영, 〈산업유산의 창의적 활용 방법으로서의 지속가능한 도시재생디자인〉, 《한국디자인문화학회지》 19(3), 2013, 803~812쪽
5 박재민·성종상, 〈산업유산 개념의 변천과 그 함의에 관한 연구〉, 《건축역사연구》 21(1), 2012, 65~81쪽

산업유산 대상별 분류

유형	대상		사례
유형유산	도시구조	마을	탄광마을, 황금정마을
		가로 등	가로구조, 길, 골목, 담장
	건축물		공장, 창고
	구조물, 설비, 기계		교각, 방직기
	기타(재료, 수목, 색채 등)		벽돌, 산업 연관 특정 색채
무형유산	경관		시대별 도시경관
	기술		제련, 봉제기술
	사건		기념 및 상징적 사건
	인물 관련사항 등		주요 인물의 활동, 이야기

산업유산에 대한 일반적인 접근방식은 세 가지로 분류된다. 첫째는 용도가 끝났으니 철거하는 접근방식이다. 둘째는 기존 산업유산의 성격을 그대로 유지하고 실물을 최대한 보존하면서 다른 용도를 찾아내는 활용의 접근방식이며, 셋째는 원형을 일단 흉물로 규정하고 여기에 다른 성격을 덧씌우는 접근방식이다. 도시재생이 크게 주목받고 있는 지금의 관점에서는 두 번째 설명된 활용의 접근방식이 매우 옳은 방식처럼 인식될 수 있으나, 모든 산업유산이 보존가치를 지니거나 꼭 보존되어야 하는 것은 아니며, 공간의 더욱 나은 활용을 위해 철거되어야 하는 경우도 있다. 철거를 할지 또는 재생을 할지 아니면 전혀 다른 성격으로 용도전환을 시도할지에 대한 선택은 대상 산업유산의 가치에 대한 면밀한 분석과 종합을 거친 후 판단되어야 할 문제이며, 비록 철거하게 될지라도 충실한 기록을 남김으

---

6   강동진·이석환·최동식, 〈산업유산의 개념과 보전방식 분석〉, 《대한국토계획학회》 38(2), 2003, 7~20쪽

산업유산의 조건별 유형

기준	구분
성격기능	산업설비형, 산업구조물형, 산업인프라형, 생활인프라형, 경관·이미지형
분포상태	개체단위형, 개체집적형, 개체산재형, 선집중형, 면집중형
활용형태	관광시설형, 상업시설형, 교육·학습시설형, 산업기술계승시설형, 이벤트시설형, 문화시설형, 일반시설형
소유형태	기업(개인), 공공협의체, 제3섹터, 지방자치단체, 국가, 기타
입지패턴	도시중심부, 도시주변(외곽), 산업개발지역, 기타
가치정도	세계유산, 국가문화재, 지방문화재, 등록문화재, 비보호시설, 기타

로써 후대에 전할 필요가 있다.

　산업유산을 이용한 도시(지역)재생은 유사한 성격 및 형태의 산업유산이라 하더라도 항상 동일한 방법이 동일한 효과를 가져오지는 않는다. 모든 산업유산을 둘러싼 주변환경과 상황은 다르며, 이러한 부분을 재생계획에서 어떻게 수용하고 활용할 수 있을지에 대한 깊이 있는 고민이 요구된다.

삼신산

동천
이상향

三神山 · Three God-Mountain

▶ 중국 전설에 나오는 봉래산, 방장산, 영주산을 통틀어 이르는 말이다. 진시황과 한무제가 불로불사약을 구하기 위하여 동남동녀童男童女 수천 명을 보냈다고 한다. 유사어로 삼산三山, 삼호三壺가 있다. _표준국어대사전

중국 발해渤海에 있었다는 전설의 신산神山으로 봉래산蓬萊山, 방장산方丈山, 영주산瀛洲山을 가리킨다. 선인仙人들이 살며 불로불사의 약이 있다고 하는데 모두 항아리壺의 형태를 취한다. 삼신산과 유사한 용어로 '막고야산邈姑射山'이 있는데, 신선들이 살고 있다는 전설 속의 산 또는 북해의 바닷속에 있다고 전하는 신선들이 사는 곳을 이르며, 《장자》의 〈소요유逍遙遊〉편에 나오는 말이다.[1] 문헌에서 삼신산은 《사기史記》〈열자列子〉에 기록이 보이는데, "발해의 동쪽 수억만 리 저쪽에 오신산五神山이 있는데, 그 높이는 각각 3만 리, 금과 옥으로 지은 누각樓閣이 늘어서 있고, 주옥珠玉으로 된 나무가 우거져 있다. 그 나무의 열매를 먹으면 불로불사不老不死 한다고 한다. 그곳에 사는 사람은 모두 선인으로서 하늘을 날아다니며 살아간다. 오신산은 본래 큰 거북의 등에 업혀 있었는데, 뒤에 두 산은 흘러가 버리고 삼신산만 남았다."고 하였다. 《사기》에 의하면, 기원전 3세기의 전국시대 말, 발해 연안의 제왕 가운데 삼신산을 찾는 사람이 많았는데 그중에서도 진秦의 시황제始皇帝는 신선설에 매우 심취하여 방사方士 서복徐福을

---

1   국립국어원 표준국어대사전 https://stdict.korean.go.kr/

부여 궁남지 ⓒ백제역사문화연구원

시켜 삼신산을 찾기도 하였으나 다시 돌아오지 않았다고 하는 일화가 전한다. 한국에서도 중국의 삼신산을 본떠 금강산을 봉래산, 지리산을 방장산, 한라산을 영주산으로 불러 한국의 삼신산으로 일컫는다.

중국에서 삼신산을 상징해 정원으로 조영한 사례는 진秦 난지궁 난지蘭池의 봉래산, 한漢 건장궁 후원 태액지太液池의 사선도四仙島, 북위北魏 화림원 천연지天淵池의 봉래산, 수隋 대서원 북해의 삼선산三仙山, 당唐 대명궁원의 봉래궁과 봉래산 등이 있으며, 지중池中에 선도를 두어 신선계를 상징하였다.[2] 이러한 삼신선도三神仙島의 조성은 한국에도 영향을 주어 삼국시대부터 조선시대까지 조영된 다양한 전통원림에 도입되었다.

한국의 전통조경에서 지당池塘은 다양한 상징적 의미가 있는데,

---

2   정동오, 《동양조경문화사》, 전남대출판사, 1990

남원 광한루원의 영주섬과 영주각 ©임의제

그 한 가지가 정원 안에 연못을 파고 '선도仙嶋'를 조성해 선계에 거처한다는 신선사상을 반영한 것이다. 선仙의 어원이 인재산상人在山上에서 비롯된 것처럼 예로부터 선가仙家에서는 신선들의 거주처가 산 위에 있다고 믿어 왔다.[3] 삼신산을 상징하는 지당의 섬嶋은 세 개의 산을 모두 조성하거나 하나의 산을 상징적으로 도입하기도 하였다.

　한국에서 삼신산과 관련된 가장 오래된 조경은 《삼국사기》〈백제본기〉 "무왕조"에 "삼월 연못을 궁궐 남쪽에 파고, 물을 이십여 리로부터 끌어들여 연못 사방에 버들을 심고 물 가운데 방장선산方丈仙山에 비기어 섬을 만들었다."라는 기록이 보인다.[4] 이는 백제시대 부여에 궁남지宮南池라 부르는 연못을 판 기록이다. 바로 신선이 산다는 삼신산의 하나인 방장산을 본떠서 섬을 만든 것으로, 지당을 만드는

3　　김영모, 《전통조경 시설사전》, 동녘, 2012
4　　김부식 지음, 이병도 역주, 《삼국사기》, 을유문화사, 1983

데에 도가道家의 신선사상이 관계되었다는 것을 보여준다.

　　고려시대 민가 정원에서는 연못의 형태를 방지方池보다는 곡지曲池로 조성하고, 봉래와 방장, 삼신산이란 용어가 사료史料에 자주 나타나는 것으로 보아 신선사상의 영향을 받은 것으로 추정된다.[5] 조선시대에는 명승 남원 광한루원廣寒樓苑에 요천의 맑은 물을 끌어다가 하늘나라 은하수를 상징하는 지당을 만들었으며, 전라감사로 부임한 송강 정철松江 鄭澈, 1536~1593은 지당 가운데에 연꽃을 심고, 신선이 살고 있다는 전설의 삼신산을 상징하는 봉래, 방장, 영주섬을 조성하였다. 또한 봉래섬에는 백일홍, 방장섬에는 대나무를 심고, 영주섬에는 영주각이란 정자를 세웠다.[6] 다산 정약용茶山 丁若鏞, 1762~1836은 다산초당茶山草堂 앞의 방지方池에 괴석으로 석가산을 만들고 '삼봉석가산三峯石假山을 만들었다'고 했는데 이는 봉래, 방장, 영주의 삼신선산을 의미하는 것으로 보인다.[7]

5　　한국전통조경학회,《최신 동양조경문화사》, 대가, 2016

6　　문화재청 국가문화유산포털 http://www.heritage.go.kr/

7　　정동오,《동양조경문화사》, 전남대출판사, 1990

생태계 서비스

生態系- · Ecosystem Services

▶ 인간 사회가 물, 에너지, 탄소의 순환, 생물의 생명 활동 따위와 같은 생태계의 구성 요소나 기능으로부터 혜택을 받는 일이다._우리말샘

▶ 자연환경과 건강한 생태계로부터 인간이 얻는 다양한 혜택이다._위키피디아

▶ 인간이 생태계로부터 얻는 공급(식량, 수자원, 목재 등 유형적 생산물을 제공), 환경조절(대기 정화, 탄소 흡수, 기후 조절, 재해 방지 등), 문화(생태 관광, 아름답고 쾌적한 경관, 휴양 등), 지지(토양 형성, 서식지 제공, 물질 순환 등 자연을 유지) 서비스를 의미한다._「생물다양성 보전 및 이용에 관한 법률」

생태계 서비스란 인간이 생태계에서 직·간접적으로 얻는 다양한 재화, 서비스, 혜택을 의미한다. 생태계 서비스라는 용어는 에얼릭 부부Paul and Anne Ehrlich에 의해 1981년 처음으로 사용되기 시작했으며, 1990년 후반 코스탄자Robert Costanza, 1950~와 공동연구자들, 데일리Gretchen C. Daily, 1964~를 통해 그 개념이 활발하게 활용되기 시작했다. 특히 2001년부터 2005년에는 유엔환경계획UNEP이 《새천년 생태계 평가 보고서Millennium Ecosystem Assessment 이하 MA》에서 전 세계적인 규모에서 생태계 서비스 체계를 정립하고 평가했다. 또한 생태계 서비스를 평가하는 IPBESInter-governmental Platform on Biodiversity and Ecosystem Services가 설립되면서 생태계 서비스에 대한 연구가 전 세계적으로 널리 진행되기 시작했다.

　　생태계 서비스의 개념은 연구마다 다소 차이가 있다. 데일리는 《자연의 서비스: 자연생태계에 대한 사회의존성Nature's Services; Societal

Dependence on Natural Ecosystems》에서 생태계 서비스란 인간이 삶을 유지하기 위해 필요한 자연 생태계와 생물종으로 정의했으며, 코스탄자와 공동연구자들은 지구 자연자산 가치에 대한 논문에서 생태계로부터 인간이 얻는 직·간접적인 이익으로 정의하고 생태계 서비스를 기능에 따라 15개 분류로 정의하기도 했다.[1] 그루트Rudolf S. de Groot와 공동연구자들은 인간의 욕구를 충족하기 위한 재화와 서비스를 제공하는 것으로 생태계 서비스를 설명했다.[2]

MA는 데일리와 코스탄자의 연구를 통해 생태계 서비스를 공급, 조절, 문화, 지원의 4개 유형으로 구분하고 30개의 세부 서비스로 분류했다.[3] 유럽EU에서는 이 4가지 유형을 이용해 유럽의 생태계 서비스 현황을 분석하고 평가했다. TEEB는 생태계와 생물다양성의 경제학The Economics of Ecosystems and Biodiversity 연구에서 생태계 서비스를 삶의 질 향상을 위한 생태계의 공헌으로 정의하고, 생태계와 생물 다양성의 구조와 기능은 서비스 개념으로 인간 삶의 질에 대한 편익과 가치를 연결하는 개념으로 설명했다.[4] 또한 MA의 지원 서비스를 서식지 서비스habitat services로 문화 서비스를 문화 및 어메니티 서비스

1   Robert Costanza, Ralph d'Arge, Rudolf de Groot, Stephen Farber, Monica Grasso, Bruce Hannon, Karin Limburg, Shahid Naeem, Robert V. O'Neill, Jose Paruelo, Robert G. Raskin, Paul Sutton & Marjan van den Belt, "The value of the world's ecosystem services and natural capital", *Nature* 387(6630), 1997, pp.253~260; Gretchen C. Daily, "Nature's Services: Societal Dependence on Natural Ecosystems", *The Future of Nature*, Yale University Press, 2013

2   Rudolf S. de Groot, Matthew A. Wilson, B. Roelof M. J. Boumans, "A typology for the classification, description and valuation of ecosystem functions, goods and services", *Ecological Economics* 41(3), 2002, pp.393~408

3   Millennium Ecosystem Assessment (MA), *Ecosystems and Human Well-Being: Synthesis*, Island Press, 2005

4   TEEB, *The Economics of Ecosystems and Biodiversity: Mainstreaming the Economics of Nature: A synthesis of the approach. conclusions and recommendations of TEEB*, 2010

생태계 서비스 유형

문화 서비스
심미적, 정신적,
교육적, 오락적

조절 서비스
기후조절, 홍수방지,
질병예방, 수질정화

생태계
서비스

지원 서비스
영양소 순환, 토양 형성,
일차 생산

공급 서비스
음식, 맑은 물,
목재와 섬유, 연료

cultural and amenity services라 했다.

MA에서 구분한 4가지 유형인 공급 서비스provisioning services, 조절 서비스regulating services, 문화 서비스cultural services, 지원 서비스supporting services는 현재 일반적으로 적용되고 있는 분류이다. 공급 서비스란 생태계에서 생산되는 식량, 자원, 물질 등의 생산물 공급기능이며, 조절 서비스란 공기나 수자원의 질 정화, 해충 조절, 자연적 위험요소 조절 등을 포함한다. 문화 서비스는 인간이 생태계와의 접촉이나 상호작용을 통해 얻을 수 있는 사회생태학적인 혜택을 의미하며, 다른 생태계 서비스의 전제가 되는 것을 지원 서비스라 할 수 있다.

미국과 유럽 등에서는 국가 단위에서 생태계 서비스를 평가하고 정책에 적용하고 있다. 생태계 서비스는 인간과 자연이 함께 공존하기 위한 새로운 패러다임으로 국내에서도 생태계 서비스를 국가 정책에 활용하기 위한 관련 연구들이 활발하게 이루어지고 있다. 또한 생태계 서비스 기능을 실현하고 강화하기 위해 조경 분야의 다양한 역할 수행이 필요하다.

생태통로

生態通路 · Ecological Corridor, Eco-corridor

대체서식지
복원
파편화

▶ 야생동물이 도로나 댐 등의 건설로 인해서 서식지가 절단되는 것을 막기 위해, 야생동물이 지나는 길을 인공적으로 만든 것을 말한다. _두산백과사전

▶ 생태통로는 야생동물 통로wildlife corridor, 서식지 통로habitat corridor, 녹색통로 green corridor라고도 하며 인간 활동으로 파편화된 야생생물 서식지를 연결하는 지역을 의미한다. _위키피디아

▶ 도로·댐·수중보·하구언 등으로 인해 야생 동·식물의 서식지가 단절되거나 훼손 또는 파괴되는 것을 방지하고 야생 동·식물의 이동 등 생태계의 연속성 유지를 위해 설치하는 인공 구조물·식생 등의 생태적 공간을 말한다. _「자연환경보전법」

생태통로란 생태적 연결성을 유지하거나 복원하기 위해 장기적으로 관리하는 공간을 의미한다. 즉 생태통로는 무분별한 개발로 발생하는 서식지 파편화로 인한 피해를 최소화하기 위해 야생 동·식물의 다양한 서식지를 제공하고 종다양성을 유지하기 위한 목적으로 조성되는 공간이다.

생태통로는 단절된 서식지를 연결해 야생 동·식물의 개체군을 보존, 생물다양성을 증진시키고 개체군 간의 유전자 교류를 발생시키는 역할을 한다. 생태통로는 본질적으로 야생동물이 이동할 수 있는 통로의 역할을 수행하나 단순한 통로 역할을 넘어서 일부 동·식물의 서식지와 피난처 기능을 하기도 한다. 그러나 생태통로가 생태적으로 늘 긍정적인 기능을 하는 것은 아니다. 생태통로는 생물의 이

생태통로 개념 및 구성요소

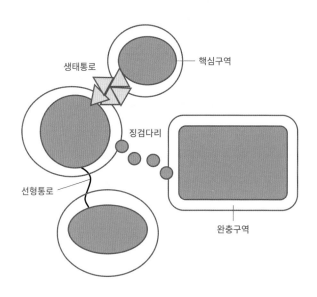

동뿐만 아니라 질병 혹은 산불과 같은 교란 요인의 이동도 촉진한다. 멸종위기종의 서식지는 자연적·인위적 교란의 유입방지 관점에서 단절되어 있는 상태가 오히려 유리할 수 있다.

생태통로는 좁은 의미로는 야생동물이 지나갈 수 있도록 인공적으로 설치된 구조물을 의미한다. 생태통로 역할을 하는 구조물은 자연성에 따라 자연통로, 인공통로로 구분할 수 있으며 설치형태와 위치에 따라 육교형overpass과 터널형underpass으로 구분된다. 육교형은 상부형으로 생태교량ecoduct이나 오버브릿지overbridge가 있으며 주로 도로 위를 횡단하는 육교의 형태로 설치하며 고라니, 멧돼지 등의 중대형 포유류의 이동을 위해 설치한다. 터널형은 하부형으로 박스형 암거culvert가 있으며 도로의 하부를 관통하는 터널 형태로 설치하며 주로 중소형 포유류의 이동을 위해 설치된다.

우리나라에서는 1998년 환경부에서 지리산 시암재에 최초로 터널형 생태통로를 설치했으며 현재 전국적으로 약 500개 이상의 생태통로가 설치되어 있다. 그러나 현재 우리나라에서 생태통로는 환경영향평가 승인을 위한 인공 구조물 설치에 그치고 있는 실정이다. 장기적으로 생태통로는 국토 차원에서 산림, 하천습지, 연안갯벌 등의 생태네트워크의 유기적인 연결 및 구축을 고려해 조성하고 통합적으로 관리해야 한다.

생태통로와 관련된 개념은 다음과 같다.

① 생태네트워크Ecological networks: 생태적으로 중요한 역할을 하는 공간을 연결해 생태계의 기능 유지와 안정성 확보, 생물다양성 증진을 목적으로 하는 공간상의 계획을 의미하며 넓은 의미에서 생태통로를 포함하는 개념이다.

② 연결성: 일반적으로 연결성은 연결성Connectivity과 인접성Contiguity을 모두 포함한 넓은 의미로 사용되고 있으나 생태적으로 연결성과 인접성은 다른 의미를 가진다. 연결성은 징검다리 녹지와 같이 물리적으로 인접되어 있지 않더라도 어떤 생물의 이동이 가능하면 연결성이 확보된 것으로 볼 수 있다. 이러한 관점에서 연결성은 목표로 하는 생물에 따라 다를 수 있다. 생태통로의 작은 단절은 조류, 곤충 혹은 대형 포유류와 같이 이동성이 높은 생물에게 문제가 되지 않으나 이동성이 낮은 생물에게 고립을 야기할 수 있다. 특수한 종을 제외하면 일반적으로 이동성은 생물의 체적body mass과 비례하는 것으로 알려져 있다. 인접성은 물리적으로 생태통로 혹은 서식지가 연결되어 있는 것을 지칭한다. 인접성을 확보한 생태통로는 생물의 이동 능력에 관계없이 모든 생물에게 이동성을 제공할 수 있다. 하지만 도시화 지역과 같이 토지이용 경쟁이 높은 지역에서 인접성을 확보하기는 어렵다.

습지

濕地·Wetland

▶ 습기가 많은 축축한 땅이다._표준국어대사전

▶ 얕은 수위를 가지거나 혹은 지하수위가 높아, 토양이 젖어있는

늪·소택지·습원·간석지 등 육상생태계와 수중생태계의 전이지대이다._

두산백과사전

▶ 담수·기수 또는 염수가 영구적 또는 일시적으로 그 표면을 덮고 있는

지역이다._「습지보전법」

습지는 람사르 협약에서 "자연 또는 인공, 영구적 또는 일시적, 정수 또는 유수, 담수·기수 또는 염수에 상관없이 간조 시 수심 6m를 넘지 않는 해수지역을 포함하는 늪, 습원, 이탄지, 물이 있는 지역"으로 정의하고 있으며 "습지에 인접하고 있는 수변과 섬, 습지 내 저수위 시 6m를 초과하는 해양도 포함"한다고 했다.

　습지의 생태학적 중요성을 인정하고 보호하기 위해 1970년대 국제협약인 람사르 협약Ramsar Convention이 체결 및 발효되었다. 공식 명칭은 '물새 서식지로서 특히 국제적으로 중요한 습지에 관한 협약The Convention on Wetlands of International Importance Especially as Waterfowl Habitat'이다. 우리나라는 101번째로 람사르 협약에 가입했으며 1997년 대암산 용늪이 최초로 람사르 습지로 등록되었다.

　우리나라에서는 1999년 「습지보전법」을 제정해 습지의 효율적 보전 및 관리에 필요한 사항을 규정하고 습지와 습지 생물다양성의 보전을 도모하고자 했다. 2008년에는 제10회 람사르 총회를 국내에

순천만 습지, 2017 ⓒ박세린

서 개최하면서 사람들의 관심이 높아지게 되었다. 1999년 8월 최초로 한반도습지, 창녕우포늪, 낙동강하구, 무제치늪이 습지보호지역으로 지정되었으며 2021년 기준 총 44개 지역이 습지보호지역으로 지정되어 이 중 24개가 람사르 습지로 등록되어 관리되고 있다. 습지보호지역은 환경부, 해양수산부, 시·도에 의해 지정·관리되고 있다.

「습지보전법」[2021] 제10조에서는 습지보호지역의 지정 해제 또는 변경 사항을 고시하고 있으며 환경부장관, 해양수산부장관 또는 시·도지사가 자연상태가 원시성을 유지하거나 생물다양성이 풍부한 지역, 희귀하거나 멸종위기에 처한 야생 동·식물이 서식·도래하는 지역, 특이한 경관적·지형적 또는 지질학적 가치를 지닌 지역 중 하나에 해당되어 특별히 보전할 가치가 있는 습지를 보호지역으로 지정할 수 있다. 또한 습지보호지역 주변은 습지주변관리지역으로 지정할 수 있으며, 습지보호지역에서 습지가 훼손되거나 보전 상태가 불량한 지역 등 개선이 필요한 지역은 습지개선지역으로 지정할 수 있다.

습지는 지리학적으로 크게 내륙습지와 해안습지로 분류할 수 있다. 내륙습지는 하천습지, 산지습지로 구분할 수 있고, 해안습지는 연안습지, 하구습지 등으로 분류되며 이외에도 인공습지가 있다. 습지는 생태학적, 수질개선, 수문학적, 기후조절, 여가 등의 기능을 하며 인간과 생태계에 중요한 자연환경으로 인식되어 왔다. 습지는 육지와 수환경 사이 전이지역으로 다양한 생물종의 서식지를 제공한다. 포유류와 조류에는 먹이와 수분을 제공하고 양서·파충류에는 산란지와 먹이, 동면지의 역할을 한다. 습지에 서식하는 식물들은 오염물질을 흡수해 수질을 개선하는 기능을 하며 수문학적 조절 역할도 한다. 더 나아가 습지는 휴양, 여가, 생태관광 자원, 생태교육 등의 가치를 가진 공간으로 인간에도 중요한 역할을 한다.

승경

勝景 · Fine View

▶ 뛰어난 경치, 승경지-地, 경치가 좋은 곳을 말한다(경승지). _ 표준국어대사전

승경에서 '승勝'은 '뛰어나다'의 뜻을 지니므로 승경勝景이란 사전적 의미로 '뛰어나게 좋은 경치fine view 혹은 그러한 곳'을 일컫는 용어이다. '경景'에 관련된 단어는 무수히 많고 그 의미의 차이는 미미해 구별하기가 쉽지 않다.《표준국어대사전》에 수록된 '경景'과 관련된 용어는 다수가 있으며, 이 중에서 뛰어난 경치나 경관을 의미하는 승경勝景과 유사한 용어는 경승景勝, 형승形勝, 진경珍景, 절경絶景, 가경佳景, 절승絶勝, 풍치風致, 호경好景, 승구勝區 등이 있다. 이에 비해 일반적인 자연의 모습을 지칭하는 '경치'와 동일한 의미의 용어는 경개景槪, 경광景光, 경상景狀, 경상景象, 경색景色, 경취景趣, 물화物華, 풍경風景, 풍광風光, 풍물風物, 풍색風色 등이 있다. 고문헌에서는 경景과 관련된 다양한 유사 용어가 광범위하게 쓰이고 있으며, 전통조경 분야에서는 승경, 경승, 형승 등의 용어가 보편적으로 쓰이고 있다. 동아시아에서 쓰인 승경과 관련된 유사 개념어에 대한 개별적인 정의는 다음과 같다.[1]

- 경승景勝: 경치가 좋음. 또는 그런 곳
- 형승形勝: 지세나 풍경이 뛰어남. 또는 뛰어난 지세나 풍경
- 진경珍景: 진귀한 경치나 구경거리
- 절경絶景: 더할 나위 없이 훌륭한 경치

---

1   국립국어원 표준국어대사전 https://stdict.korean.go.kr/

함양 화림동 거연정 일원 ⓒ임의제

- 가경佳景: 빼어나게 아름다운 경치
- 절승絶勝: 경치가 비할 데 없이 빼어나게 좋음. 또는 그 경치
- 풍치風致: 훌륭하고 멋진 경치
- 호경好景: 좋은 경치
- 풍취風趣: 아담한 정취가 있는 풍경
- 경치景致: 산이나 들, 강, 바다 따위의 자연이나 지역의 모습
- 승구勝區: 경치가 좋은 구역

한국 전통경관에서 승경은 '전체적, 총체적으로 보이는 경관이 뛰어난 곳'을 뜻하는 말로 다른 유사 단어에 비해 경관을 설명하는데 포괄적이고 강조된 의미가 담겨 있으며, 지리지地理誌, 읍지邑誌, 문집文集 등의 고전 문헌에서 대표적으로 사용되어 온 용어이다.[2] 승경은 사전적 정의에서도 보이듯 경관이 아름다운 현상뿐만 아니라 장소를

2   임의제, 〈전통마을의 승경 특성에 관한 연구〉, 《한국전통조경학회지》 19(4), 2001, 24~39쪽

거창 원학동 수승대 일원 ⓒ임의제

지칭하는 의미도 포함되어 있으나, 장소적 의미가 강조된 경우 혹은
승경이 형성된 일정 지역을 지칭할 경우 후부지명소 '-지地'를 붙여
'승경지勝景地'라는 용어를 사용하기도 한다.

　　조선시대 선비들이 영남 제일의 승경지이자 동천洞天으로 향유
했던 '안의삼동安義三洞'은 당시 안의현(현 경남 함양군, 거창군 일부)에 속
해 있던 화림동花林洞, 심진동尋眞洞, 원학동猿鶴洞을 가리킨다. 이들 승
경지에는 다수의 별서, 누정원림이 조영되었으며, 오늘날에도 거연
정(화림동), 용추폭포와 심원정(심진동), 수승대와 용암정(원학동) 일원
이 명승으로 지정되어 경관적 가치를 인정받고 있다.

　　1730년 평양감사 윤유尹游. 1673~1737가 편찬한 《속평양지續平壤志》
〈누정樓亭조〉에서 '승勝'을 어휘소로 하는 대臺만 헤아려도, 집승대集勝
臺·취승대取勝臺·선승대選勝臺·공승대供勝臺·납승대納勝臺·최승대最勝臺 등
다수 발견되고 있음을 볼 때, 전통적으로 대臺의 기능이 곧 승경 관
망觀望이며 '승경'을 얻기 위해 '대'를 조성하고 설정했음을 짐작할 수
있다.

역사경관

歷史景觀·Historic Landscape

▶ (역사적 경관) 어떤 토지의 역사적 의미를 표현하고 있는 경관을 말한다. 거리와 같이 인위적으로 형성된 경관뿐만 아니라 문학이나 역사적 사건의 무대가 되는 자연 경관도 포함된다._표준국어대사전

▶ 오랜 기간 동안 이어져 온 사적이나 전통 민가, 거리, 마을 등의 풍경이나 전망을 말한다._건축용어사전

역사경관은 오랜 시간 해당 공간에서 이루어진 다양한 인간의 삶이 반영되며 형성된 경관으로 사적이나 전통 민가, 거리, 마을 등의 풍경이나 전망을 의미한다. 개별 유산이 아닌 유산과 유산의 주변지역이 한데 어우러져 만들어내는 경관 전체를 하나의 유산으로 인식하고 경관적 가치를 규명함으로써 면적 보존의 기반을 구성한다. 「문화재보호법」을 기반으로 개별 문화재 단위의 점적 보존을 중심으로 진행되어온 문화유산의 보존이 역사경관으로 개념이 확대되면서 면적 보존으로 점차 변화하고 있다.

문화유산을 단지 개별 건축물이나 시설물에 국한하지 않고 경관 차원의 개념으로 확대하게 된 계기는 1964년 베니스헌장Venice Charter에서 최초로 '사이트Site'를 "자연적으로 또는 인위적으로 아니면 자연·인위적으로 형성된 요소들의 집합"으로 정의하면서이다. 이후 1979년 버라헌장Burra Charter에서 문화유산을 단순히 물질적 측면이 아닌 장소성을 비롯한 다양한 문화적·사회적·경관적 가치의 측면에서 그 가치를 파악해야 함을 강조하고, 1981년 플로렌스헌장The

우리나라의 대표적 역사유적 지구인 경주 대릉원 ⓒ김순기

Florence Charter에서는 역사정원Historic Gardens이라는 개념을 차용하며 정원과 공원, 경관의 속성을 중요한 문화유산의 성질 중 하나로 포함시켜 문화유산의 인식 확대에 매우 중요한 영향을 미친다. 이후 1992년 '세계유산협약'에 문화경관 개념이 도입되고, 2015년 추가로 '역사도시경관에 관한 유네스코 권고UNESCO Recommendation on the Historic Urban Landscape' 및 2018년 '역사도시공원에 대한 이코모스-이플라 문서 ICOMOS-IFLA Document on Historic Urban Public Parks' 등을 통해 역사경관에 대한 개념 확대가 이루어지고 있는 상황이다.[1]

　「문화재보호법」은 중요한 역사적, 학술적 가치를 지닌 유산을 대상으로 그 성격 및 가치에 따라 국보, 보물 및 사적 등의 지정문화재로 지정·보호하고 있다. 지정범위를 바탕으로 분류하자면, 단일건

1　　채혜인·박소현. 2012. 〈'역사정원'에서 '역사도시경관'까지: 문화유산으로서 경관보존 개념의 변천 특징에 관한 연구〉,《한국도시설계학회 춘계학술발표대회 논문집》, 200~206쪽

축물이나 시설물과 같은 점적 유산부터 가로경관과 같은 선적 유산, 그리고 전통마을과 같은 면적 유산 등 다양한 유형이 보호되고 있다. 점적 유산인 개별 건축물이나 시설물의 경우, 해당 유산은 개별사물 형태의 원형 보존 측면이 매우 중요하나 선적 또는 면적 유산의 경우 유산 내에 다양한 성격의 공간이 어우러지기 때문에 원형 보존에 추가로 생활공간이나 체험공간 등의 기능 보존 또한 중요하게 다루어져야 한다.[2]

문화재의 지정은 지정구역 내 문화재 보호를 위한 강력한 규제를 동반하기 때문에 문화재의 지정구역은 철저하게 문화재의 경계 이상을 넘어가기 어렵다. 특히 급속한 개발이 진행되는 도심 문화재의 경우, 역사경관적 차원에서 주변환경을 포함한 문화재의 지정구역 설정은 불가능한 실정이며, 따라서 면적 보존의 접근 또한 매우 어려운 상황이다. 다행히도 2000년에 「문화재보호법」에 의해 문화재 주변지역의 건축행위에 대한 제한과 현상변경허가 등의 역사경관 차원의 보존을 위한 체계가 어느정도 마련되었다. 물론 「문화재보호법」에서 문화재 주변지역의 건축행위 제한 규정을 마련한 2000년 이전에도 1978년 유사한 규정이 「건축법 시행령」에 반영되면서 문화재 보호구역의 경계로부터 300m 이내에 건축하는 건축물에 대한 건축행위 제한이 있었으며, 시·도지사의 승인을 받아야 건설 행위가 가능했다. 그러나 해당 규정은 1980년 「건축법 시행령」 개정에서 경계로부터 100m 이내의 건축행위 제한으로 변경되면서 면적 단위의 보존 가능성을 약화시켰다. 2000년 「문화재보호법 시행규칙」 개정을 통해 해당 규정이 문화재보호법의 테두리로 옮겨오게 되면서, 역사문화환경 보존지역의 개념이 자리잡았다. 이를 바탕으로

---

2   이현경·손오달·이나연, 〈문화재에서 문화유산으로: 한국의 문화재 개념 및 역할에 대한 역사적 고찰 및 비판〉, 《문화정책논총》 33(3), 2019, 5~29쪽

마을 전체가 문화재로 지정되어 있는 경주 양동마을, 2018 ⓒ김순기

국가지정문화재의 외곽경계로부터 500m 이내의 지역에 대한 건축행위 제한으로 면적 보존의 대상 범위가 확대되었다. 현재의「문화재보호법」을 기반으로 시행하는 역사경관의 보존방법으로는 역사문화환경 보존지역의 설정과 문화재 주변 건축물의 높이 제한 등을 들 수 있다.

2020년 이전까지 국가 문화재 중 개별 문화재가 아닌 면적 보존이 가능한 마을이나 건축물과 시설물의 집합 등이 하나의 문화재로 지정된 사례는 대부분 도심지역과 같이 경관 차원에서의 보존이 어려운 유산이 아닌 낙안읍성(사적), 하회마을, 성읍마을, 양동마을(국가민속문화재) 등과 같은 전통마을이 전부였다. 그러나 2021년 도심지역 내 위치한 '서천 판교 근대역사문화공간'과 '진해 근대역사문화공간' 같은 면적 단위의 근대문화유산이 등록문화재로 등록되면서, 도심지역에서도 역사경관 차원의 면적 보존이 점차 가능할 것으로 여겨진다.

영국 경관특성 평가

英國景觀特性評價 · Landscape Character Assessment in England

영국에서는 18세기부터 풍경식 정원 양식과 그를 뒷받침하는 픽처레스크 미학이 유행했다. 경관에 대한 이러한 관심은 19세기 도시공원운동과 20세기 고든 컬렌에 의한 도시경관운동, 어메니티 사상 등으로 발전해 현재까지도 경관 연구와 정책의 대표적인 중심지가 되어 왔다.

현재 우리나라는 경관법에 의한 국토경관자원의 경관자원평가 및 경관영향평가의 개선 방향을 모색하고 있으므로 참조할 만한 영국 경관평가의 정책과 제도를 살펴보자.

1990년대에는 영국을 선두로 1980년대의 국토경관자원의 질적인 평가를 발전시켜, 경관의 특성을 구현하는 자연과 사회문화적 요소, 지각·미학적 요소의 다양한 측면을 통시적으로 분석하고 특히 모든 경관의 인문학적 측면을 주목하는 '역사경관 특성화Historic Landscape Characterization'의 방향으로 경관평가landscape assessment의 관점을 넓혀가게 되었다. 이는 2000년대 들어 유럽경관협약의 영향으로 더욱 통합적, 전국적 체제로 발전하게 되었다.

영국의 경관자원평가LCA는 중앙정부가 국가계획정책체계NIPPF 안에서 통합적으로 추진하고 있다. 내용적으로 국가에서 시행하는 전면적인 국토경관자원평가라고 볼 수 있다. 일단 영국Great Britain에서도 잉글랜드England 권역을 경관특성으로 보아 차이가 있는 159개의 '국가경관특성지역NCA'으로 구획해 그 특성을 조사 완료하고 매핑했다. 평가내용은 '좋고 나쁨'이 아닌 경관의 '다름'을 다양성의 가치로

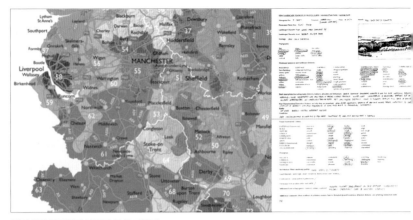

영국 경관특성평가 지도와 조사 기록지

출처: 정해준, '영국경관특성평가', "한국경관학회 특강자료", 2018년 5월 30일

기술하게 했다. 이를 지리정보시스템^{GIS}으로 전산화해 관계 종사자는 물론 전 국민이 공유할 수 있게 하고 시민참여와 교육자료로 활용하고 있다. 특히 영국은 유럽경관협약 회원국으로 가입함으로써 영국의 국토계획에서 '경관'은 더 이상 관념적인 대상이 아닌 지속가능발전을 위한 실행수단으로 자리잡기 시작하였으며 국가경관특성지역$^{Landscape\ Character\ Assessment,\ LCA}$ 제도를 통한 경관특성화는 이들 정책적 선언을 현실화시키는 실천적 수단으로 사용되고 있다.[1]

또한 영국의 경관영향평가^{LVIA}는 크게 두 가지 측면의 평가를 하게 된다. 개발사업이 지역 경관자원 자체와 그의 질에 미치는 영향을 알아보려는 대상 차원의 경관영향평가와 경관을 경험하는 주체인 이용자들의 시각 경험에 미치는 영향을 알아보려는 시각영향평가를 시행한다. 그리고 이 둘의 결과를 종합해 결론을 내린다. 경관영향평가는 평가 대상 사업이 대상 경관의 특성이나 가치를 훼손할 가능성

---

1   정해준·한지형, 〈경관계획과 국토계획의 연계성 강화방안〉, 《국토계획》 50(8), 대한국토도시계획학회, 2015, 39~62쪽

순천동천변 조망 ⓒ김순기

을 평가하는 것으로, 정부가 제공하는 기존의 경관특성평가[LCA] 자료를 최대한 활용하고 현장 조사를 통해 경관 특성의 민감성과 훼손 가능성을 평가한다. 시각영향평가는 가능한 최대 다수의 조망점을 현장점검하고 시뮬레이션해서 주민과 방문객의 조망 훼손 가능성을 판단한다. 그리고 양자 평가를 종합해 최종 결론을 내린다.[2]

우리나라도 여러 정부부처에 의한 경관심의제도가 있지만, 영국의 국가경관특성평가[LCA]와 같이 공공성이 강한 국가 차원의 경관자원을 평가해 이러한 경관(조망)자원을 보존하고, 개발에 의한 훼손을 선제적, 영구적으로 방지할 필요가 있다. 특히 국가적 차원의 경관자원인 남산의 전망을 국가적 차원의 조망 장소인 한강으로부터 보존해야 할 필요성을 현재 훼손의 현장에서 느낄 수 있으며, 이는 경관영향평가의 제도적 강화가 절실하게 요구되는 사례로 볼 수 있다.

---

2   박진실·신예은·김수연·이은라·안경진, 〈경관영향평가제도 시사점 도출 및 정책
     활용〉, 《휴양및경관연구》, 전북대학교 부설 휴양 및 경관계획연구소, 2021,
     65~75쪽

와유

臥遊 · Mental Stroll about Nature

[**와유**臥遊]

▶ 누워서 유람한다는 뜻으로, 집에서 명승이나 고적을 그린 그림을 보며 즐김을 비유적으로 이르는 말이다. _표준국어대사전

[**와유강산**臥遊江山]

▶ 누워서 강산을 노닌다는 뜻으로, 산수화를 보며 즐김을 이르는 말이다. _

표준국어대사전

'누워서 유람한다'는 뜻을 가진 와유는 흔히 '와유강산'이나 '와유명산臥遊名山'처럼 유람의 대상인 산수 자연의 개념을 덧붙여 사용하기도 한다.

와유의 '유遊'는 놀다, 즐기다, 유람하다는 의미로 '어떤 방향성을 가진 지향적 운동성'을 나타내는데 장자莊子의 소요유逍遙遊, 굴원屈原의 원유遠遊가 그것이다. 장자가 말하는 소요逍遙와 유遊는 정신적인 자유를 동경하고 추구한 것이다.[1]

'와유'란 중국 육조시대 종병宗炳, 375~443의 글에서 유래했는데, 당대 미술사가인 장언원張彦遠, 815~879이 편찬한《역대명화기歷代名畵記》제6권〈송宋종병宗炳〉편에 "병들고 늙음이 함께 오니 명산名山을 두루 보기 어려울까 두렵구나, 오직 마음을 맑게 하고 도道를 관조하면서

---

1   유준영,〈조선시대 유遊의 개념과 지식인들의 산수관〉,《미술사학보》제11집, 1998, 89~113쪽

와유하리라老病俱至 名山恐難遍睹 唯當澄懷觀道 臥以遊之"란 기록이 그것이다.

누워서 산수화를 펼쳐 보며 산수 유람을 간접 체험한다는 뜻의 '와유'는 산수화의 의미를 강조하는 운치 있는 표현으로 중국과 조선의 산수화론山水畫論에서 자주 사용되었다. 중국의 송, 원대에는 활발하게 사용되지 않다가 명대에 이르러 산수 유람이 널리 유행하고 산수기행문학이나 기유도紀遊圖(산수 유람의 감상을 표현한 그림)가 유행하면서 와유에 대한 언급도 증가하였다.[2]

중국 남송대의 주자朱子, 朱熹, 1130~1200는 무이산의 승경을 읊은 "무이구곡도가武夷九曲櫂歌"를 지었는데, 주자의 학문을 존숭했던 후대의 선비들은 주자 학문의 본산인 무이구곡을 그린 〈무이구곡도武夷九曲圖〉를 방안에 걸어두고 누워서 감상하며 와유를 하였다.

조선시대 문인들은 산수유람기山水遊覽記를 읽고 산수화山水畫를 보면서 감상하는 와유를 즐겼다. 당대의 문장으로 명성이 높았던 조유수趙裕壽, 1663~1741는 겸재 정선謙齋 鄭敾, 1676~1759과 동문수학했던 진경시眞景詩의 대가 이병연李秉淵, 1671~1751에게 겸재 정선의 금강산 화첩을 빌리면서 "병이 깊어져 산수에 노닐 수 없으니 와유하고자 한다."고 하였다. 조선시대 산수기행문학이 "와유록臥遊綠"이라 일컬어진 것 또한 당시의 이러한 와유론臥遊論의 성행을 반영한 것이다.[3] 고려시대 이후 18세기까지의 산수유기山水遊記와 명승고적에 대한 시각적 체험의 견문을 모아 엮은 다수의 와유기臥遊記가 전하고 있음은 우연이 아니다.

조선시대 문화가 성숙하면서 와유는 다양한 범위로 전개되었다. 인왕산 아래 청풍계淸風溪에 있던 와유암臥遊菴뿐만 아니라 와유당臥遊堂, 와유정臥遊亭, 와유헌臥遊軒처럼 원림의 전각 이름에 '와유'를 사

---

2   고연희, 《산수기행예술연구》, 일지사, 2001

3   유준영, 〈조선시대 유遊의 개념과 지식인들의 산수관〉, 《미술사학보》 제11집, 1998, 89~113쪽

정선의 〈금강전도金剛全圖〉, 1734

© 삼성미술관 리움

용한 사례가 나타났으며, 석가산石假山을 조영하는 이유를 와유 때문이라는 기록도 남겼다. 이종묵2004은 조선시대 문헌에 보이는 와유의 대상을 가산假山, 와유도臥遊圖, 와유록臥遊錄의 세 가지 양상으로 나눌 수 있다고 하였다.[4] 조선시대 문인들은 수려한 경관이 있는 곳에 집을 짓고 차경借景을 통해 집안에서 와유를 즐겼으며, 때로는 이에 만족하지 않고 일상 공간에 정원을 조영해 사실적인 와유를 추구하기도 했는데, 특히 석가산과 원지園池는 가장 효과적으로 산수를 옮겨놓는 정원 요소였다. 석가산은 와유를 위한 것으로 '집안으로 끌어들인 자연'이라 할 수 있다.[5] 산수자연을 담은 전통 원림은 와유의 대상으로서 조영되기도 했으며, 와유를 감상할 수 있는 공간으로서 그 의미를 가지기도 하였다. 은일隱逸 또는 은거隱居 생활을 꿈꾸지만 그렇지 못함을 해소하는 수단으로 정원은 가장 진실된 와유 문화의 양상이라고 할 수 있다.[6] 전통조경 공간은 산수자연을 집약적으로 담아 일상 공간에서 '한적閑寂'과 '아취雅趣'를 즐길 수 있는 휴식의 공간이었다. 조선시대 문인들은 본인의 정원이든 타인의 정원이든 관계없이 이상적인 장소로 조영한 정원의 지속적인 감상을 위해 글과 그림으로 기록했으며, 이들을 통해 실제의 정원을 벗어나더라도 쉽게 그 흥취를 즐길 수 있는 와유 문화를 향유하였다.[7]

　① 와유록臥遊錄: 조선 후기에 문인들의 역대 산수유람에 대한 시와 문장을 모아 편찬한 것이다. 가장 주를 이루는 것은 '산수유기山水遊記'이며 유람의 대상 지역은 금강산이 가장 많고, 지리산, 묘

4　　이종묵, 〈조선시대 와유문화 연구〉, 《진단학보》 제98호, 2004, 84~103쪽
5　　이종묵, 〈집안으로 끌어들인 자연: 조선시대의 가산〉, 《한국어문학연구소 학술대회논문집》, 2002, 12~26쪽
6　　김효경, 《조선시대 와유문화로 해석한 전통조경》, 서울시립대학교 석사학위논문, 2010
7　　김수아·최기수, 〈조선시대 와유문화의 전개와 전통조경공간의 조성〉, 《한국전통조경학회지》 29(2), 2011, 39~51쪽

〈와유첩〉 합강선유록 부분, 19세기 ⓒ풍산류씨 우천문중

향산, 가야산, 송도 등에 대한 것도 상당한 양에 이른다. 책의 제목인 '와유'라는 말에서 드러나듯이 직접 가보지 못하는 사람에게 대리 충족을 주기 위해 특정한 승경의 유적과 모습, 연혁 등을 자세히 적은 산수유기뿐만 아니라 승경에서의 유흥을 기록한 시나 글을 다양하게 실었다.[8] 와유록은 유람록遊覽錄, 유산기遊山記의 형태로 저술되어 옛사람들의 산수유람의 풍속과 산수자연에 대한 경관관景觀觀을 살펴볼 수 있는 중요한 문헌자료로서 가치를 지닌다.

② 와유첩臥遊帖: 와유록이 글을 통한 와유의 방편이라면 와유첩은 그림을 통해 그것을 성취하는 것이라 할 수 있다. 19세기 금강산을 유람하며 명승을 그린 그림첩과 상주 경천대에서 관수루에 이르는 구간의 뱃놀이 그림에 시문이 덧붙어 〈와유첩〉이라는 이름으로 전한다.[9]

8   한국학중앙연구원 한국민족문화대백과 http://encykorea.aks.ac.kr/
9   상주박물관, 《기획전: 상산선비들 낙강에 배 띄우다》, 2019

원격탐사

遠隔探査 · Remote Sensing(RS)

▶ 물질이 태양 에너지를 받아 반사 또는 방사하는 전자파의 세기를 포착하여 물질의 정체나 변화 현상을 알아내는 기술로 자원의 탐사, 환경 감시 따위에 쓴다. _표준국어대사전

▶ 지구에 대한 정보를 검색하고 수집하기 위해 위성을 사용하는 것이다. _옥스포드 사전

▶ 물질이 태양 에너지를 받아 반사 또는 방사하는 전자파의 세기를 포착하여 물질의 정체나 변화 현상을 알아내는 기술이다. _건축용어사전

원격탐사란 어떠한 물체의 특성과 현상에 대한 정보를 물리적인 접촉 없이 기록 장치를 이용해 어떠한 정보나 특성을 측정하거나 탐사하는 것으로 정의할 수 있다.[1]

원격탐사는 멀리 떨어져 있다는 의미의 '원격remote'과 알려지지 않은 사물이나 사실 따위를 샅샅이 더듬어 조사한다는 의미의 '탐사sensing'의 합성어로 1970년대까지는 아날로그 형태의 사진에 의한 방식으로 원격탐사가 이루어졌으나 1970년대 이후부터는 원격탐사용 센서를 탑재한 플랫폼에서 관측한 디지털 형태의 정보를 분석하기 시작했다. 원격탐사라는 용어는 미국국립항공우주국NASA을 중심으로 인공위성을 이용해 지구환경을 조사하는 기술로 1965년부터 사

---

1 Robert N. Colwell, "Remote Sensing as a Means of Determining Ecological Conditions", *Bioscience* 17(7), 1967, pp.444~449

용되기 시작했다.

　원격탐사는 센서 장비를 이용해 센서 시스템의 순간 시야각 Instantaneous-Field-Of-View, IFOV 내 투영된 물질을 탐지한다. 자료 취득 목적에 따라 센서 장비와 거리를 선택한다. 대표적으로 다중분광 및 초분광 센서, 열적외선 센서, 빛 탐지 및 범위측정을 하는 라이다Light Detection and Ranging, LiDAR 및 레이더Radio Detection and Ranging, RADAR 센서 등이 있으며 원격탐사 기구인 인공위성, 무인항공기, 잠수함 등에 탑재되어 지상이나 수면 아래에 대한 자료를 취득한다.

　원격탐사는 분광해상도 측면에서 다중분광영상Multi Spectral Image 과 초분광영상Hyper Spectral Image으로 구분한다. 기존 원격탐사 자료는 랜드샛Landsat 중심의 공간해상도 30m 내외와 가시광선과 중적외선 사이 7~10개 밴드로 구성된 중저해상도 다중분광영상이 주로 사용되었으며 최근에는 공간해상도가 향상되었다. 또한 분광해상도를 향상시킨 초분광영상이 등장했는데 초분광영상은 수십에서 수백 개의 밴드, 연속적인 밴드로 구성되어 영상 내 하나의 화소가 가지는 정보량이 많다. 초분광영상은 분광학 발전에 크게 기여했다.

　원격탐사 자료는 식생, 물, 해양, 기상, 토지피복 등의 분야에서 활용된다. 식생 관련해서는 식물의 종류, 군집의 공간적 분포 유형 등 식생과 관련된 정보, 기후, 토양, 지질 특성 등을 분석하는 데 유용하다. 녹색식물 엽록소는 가시광 영역인 0.35~0.75μm의 빛을 많이 흡수하고 녹색 파장대에서 청색이나 적색에 비해 높은 반사율을 보인다. 식생은 대표적인 식생지수인 정규식생지수Normalized Difference Vegetation Index, NDVI, 토양정보식생지수Soil Adjusted Vegetation Index, SAVI, 향상된 식생지수Enhanced Vegetation Index, EVI를 이용한다. 이러한 식생지수를 통해 자연 식생의 생장주기나 생육주기를 파악할 수 있고 수종 확인, 벌목 가능지 분석, 병충해 피해 파악 등이 가능하다. 그 외에도 토양밝기지수Soil Brightness Index, SBI, 녹색식생지수Green-Vegetation Index, GVI, 모범

원격탐사의 원리

습지지수None-Such Wetness Index, NWI, 비율식생지수Ratio Vegetation Index, RVI 등 다양한 지수가 있다.

해양 분야에서는 쓰레기, 생활하수, 선박에 의한 유류 등의 해양 오염의 감시와 식물플랑크톤 정보 분석을 통해 해양 오염지역 및 적조발생해역을 탐색할 수 있다. 토지피복 분류는 원격탐사에서 중요한 응용 분야 중 하나로 고해상도 위성영상 제공이 가능해지면서 도로나 주거지의 분류와 같은 작은 규모의 분석도 가능해졌다. 토지피복 자료는 도시 계획이나 모니터링 등에 중요하게 활용된다.

원림

園林 · Wollim(Garden)

구곡
별서
원유
정원

▶ 집터에 딸린 숲 _ 표준국어대사전

▶ 집터에 딸린 뜰 혹은 공원의 수풀을 이르는 말 _ 한국고전용어사전

▶ 자연에 약간의 인공을 가하여 자신의 생활공간으로 삼은 것. 그 안에 정자를
짓기도 하고 나무나 꽃을 심어 정원을 꾸미기도 함. _ 고려대 한국어대사전

원림이라는 용어는 중국에서 고대부터 오늘날까지 가장 널리 쓰이고 있는 정원을 뜻하는 용어이다. 한국에서는 고려시대에 원림園林, 임천林泉, 가원家園, 정원庭院, 문정門庭, 원유園囿, 임원林園 등의 조경용어가 사용되었는데, 가장 보편적으로 사용된 용어는 '원림'이었다.[1] 고려시대 이후 원림이라는 용어가 중국의 영향을 받아 널리 쓰인 것으로 보인다.

중국 건축사가 낙가조樂嘉藻의 《중국건축사中國建築史》1933에 의하면, 원囿은 '성내城內의 제택第宅과 인접지에 베풀어지는 열락悅樂형 정원'이며, 원림園林은 '성외城外에 독립적으로 조영되는 원園'으로서 성내의 원에 비해 규모가 큰 것이 일반적이지만 반드시 그런 것은 아니다. 원림은 성외에 이미 주어져 있는 자연적 환경조건을 최대한 살리기 위해 과도한 인공적 조경을 피하였다.[2] 이 경우의 원림은 정원 유

---

1 윤국병, 〈고려시대의 정원용어에 관한 연구〉, 《한국전통조경학회지》 1(1), 1982,
   28~30쪽
2 강대로岡大路 지음, 김영빈 옮김, 《중국정원론》, 중문출판사, 1987;
   유병림·황기원·박종화, 《조선조 정원의 원형》, 서울대학교 환경대학원
   환경계획연구소, 1989

형의 한 가지로 구분되는 것이며 '정원' 개념과는 다소 거리가 있다.

《소주원림蘇州園林》1956, 《원림담총園林談叢》1980, 《중국고전원림中國古典園林》1982, 《고전원림古典園林》2005, 《황가원림皇家園林》2006 등의 저서에서도 보이듯이 근래의 중국에서는 일본에서 유래된 것으로 추정되는 정원庭園이라는 용어 대신에 원림이라는 옛 용어를 쓰려는 경향이 두드러진다. 정동오1986는 이러한 경향이 의식적으로 일본식 용어를 기피하는 것으로 보이며, 그 개념은 과거의 원림이라기보다 각종 정원을 망라한 것이라고 지적하였다.[3]

현재 한국에서는 원림과 정원이라는 용어가 명확한 구분 없이 혼용되고 있는데 별서원림을 별서정원으로 부르기도 하는 것이 대표적인 사례이다. 이주희2020는 조선시대에 조성된 전통공간을 분석하고 정원과 원림이 명확히 구분되는 개념이라고 주장하였다. 즉 정원이 '주택 등의 울타리 안에 조성된 자연'이라면, 원림은 '자연 속에 조성된 인공물과 그 주변'으로 구분할 수 있으며, 정원과 원림은 건축적 입지 조건과 조성 배경, 사용 목적과 행태에서 확연한 차이를 보인다고 하였다. 정원은 주거 등의 기능을 가진 공간 안에 공존하면서, 휴식과 여가는 물론 사회적 접객의 기능을 가지며 일상적 생활이 영위되지만, 원림은 뛰어난 자연 속에 독립적 구조로 존재하면서 은둔 생활을 목적으로 하며, 비일상적 주거생활이 영위되는 공간이므로 구분해 사용하는 것이 타당하다고 하였다.[4] 이 견해의 관점은 자연과 인공 간의 관계로서, 정원이 인공 안에서 형성된 자연이라면 원림은 자연 안에서 형성된 인공이라고 보는 것이다.

고유명사나 보통명사로 정원의 명칭을 부여할 때는 접미사로 '원園'만을 사용하는 것이 보편적인데, 중국의 졸정원, 유원, 화림원,

---

3   정동오, 《한국의 정원》, 민음사, 1986
4   이주희, 〈조선시대 정원과 원림, 그 용어 구분과 공간적 특성〉,
     《한국공간디자인학회지》 15(3), 2020, 70~77쪽

안동 만휴정 원림 ©임의제

이화원, 원명원 그리고 한국의 소쇄원, 아석원, 서석지원, 성락원 등
의 정원 이름처럼 여러 사례를 볼 수 있다.

　　또한 누정樓亭과 같은 건축물이나 지당池塘 등의 중심 시설물의
명칭을 정원 이름으로 삼는 경우가 흔히 있으며, 이는 옛 민가에서
사랑채와 같은 주요 건물의 명칭으로 주택 전체를 부르는 것과 유사
하다. 이러한 사례에서는 보통 접미사로 '원', '정원'뿐만 아니라 '원
림'이라는 용어를 붙여 정원으로서의 정체성을 드러내기도 한다. 문
화재청에서는 국가지정문화재인 명승 및 시도기념물로 지정된 정원
유적에 대하여 공식적으로 원림이라는 접미사를 사용하고 있다. 즉
백운동원림白雲洞園林, 초간정원림草澗亭園林, 명옥헌원림鳴玉軒園林, 만휴
정원림晚休亭園林, 임대정원림臨對亭園林, 초연정원림超然亭園林, 보길도 윤
선도원림尹善道園林, 이상 국가지정문화재, 부춘정원림富春亭園林, 독수정원림獨守
亭園林, 요월정원림邀月亭園林이 그것이다. 정원이라는 접미사를 쓴 문화
재로 등록된 정원유적으로는 전라남도 문화재자료인 이훈동정원李勳

306

보길도 윤선도 원림 ⓒ임의제

東庭^園이 있는데 주택 내부에 조성된 근대 일본식 정원이다. 전반적으로 한국에서는 원림이란 용어를 별서^{別墅}원림, 누정^{樓亭}원림, 구곡^{九曲}원림 등과 같이 자연 속에 설정되고 향유되었던 정원 유형에 한정해 적용하는 경향이 두드러진다.

원유

苑囿, 園囿 · Palace Garden

금원

내원, 외원

원림

정원

후원

▶ 울을 치고 금수禽獸를 기르던 곳 또는 초목을 심는 동산과 금수를 기르는 곳을 아울러 이르던 말 _ 표준국어대사전

▶ 새와 짐승을 기르는 나라의 동산 곧 궁궐 안에 있는 동산을 말한다. _ 한국고전용어사전

사전적 의미에서 원유苑囿는 새와 짐승을 놓아 기르는 궁궐의 동산을 뜻하는데, 원유園囿와 혼용해 썼었다. 《조선왕조실록》에 의하면 전통적인 원유는 후원後苑, 금원禁苑보다 더 넓고 포괄적인 의미로 강무장講武場을 일부 포함하고 있는데, 이곳에서 임금은 무예 연습과 군사훈련, 종묘와 대전에 올릴 음식을 마련하기도 하였다. 이와 관련해 "원유苑囿는 국왕이 놀고 즐기는 곳이 아니며, 제사에 이바지하고 강무講武 일을 할 뿐(세조3년 10월)"이라는 기록이 보인다. 정약용은 《경세유표經世遺表》에서 "예로부터 원유가 반드시 대내大內에 있었던 것이 아니고, 국가에는 오직 내원內苑뿐이었다. 근교에 시초장柴草場이 매우 많으니 그중에 땅이 기름진 곳을 택해서 진기한 과목果木과 나무를 많이 심고, 낭관을 파견해서 감수하도록 함이 마땅하다." 했는데 나라에서 관리, 감독하여 과실과 나무를 공급하는 곳이라는 의미도 지녔던 것으로 보인다.[1]

　중국의 고서인 《자원字源》에서는 '원園'은 과果, 채菜, 화花, 약초藥草

1　문화재청, 《전통조경 정책기반 마련을 위한 기초조사 연구》, 2020, 11~30쪽

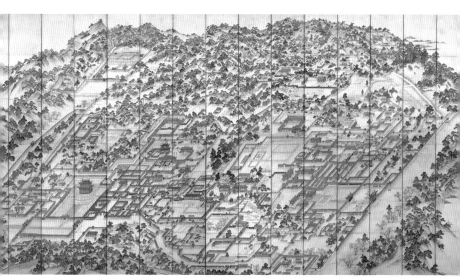

〈동궐도〉의 창덕궁과 창경궁 원유 ⓒ동아대박물관

등을 심는 곳으로서 울타리가 있으며, '원苑'은 조수鳥獸, 새와 짐승를 기르는 곳인데 울타리가 있으면 '유囿'라 하였다. '원유苑囿'는 넓은 토지가 필요하기 때문에 천자나 제후가 아니면 설치하기 어려웠다.[2] 따라서 원유는 일반적인 원이나 원림의 규모에 비해 큰 규모의 정원을 이르는 용어인 것을 알 수 있다. 또한 원유는 황실 소유의 금수禽獸를 기르는 곳으로 구분하기도 하였다.[3] 조선시대에는 원유苑囿라는 용어를 많이 사용했는데, 이는 담장 안의 외부공간에 한정된 정원이 아니라 담장 밖 자연공간으로 정원의 영역을 확장했음을 드러낸 것이다.[4]

2   정동오, 《한국의 정원》, 민음사, 1986
3   강대로 지음, 김영빈 옮김, 《중국정원론》, 중문출판사, 1987
4   주남철, 《한국의 정원》, 고려대출판부, 2009

유네스코 문화경관

文化景觀·UNESCO Cultural Landscape

경관 유형 관련 국제기구의 움직임으로는 먼저 유네스코 세계유산 센터UNESCO World Heritage Center의 활동이 가장 오래되고 국제적으로 공인 된 것이다. 유네스코는 이미 1972년에 '세계 문화 및 자연유산 보호 협약'을 채택하고, 1975년부터 발효해 지속적으로 시행하고 있다. 세계유산센터에서는 그간 세계문화유산과 세계자연유산, 양자의 중 간 성격인 복합유산을 지정해서 운영해 오고 있었는데 1992년에 이 가운데 문화유산의 세부 범주로 '문화경관Cultural Landscape'을 추가한 것이 중요하다.

　이 문화경관은 기존 지리학에서 정의하던 넓은 의미의 문화경 관과는 다소 차이가 있다. 세계유산센터에서는 '자연과 인간의 합작 품'으로 특정하고 있다. 따라서 기존의 복합유산과 기준 면에서 혼동 을 일으킬 수 있으나 실제로 지정된 문화경관 사례를 보면 자연경관 의 탁월함보다는 문화적 측면에서 탁월한 보편적 가치가 주요한 평 가요인이 되는 것으로 나타난다. 2013년에 만들어진 운영지침에 따 르면 문화경관의 세부 유형으로 인간에 의해 의도적으로 설계 조성 된 경관, 유기적으로 진화된 경관, 연상적인 문화경관의 세 가지를 들고 있다.[1] 아마도 풍수적 자연경관과 결합된 우리나라의 옛 마을이 나 옛 정원 같은 명승은 문화경관 범주의 첫 번째에, 농수산업 유산 을 포함한 명승은 두 번째에, 백두산 천지 같은 민족의 상징적 명승

1　문화재청, 《세계유산 등재신청 안내서》, 2018

유네스코 세계유산 중 문화경관의 성격

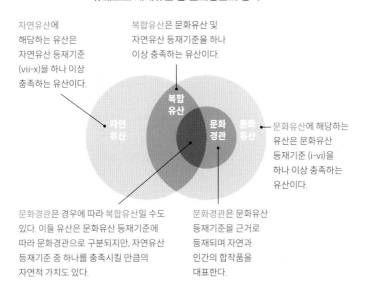

자연유산에 해당하는 유산은 자연유산 등재기준 (vii-x)을 하나 이상 충족하는 유산이다.

복합유산은 문화유산 및 자연유산 등재기준을 하나 이상 충족하는 유산이다.

문화유산에 해당하는 유산은 문화유산 등재기준 (i-vi)을 하나 이상 충족하는 유산이다.

문화경관은 경우에 따라 복합유산일 수도 있다. 이들 유산은 문화유산 등재기준에 따라 문화경관으로 구분되지만, 자연유산 등재기준 중 하나를 충족시킬 만큼의 자연적 가치도 있다.

문화경관은 문화유산 등재기준을 근거로 등재되며 자연과 인간의 합작품을 대표한다.

출처: 문화재청, 《세계유산 등재신청 안내서》, 2018

은 세 번째 문화경관의 유형에 해당하지 않을까 생각한다.[2]

한국은 2003년부터 본격적으로 명승 지정을 시작했고 10년 후인 2013년에 이르러 약 100곳이 넘는 곳을 명승으로 지정했다. 2007년 명승의 기준이 확장적으로 개정된 이후, 경작지, 옛길, 포구 등 자연과 인간의 합작품들과 고정원을 포함하는 약 20군데가 명승이 되었다. 이중 명승에 포함된 고정원은 정원 내부의 문학과 예술적 표현을 중심으로 주변 자연과 경작지로의 조망을 포함한다는 면에서 유네스코의 문화경관 유형에 충분히 부합되는 것이라고 할 수 있다.

---

2   전종한, 〈세계유산의 관점에서 본 국가 유산의 가치 평과와 범주화 연구〉, 《대한지리학회지》 48(6), 2013, 929~943쪽

유럽경관협약

歐羅巴景觀協約 · European Landscape Convention

21세기에 들어오면서 인류 공통의 자산인 경관에 대한 국제적인 보존과 활용의 움직임이 일어나고 있다. 대표적인 것이 '유럽경관협약 European Landscape Convention(2000년 10월 20일 피렌체 회의에서 출범)'이다. '유럽평의회 European Council(유럽 47개국의 연맹체)'의 주도로 추진된 이 협약은 회원국들의 공동선언문 채택 이후 정기적으로 경관 보전과 발전을 위해 행동하고 경관 관련 제도를 개혁하는 등 공동체 활동을 펴고 있다. 특히 창립선언문에 나오는 경관의 정의는 21세기 초의 새롭고도 보편적인 경관의 국제적 인식을 보여준다. 다음은 유럽경관협약 서문 중 '경관의 정의'이다.

"경관은 자연적 요인과 인문적 요인 간의 상호작용의 결과로 그 특성이 결정되고, 사람들에게 인식되는 하나의 지역환경이다 Landscape means an area, as perceived by people, whose character is the result of the action and interaction of natural and/or human factors."

이 정의는 경관을 시각적인 차원을 넘어 생태적, 문화적 다양성의 보존을 지향해야 하는 것으로 보며, '사람들에게 인식되는'이라는 말과 같이 인간의 지각을 그 성립요건으로 규정한다. 또한, 인류의 복지와 지역민의 정체성을 높이는 수단으로 인식한다는 점에서 진보적인 관점을 보여주고 있다. 현재 유럽의 회원국은 대부분 이와 같은 정의와 그 안에 담긴 의미를 유럽 개별 국가들의 환경제도와 정책에 반영하는 작업을 추진하고 있다.[1]

유럽을 중심으로 하는 국제 조경가 단체인 세계조경가협회 IFLA

유럽경관협약 휘장, 2000 ⓒ유럽평의회

는 2010년 파리 세계조경가대회에서부터 유럽경관협약을 발전시켜서 유네스코가 주도하는 '세계경관협약International UNESCO Landscape Convention'으로 확장하는 운동을 벌이고 있다. 최근까지 협회는 '세계경관협약의 타당성 연구와 협약 초안'2012을 작성하고 유네스코의 정책 추진을 촉구하고 있으며, 이에 수반하는 내부 기반을 다지기 위해 전 세계를 대상으로 국가별 경관헌장National Landscape Charter과 대륙별 경관헌장Regional Landscape Charter의 제정 운동을 벌이고 있다.

세계경관협약(안) 타당성 보고서, 2012
ⓒIFLA

한국조경학회는 이미 2013년에 '한국조경헌장'을 제정했고, 자매학회인 한국경관학회도 2017년에 경관법 제정 10주년을 기념해 국토부와 함께 '대한민국경관헌장'을 제정한 경험이 있다.[2] 우리나라의 경관 전문가들은 이러한 경험과 역량을 바탕으로 세계경관협약에 참여해 한국 경관과 조경 정책발전에 중요한 계기를 만들 필요가 있다.

---

1   정해준·한지형. 〈경관계획과 국토계획의 연계성 강화방안〉, 《국토계획》 50(8), 대한국토도시계획학회, 2015, 39~62쪽

2   (사)한국조경학회 http://www.kila.or.kr

유상곡수

流觴曲水 · Goksu(Curve-Stream) Banquet

▶ 삼월 삼짇날, 굽이도는 물에 잔을 띄워 그 잔이 자기 앞에 오기 전에 시를 짓던 놀이이며, 곡수연曲水宴, 곡수유상이라고도 한다. _표준국어대사전

전통 원림에서 유상곡수는 흘러가는 물에 잔을 띄우기 위한 공간 형식으로 조영되었으며 상류계층에서 중요한 정원시설의 하나로 애용되었다. 유상곡수의 시초는 중국 동진시대의 명필가인 왕희지王羲之, 307~365에 의해 난정蘭亭에서 행해진 유상곡수연流觴曲水宴을 그 원형으로 보고 있다. 난정은 흔히 난정수계蘭亭修禊 또는 난정지회蘭亭之會라고 일컬어지는 모임이 있었던 곳으로 서기 353년 삼월 삼짇날에 왕희지를 비롯한 당대의 명사 42명이 회계산 북쪽의 난정에서 흐르는 물 위에 잔을 띄워 시를 짓고 유상곡수연을 베풀었다. 이 연회에서 쓰인 시를 모아 편집한 것이 《난정집蘭亭集》이며, 왕희지는 머리말인 "난정집서蘭亭集序"를 짓고 썼다.

윤국병1983은 곡수연이 고대부터 행하던 계욕禊浴이 놀이의 형태로 바뀐 것이며, 계욕 후 음복과 같은 형태로 주흥을 돋우기 위해 잔을 물에 띄운 것이 유상곡수의 형태로 변형된 것이라고 하였다. 중국의 곡수연지曲水宴址는 대부분 석거각石渠閣, 유배정流杯亭, 유상정流觴亭 등 단적으로 곡수연을 가리키는 정자 명으로 불리며, 일본에도 유점流霑이라는 유상곡지流觴曲池가 현존한다고 하였다. 또한 대다수의 곡수연지가 정자 내에 위치하는데 이러한 형태가 전통적인 형태라고 하였다.[1] 신상섭1997은 유상곡수연에 관한 연구에서 왕희지의 '난정

〈난정수계도蘭亭修禊圖〉부분 ⓒ국립민속박물관

기'가 한국에 알려지면서 상류계층의 정원시설로 곡수거가 도입되었고 일본에 영향을 주었다고 보았다.[2] 한국에서 곡수연 관련 풍류문화는 삼국시대부터 조선시대에 이르기까지 전승되는 양상을 보이는데 중국의 곡수거 형태는 정형적이고 인공적이나 한국은 이를 받아들여 풍토환경과 정서에 부합되는 자연스러운 형태로 변형시켰다.[3]

한편 유상곡수연을 행하기 위한 정원시설인 곡수거曲水渠는 자연의 물줄기를 곡선 형태로 인공적으로 조성한 수로이며, 곡수유배거曲水流杯渠 또는 유배거라 부른다. 이는 동양 삼국의 정원시설로 자리잡았으며, 중국 북송대의 건축이론서인 《영조법식營造法式》에 '풍風'자형과 '국國'자형 유배거의 제작법이 기록되어 있다.[4]

중국의 대표적 유상곡수 유적으로는 송대의 등봉登封 숭복궁崇福宮 내 범상정乏觴亭 곡수유배거와 의빈宜賓의 황정견黃庭堅 유배지流杯池,

1   윤국병, 〈경주 포석정에 관한 연구〉, 《한국전통조경학회지》 1(2), 1983, 109~121쪽
2   신상섭, 〈우리나라의 유상곡수연 유구에 관한 기초연구〉, 《한국전통조경학회지》 15(1), 1997, 133~141쪽
3   노재현·신상섭, 〈중국과 한국의 유상곡수 유배거 특성에 관한 연구〉, 《휴양 및 경관계획연구소 논문집》 4(2), 2010, 1~14쪽
4   이계李誡 편, 이해철 옮김, 《영조법식營造法式》, 국토개발연구원, 1984

경주 포석정지의 곡수거 ©임의제

그리고 청대의 자금성 건륭화원의 계상정契賞亭 유상곡수 등이 있다. 일본은 나라시대 헤이조쿄平城京 유상곡수 유적을 비롯해 헤이안平安시대 모우츠지毛越寺 유상곡수, 가고시마鹿児島의 센간엔仙巖園 유상곡수 유적 등이 알려져 있다.

한국의 유상곡수 유적은 궁궐의 후원이나 이궁離宮, 누정과 연계된 자연 계류변, 별서나 주거공간의 사랑 뜰에 조성되었는데, 형태적으로 자연암반형과 인공적으로 수로를 조성한 곡수거형 및 곡수로형으로 나누어진다.[5] 대표적인 유상곡수 유적으로는 신라 포석정鮑石亭의 곡수거, 창덕궁 옥류천 소요암에 새겨진 곡수거, 강진 백운동별서와 아산 외암리 송화댁 곡수거 등이 있다. 또한 근래 강릉시 유등리 유상대流觴臺 곡수로曲水路 유적[6]과 익산 왕궁리 유적에서도 백제시

5   김영모, 《전통조경시설사전》, 동녘, 2012
6   노재현·신상섭·이정한·허준·박주성, 〈강릉 연곡면 유등리 '流觴臺' 곡수로의 조명〉, 《한국전통조경학회지》 30(1), 2012, 14~21쪽

창덕궁 후원 옥류천 소요암의 곡수거 ⓒ임의제

대에 조성한 유상곡수 유적으로 추정되는 유수流水시설[7]이 발견되었다. 신라 최치원과 관련된 유상곡수 유적은 총 세 곳에 이르는데, 정읍 태인의 유상대流觴臺, 마산 합포 관해정 앞 천변, 합천 해인사 일주문 앞에 유상곡수의 흔적이 남아 있다.[8]

7   노재현·김화옥·최종희·김현, 〈익산 왕궁리 정원의 괴석과 유수시설流水施設에 대한
    일고찰〉,《한국전통조경학회지》, Vol.12, 2014, 1~12쪽
8   김봉희, 〈최치원 관련 유상곡수 유적과 현황〉,《가라문화》제29집, 2019, 3~22쪽

유역

流域 · Basin, Catchment, Watershed

▶ 강물이 흐르는 언저리 _표준국어대사전

▶ 강수로 인해 하천이 형성되는 자연지리학적 영역을 기본으로 그것에 의해 초래된 인문지리학적 사회활동의 범위로서 국토계획 측면에서 정주권 구상을 위한 권역의 개념이다. _건축용어사전

▶ 하천의 물이 모여 흘러드는 주위의 지역을 말하며, 집수구역이라고도 한다._
두산백과사전

유역은 지형에 의해 형성된 동일 수계를 공유하는 토지의 경계구역이며 지리적 단위이다. 하나의 유역 내 우수 표면유출은 최종적으로 하나의 특정 하천이나 강으로 집중된다. 유역은 영어로 watershed, catchment, basin 등으로 사용되며 'catchment'는 작은 유역, 'watershed'는 중간유역, 'basin'은 대유역의 개념으로 통상적으로 사용된다.

유역 단위는 유역 관리를 위한 매우 중요한 요소이다. 하나의 대유역은 수많은 작은 유역을 포함하고 있다. 대부분 소유역 단위의 계획은 지역 중심으로 이루어지며 중규모 단위 유역은 여러 지자체의 행정구역이 포함되므로 지자체 간 협의체나 위원회를 구성해 유역계획을 수립한다. 대유역은 도 단위 행정구역이 포함되어 정부와 지자체, 공공기관, 이해 당사자, 주민 등이 공동으로 참여해 관리계획을 수립하고 있다. 유역 관리는 유역 내 이해 당사자들의 참여와 협의의 거버넌스가 무엇보다 중요하다.

유역과 하천

환경부에서는 1999년부터 2002년까지 한강, 낙동강, 금강, 영산·섬진강 수계에 「수질개선 및 주민지원 등에 관한 법률」(「4대강수계법」)을 제정하고 이에 따라 물이용부담금을 조성하여 수계관리기금을 마련했다. 수계관리기금은 주민지원사업, 환경기초시설, 토지매수 및 수변구역관리, 오염총량관리, 기타수질개선지원 등에 유역 관리를 위해 사용되고 있다.

국내의 물관리는 정부 부처마다 나뉘어 있어 통합적인 물관리 정책이 부재하고 부처간 업무가 중복되거나 비효율, 과잉투자 등의 여러 문제가 제기되었다. 2018년 물관리 일원화와 2019년 「물관리 기본법」[2021]에 의해 물관리 일원화가 이루어졌으며 환경부는 수량, 수질, 재해예방 등 대부분의 물관리 기능을 관할하게 되었다. 2019년에는 국가물관리위원회가 출범했으며, 유역에는 유역물관리위원회가 구성되었다.

이상향

理想鄉 · Utopia

▶ 인간이 생각할 수 있는 최선의 상태를 갖춘 완전한 사회를 말한다. _

표준국어대사전

서양의 유토피아에 해당하는 동양의 이상향은 물리적 공간에 방해받지 않는 자유로운 여건에서 인간의 가치를 표현한 개념이다. 이상향은 세상에 존재하지 않는 환상의 세계를 나타내지만 속세와 구별되는 특별한 곳도 포함한다. 서양의 에덴동산이 담장을 둘러 자연과 격리된 것과 달리 '무릉도원'으로 대표되는 동아시아의 이상향은 자연에 귀속되어 이상적 삶의 조건이 완비된 최적의 입지처立地處를 선택하는 실천적 방식으로 전개되었다. 한 집단의 이상향에 대한 양상은 자연에 대한 인식과 태도, 시·공간적 환경심리, 가시적 문화경관 형성이라는 속성에 의해서 드러난다.[1]

　한국에서는 전통적으로 속세와 구별되는 이상향을 지리산의 청학동靑鶴洞, 금강산의 이화동梨花洞, 동해 한가운데 단구丹邱, 속초 영랑호 근처의 회룡굴回龍窟 등과 같은 곳이라고 생각하였다. 이렇게 지역적 특성이 개입된 이상향의 사례는 지형·지리적으로 동천복지형洞天福地型과 해도형海島型이라는 두 가지 양상으로 구분된다. 청학동은 동천복지형 이상향의 원형으로서 삼신산三神山 중에서 방장산方丈山이라

1　　최원석, 〈한국 이상향의 성격과 공간적 특징: 청학동을 사례로〉, 대한지리학회지 44(6), 2009, 745~760쪽

안평대군이 꿈에서 본 도원을 그린 안견의 〈몽유도원도〉1447. ©일본 덴리(天理)대학교 중앙도서관

는 상징성을 가진 지리산과 관련하여 통일신라 말기 최치원崔致遠, 857~
미상과 고려시대 이인로李仁老, 1152~1220의 설화가 전승되면서 구체화되
었다. 이인로가 말로만 듣던 청학동을 찾아 지리산으로 왔으나 찾지
못하고 안타까워하며 지은 글이 《파한집破閑集》에 전하는데 이는 청
학동에 관한 최초의 기록으로 추정된다.

　한국인의 이상향으로 자리 잡은 청학동은 지리산(두류산) 어딘
가에 있다고 회자되면서 조선시대에도 많은 유학자가 이곳을 찾
아 나섰다. 조선시대 문인들이 지리산을 삼신산 중 하나인 방장산
이라고 인식하게 된 것은 사림士林의 조종祖宗으로 불리는 김종직金宗
直, 1431~1492이 지리산을 유람한 후 〈유두류록遊頭流錄〉에 두보杜甫의 시
구 '방장산은 바다 밖 삼한에 있네方丈三韓外'라고 읊은 구절을 인용한
뒤이다. 그의 제자 김일손金馹孫, 1464~1498은 〈두류기행록頭流記行錄〉에
서 불일폭포 일대가 이인로가 찾던 청학동일 것으로 추측하였다. 또
한 지리산 자락에 은둔하였던 경상우도의 대유학자 남명 조식曺植,
1501~1572은 〈유두류록〉에서 지리산 청학동을 신선이 산다는 요지瑤池
에 비유하였고, 〈두류산 양단수兩端水〉라는 시조에서는 지리산이 곧
무릉도원이라고 표현하였다.

이상향과 유사한 의미를 가진 동·서양의 개념어

개념어	정의
유토피아 Utopia	인간이 생각할 수 있는 최선의 상태를 갖춘 완전한 사회(이상향). 어느 곳에도 없는 장소라는 뜻으로, 1515년에서 1516년 사이에 영국의 토마스 모어가 지은 공상 사회 소설. 공산주의 경제 체제와 민주주의 정치 체제 및 교육과 종교의 자유가 완벽하게 갖추어진 가상의 이상국을 그린 작품으로, 유럽 사상사에서 독자적인 계보를 형성하였다. 서양의 유토피아 개념은 현실적으로는 어디에도 존재하지 않는 이상의 나라, 또는 이상향理想鄕을 가리키는 말이다. 원래 토마스 모어가 그리스어의 '없는ou-', '장소toppos'라는 두 말을 결합하여 만든 용어인데, 동시에 이 말은 '좋은eu-', '장소'라는 뜻을 연상하게 하는 이중기능을 지니고 있다. _ 두산백과
파라다이스Paradise	걱정이나 근심 없이 행복을 누릴 수 있는 곳
샹그릴라 Shangri-La	신비롭고 아름다운 이상향을 비유적으로 이르는 말. 인간이 바라는 희망이나 이상이 모두 실현되어 있어 편안하고 즐겁게 살 수 있는 곳을 가리킨다. 제임스 힐튼의 소설 《잃어버린 지평선Lost Horizon》에 나오는 이상향 이름에서 유래하였다. _ 표준국어대사전 우리말샘
도원경 桃源境	이 세상이 아닌 무릉도원처럼 아름다운 경지. 인간이 생각할 수 있는 최선의 상태를 갖춘 완전한 사회
무릉도원 武陵桃源	도연명陶淵明의 〈도화원기桃花源記〉에 나오는 말로, '이상향', '별천지'를 비유적으로 이르는 말. 중국 진나라 때 호남湖南 무릉의 한 어부가 배를 저어 복숭아꽃이 아름답게 핀 수원지로 올라가 굴속에서 진나라의 난리를 피하여 온 사람들을 만났는데, 그들은 하도 살기 좋아 그동안 바깥세상의 변천과 많은 세월이 지난 줄도 몰랐다고 한다. 도원, 도원향 桃園鄕. 조선시대 〈몽유도원도夢遊桃源圖〉는 안평대군安平大君이 꿈에서 본 도원을 안견安堅에게 그리게 한 것으로 〈도화원기〉와 관련이 깊다.
별천지別天地	특별히 경치가 좋거나 분위기가 좋은 곳. 별세계, 별유천지別有天地
별세계別世界	우리가 사는 이 세상 밖의 다른 세상
십승지 十勝地	나라 안에서 경치가 좋기로 유명한 열 군데의 장소. 재난이 일어날 때 피난을 가면 안전하다는 열 군데의 지역 한국인의 전통적 이상향의 하나로서 '십승지지十勝之地'라고도 하며 조선 후기 이상향에 관한 민간인들의 사회적 담론이기도 하였다. 십승지 관념은 민간계층에 깊숙이 전파되어 거주지의 선택 및 인구 이동, 그리고 공간인식에 큰 영향을 주었다. 십승지의 입지조건은 자연환경이 좋고, 외침이나 정치적인 침해가 없으며, 자족적인 경제생활이 충족되는 곳이었다. _ 한국민족문화대백과

※ 출처를 표기하지 않은 것은 《표준국어대사전》의 정의이다.

지리산 불일폭포 ⓒ임의제

관련 연구에 의하면 조선시대 23편의 지리산 유람록에 수록된 이상향과 신선세계를 묘사한 문장을 분석한 결과, 무릉도원, 별천지, 동천, 청학동이라는 네 가지 키워드가 지리산 이상향의 개념으로 추출되었다.[2] 청학동은 예로부터 전승되어온 한국 고유의 이상향이며, 그곳은 무릉도원과 유사하지만 신선계의 별천지로서 묘사되었다. 구전과 기록에 의해 전해 내려온 청학동의 경관을 묘사한 부분은 사람이 겨우 지나갈 만한 좁은 입구를 지나 기름진 넓은 땅이 나타나는 곳이며, 한 달은 걸려야 도달할 수 있는 곳으로 표현되었다. 이는 무릉도원과 같은 성격을 띠고 있음을 알 수 있으며 또한 별천지의 선계 仙界 관념이 뚜렷하게 반영된 것이다.

---

2   소현수·임의제, 〈지리산 유람록에 나타난 이상향의 경관 특성〉,
     《한국전통조경학회지》 32(3), 2014, 139~153쪽

장소

場所 · Landscape (Architectural) Place

공공공간
맥락
조경계획
조경설계
조경 형태

▶ 누군가 혹은 무언가에 의해 점유된 공간의 특정 위치나 면적으로 도시, 마을, 토지, 무엇인가의 자연적 또는 적합한 위치를 말한다; 사회에서 계급, 지위 또는 역할을 말한다. _ 옥스포드 사전

▶ 장소는 여러 가지 현상phenomena이 집합된 환경이다. 장소는 항상 제한적이다. 장소는 사람에 의해 창조되고 사람의 특별한 목적에 맞게 만들어진다. "장소의 혼genius loci"은 인간이 자연환경에 적응하면서 만든 문화적 기원의 장소로 사람들은 그곳에 살고, 편안함을 느끼며, 사회적, 정서적 유대감을 유지한다. _ 슐츠[1]

모든 장소는 물리적 구성physical setting과 사람의 활동, 의미meanings 면에서 독특함을 가진다. 가장 의미 있는 장소는 문화와 자연이 공존하는 곳이다.[2] "존재한다는 것은 (어떤 방식으로든) 어딘가에 있다는 것이고, 어딘가에 있다는 것은 어떤 장소에 있다는 것이다."[3]

조경가는 지각력 있고 예민한 관찰자로서 장소의 고유성을 인지하고, 장소의 고유성을 훼손하지 않으면서 향상시키는 것을 지향한다.

1   C. Norberg-Schulz, *Genius Loci: Towards a Phenomenology of Architecture*, Rizzoli, 1979

2   John L. Motloch, *Introduction to Landscape Design*, John Wiley, 2001

3   Edward Casey, *The Fate of Place: A Philosophical History*, University of California Press, 1998

저영향개발

低影響開發 · Low Impact Development(LID)

▶ 강우유출 발생지에서부터 침투, 저류를 통해 도시화에 따른 수생태계를 최소화하여 개발 이전의 상태에 최대한 가깝게 만들기 위한 토지이용 계획 및 도시 개발 기법을 말한다. _위키피디아

▶ 빗물 유출 발생지에서부터 침투, 저류 등을 통해 빗물의 유출을 최소화하여, 개발로 인한 자연 물순환과 물환경에 미치는 영향을 최소화하기 위한 토지이용 계획 및 도시개발 기법을 말한다. _서울특별시 물순환 회복 및 저영향개발 기본 조례

저영향개발이란 개발로 인한 불투수층을 최소화해 빗물의 침투 및 저류능력을 향상시켜 홍수 피해, 도시 비점오염원 발생, 지하수위 감소, 하천 건천화 등의 문제를 해결하기 위한 기법 또는 대안으로 정의할 수 있다. 즉 개발로 인한 영향을 최소화하고 개발 전과 최대한 유사하게 물순환 체계를 유지하고 회복하기 위한 환경을 조성하는 기법이며 개발이 환경에 미치는 부정적인 영향을 최소화하는 개발 형태를 의미하기도 한다.

저영향개발과 그린인프라는 역사적 배경은 다르나 혼용되어 사용되어 왔다. 그린인프라는 저영향개발에 비해 광범위하게 적용되고 있으며 저영향개발은 빗물관리에 중점을 두고 있다. 즉 저영향개발은 그린인프라에 접근하기 위한 하나의 방법으로 그린인프라에 포함되는 개념으로 이해할 수 있다.

저영향개발은 'Low', 'Impact', 'Development'가 합성된 신조어로 1990년 후반 미국 메릴랜드 주의 프린스 조지 카운티에서 처음

으로 사용되어 미국 전역으로 확대되었다. 우수유출량을 조절하고 비점오염원을 저감할 수 있는 식생체류지bio-retention에서 시작되어 확대된 개념이다. 1998년에는 저영향개발센터Low Impact Development Center가 설립되어 LID 기술에 대한 자세한 정보를 제공했다. 또한 호주의 '물민감 도시설계Water Sensitive Urban Design, WSUD', 영국의 '지속가능한 도시 관개 시스템Sustainable Urban Drainage System, SuDS', 독일의 '분산식 빗물관리Decentralized Rainwater Management, DRM' 등 여러 나라에서 저영향개발과 유사한 지속가능한 물순환 시스템을 적용해 왔다.

국내에서는 도시개발로 인한 물순환 체계 왜곡 등의 문제가 발생하면서 2000년대 이후부터 연구되기 시작했으며, 2013년에는 140대 국정과제 중 하나로 선정되어 지속가능한 물순환 체계를 구축하고 적응 대책을 수립하기 위한 대안으로 본격적으로 적용되기 시작했다.

저영향개발의 주요 기능은 식생여과, 침투, 저류, 빗물이용, 유량조절로 구분할 수 있다.[1] 식생여과는 식생과 토양의 여과와 흡착 작용으로 오염물질을 저감시키는 것으로 식생여과대, 수변완충대, 빗물정원, 식생수로 등이 있다. 침투기술은 빗물을 토양으로 침투시키는 것으로 유출수 관리 및 토양의 여과·흡착작용으로 수질오염 저감 등의 효과가 있으며 침투저류지, 침투도랑, 투수성 포장 등이 속한다. 저류기술은 빗물을 저류하여 유출량을 조절하고 침전을 통해 수질오염을 저감하는 것으로 인공습지, 지하저류조 등이 있다. 빗물이용기술은 빗물을 저장해 농업용수나 생활용수로 재사용하는 것이며 유량조절기술은 집중강우 시 첨두유출량을 줄이기 위한 기술이다.

---

1   한제헌,《도시 물순환 정책 진단을 통한 그린 인프라 전략》, 홍익대학교
     박사학위논문, 2019

국내 개발 사업 단계에서 저영향개발 적용 사례가 증가하고 있으며 초기 투수성 포장과 옥상녹화와 같은 요소의 적용에서 시작해 최근에는 다양한 기술 요소가 시도되고 있다. 그러나 국내에서는 저영향개발을 구조적 시설로만 간주하고 있으며 공간에 적용하기 위한 법·제도적 한계가 있다.

국내에서 저영향개발과 관련해 시행하고 있는 법과 제도 중「도시공원 및 녹지 등에 관한 시행규칙」[2021] 별표 6에서는 저류시설의 설치 및 관리기준을 규정하고 있으며,「물의 재이용 촉진 및 지원에 관한 법률」[2022] 제8조에서는 빗물이용시설의 설치 및 관리를 위한 내용을 포함하고 있다. 또한 서울시에서는「서울특별시 물순환 회복 및 저영향개발 기본조례」를 공포했으며, 환경부는 "저영향개발 기법 설계 가이드라인"[2016]을 수립했다.

도시화에 따른 홍수 및 오염으로 인한 피해를 저감하고 대응하기 위해 저영향개발 기법의 적용 필요성과 요구는 더욱 증대될 것으로 기대된다. 그러나 현재 저영향개발 관련 제도와 정책은 국토부, 행정안전부, 환경부, 지방자치단체 등 여러 부처에서 관리하고 있으며 시행 배경과 정의, 특성, 요소 등이 다르기 때문에 향후 저영향개발을 체계적이고 통합적으로 계획하기 위한 구체적인 방안을 모색해야 한다.

저영향개발은 건전한 물순환시스템, 물순환 특성이 개발 전의 상태와 최대한 유사하도록 하는 것을 목적으로 하고 있다. 저영향개발은 개발지역으로부터의 강우유출수 비점오염원을 효과적으로 처리하기 위한 기술요소이다.

전통조경

傳統造景·Traditional Landscape Architecture

근대문화유산
문화경관
문화재조경
사적지조경
역사경관

전통조경이란 '전통공간에서 이루어지는 조경 행위'를 의미한다. 여기서 말하는 조경 행위는 한국 고유의 풍토환경에 역사, 문화, 사상 등을 담아 전통적인 기법으로 수목 식재, 건축물 배치, 수경시설, 경관석 등 자연 재료인 수목석水木石과 조영물造營物을 활용하여 외부공간의 조성 및 관리 등의 경관 조성 행위를 가리킨다.[1] 덧붙여 이러한 행위로 인해 파생된 공간과 시설 등을 포괄적으로 아우르는 의미도 지닌다.

개념적으로는 '역사적으로 전승된 문화, 사고, 행위양식 등을 바탕으로 인문적, 과학적 지식을 응용하여 생태적, 기능적, 심미적으로 전통기법을 활용하여 조성된 정원·공원 등의 공간을 조성하는 행위'이며,[2] 2020년 발의된 「자연유산의 보존 및 활용에 관한 법률」에 의하면 '우리나라 고유의 역사·문화·사상 등을 담아 수목을 식재하거나 건축물을 배치하는 등 전통적인 기법으로 외부공간을 조성하는 것'으로 정의하고 있다. 전통유적관리 측면에서 전통조경은 크게 사적, 명승 등의 문화재로 지정된 유형을 대상으로 하는 '문화재' 조경과 그밖의 정원, 공원 등의 '조경유산'에 대한 조경으로 구분할 수 있다.

조경의 역사는 동·서양을 막론하고 문명의 발달과 함께 시작되

---

1   문화재청,《전통조경 정책기반 마련을 위한 기초조사 연구》, 2020, 11쪽
2   문화재청,《전통조경 보존관리활용 기본계획》, 2021, 37~43쪽

었고, 한국에서는 고대 청동기문화를 기반으로 하는 고조선시대 이후 조선시대 및 근대까지 다양한 조경 행위가 이루어졌다. 한국의 시대별 역사문화를 기반으로 조성된 다양한 공간은 전통조경 행위가 이루어지는 직접적인 대상이자 관심 영역이다.

전통공간의 구성요소들은 시대 및 지역에 따라 차별성을 나타내어 지리, 지형 및 지질, 기후와 기상, 산출재료 및 생물상 등에 의해 전통조경 및 시설 조영에 미치는 영향력이 컸으며, 사회문화적 요인으로는 사회제도, 경제 상태, 풍습, 종교, 민간신앙, 민족성 등을 들 수 있다.[3]

전통조경의 범위는 시대적으로 선사·고조선·삼국·발해·통일신라·고려·조선 그리고 근·현대 등으로 구분이 가능하나 고문헌 등 자료를 기반으로 규명해야 하는 전제조건으로 인해 기록 및 실증 사례가 다수 현존하는 남한지역의 조선시대 조경공간으로 연구대상이 집중되는 경향이 있다. 다만 기초조사 연구에서는 전통조경의 유형과 용어의 정의, 연원의 설명을 위해 고려시대 이전의 용어 및 대표 유형, 사례까지 확대해서 고찰하고 있다.

「문화재보호법 시행규칙」[2022. 11. 21]에 의하면 국가등록문화재의 경우, '건설·제작·형성된 후 50년 이상이 지난 것'을 대상으로 지정하게 되어 있어, 50년 이상이 경과한 근·현대의 조경공간 또한 전통조경의 범주에 포함할 필요가 있다. 따라서 전통조경에 대한 명확한 시간적 범위는 50년 이상 경과한 국가적·민족적 또는 세계적 유산으로서 역사적·예술적·학술적 또는 경관적 가치가 큰 모든 조경공간을 포함하여야 한다.[4]

전통조경의 대상이 되는 전통공간의 유형은 「문화재보호법」에

---

3   국립문화재연구소,《원림복원을 위한 전통공간 조성기법 연구, 1차 보길도 윤선도원림》, 2011, 20~21쪽

4   문화재청,《전통조경 보존관리활용 기본계획》, 2021, 37~43쪽

경주 월지 ©임의제

순천 선암사 승선교와 강선루 ©임의제

고창 무장읍성 ©임의제

333

나주 객사 금성관 ⓒ임의제

서 규정하고 있는 사적 및 명승을 비롯한 대부분의 역사문화공간을 포함하고 있다. 이를 대표적인 유형으로 분류하면 궁궐宮闕조경, 읍성邑城·도성都城·산성山城조경, 관아官衙 및 객사客舍조경, 능묘陵墓조경, 향교鄕校 및 서원書院조경, 전통마을과 마을숲, 민가 주택조경, 별서別墅원림, 누정樓亭원림, 구곡九曲원림, 사찰조경, 명승名勝, 팔경八景, 문화·산업경관 등으로 나눌 수 있다.

한국에서 전통조경의 개념이 도입된 시작점은 1967년 '현충사 성역화사업'이라고 할 수 있다. 이후 1970년대 문화재 정비사업 명칭에 '조경'이 직접적으로 명시된 사업이 시행되었는데 석굴암 조경공사1970, 불국사와 광한루 조경공사1972, 칠백의총 조경공사1976, 안압지 조경공사1979 등이 대표적이다. 또한 '보수' 및 '정화'의 명목으로 김유신 장군묘 보수1974를 비롯해 강릉 오죽헌 정화사업1975, 정읍 내장사 보수1976, 만인의총 정화1977, 송광사 주변 정화1977, 유관순 유적 정화1978, 경주고도개발 보수정화사업1978 등과 같은 다수의 사업에

서 조경 정비가 시행되기도 하였다.[5]

　　1980년에는 한국정원연구회가 창립되어 전통조경이 정착되기 시작하였다. 이후 한국정원연구회는 1982년 한국정원학회로, 2004년 ㈜한국전통조경학회로 명칭을 변경해 지금에 이르고 있다. 전통조경 분야의 연구발전을 위해 설립된 ㈜한국전통조경학회는 "한국 전통조경문화를 조사 연구하여 그 사상과 기법을 보존, 전승하고, 현대 정원문화를 정립, 발전시킴으로써 조경문화 향상에 이바지함"을 그 목적으로 하고 있다.[6] 구체적인 사업 분야로는 전통조경에 대한 정책, 「문화재보호법」의 기념물(명승, 사적, 천연기념물)에 대한 정책 및 연구, 궁원 및 고분정원 분야의 조사 연구, 복원의 건의 및 시공에 대한 설계 및 감리, 현대 정원문화 창달 등을 들 수 있다.

5　　문화재청,《전통조경 보존관리활용 기본계획》, 2021, 37~43쪽
6　　㈜한국전통조경학회 http://www.kitla.or.kr/

정원[전통적 의미]

傳統庭園, 傳統庭苑·Traditional Garden

내원, 외원
원림
원유

정원은 '庭苑', '庭園'으로 표기되는데, '정庭'은 건물인 '당堂부터 문門 사이'나 '당堂과 당 사이'를 말하고, '원園'은 동산으로 '과실수를 심은 곳'을 뜻한다. 일반적으로 '원園'은 나라 동산을 일컫는 '원苑'과 같은 뜻으로 사용하였다. 따라서 정원이라고 함은 담장으로 둘러막은, 담장 안의 건물과 건물 사이의 공간, 또 건물과 대문 또는 담장에 이르는 사이의 외부공간을 통칭하는 용어이다.[1] 이는 중국 명대明代의 백과사전인《삼재도회三才圖會》에 실린 '정庭'에 대한 설명과 그림에서도 확인할 수 있다.[2] 민경현1991의 견해에 따르면 '정庭'이라 함은 건물이나 울타리에 둘러싸인 뜰의 개념을 가지며, 건물의 기능에 따라 전정, 외정, 내정, 중정, 후정 등으로 구분된다.[3] 이에 비해 '원苑'은 울타리 안에 한정된 뜰의 개념에서 벗어나 동산이나 넓은 들野과 산림山林을 포괄하는 의미를 지닌다.

　한국의 정원 관련 용어를 고찰한 연구에 의하면 옛 기록에 나타난 '정원庭園'과 관련된 용어는 정庭, 원園, 포圃, 원苑, 유囿, 원유園囿, 원림園林, 정원庭園의 총 8개 유형으로 구분되며, 기록을 바탕으로 각각의 용례를 풀이하였다.[4] 정庭은 일반적으로 건축물에 딸린 뜰을 가리키는 용어로, 나무를 심거나 위락 행위가 일어나기도 했으며, 위치에

1　주남철,《한국건축사》, 고려대출판부, 2006

2　왕기王圻, 〈궁실宮室〉 1권,《삼재도회三才圖會》, 명대明代

3　민경현,《한국정원문화: 시원과 변천론》, 예경출판사, 1991

4　하태일 외 5인, 〈전통조경분야의 정원 명칭 사용에 대한 고찰〉,
　　《한국전통문화연구》 제14집, 2014, 87~107쪽

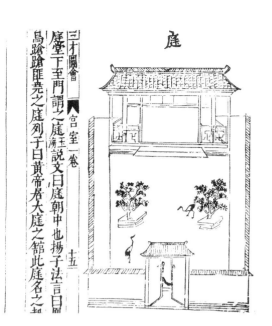

명대의 백과사전인
《삼재도회》의 '정庭'
설명 부분

따라 전정殿庭, 궁정宮庭, 내정內庭, 외정外庭, 문정門庭 등으로 구분할 수
있다. 원園은 개인 소유의 일정 공간을 일컫는데 그 안에서 위락 활동
이나 생산활동을 했던 것으로 보이며 주로 가원家園이라는 용어로 사
용되었다. 중심 건물의 위치에 따라 북원北園, 후원後園, 상원上園, 서원
西園 등으로 구분되며, 기능에 따라 과원果園, 화원花園, 다원茶園, 약원藥
園, 행원杏園으로 구분되기도 한다. 한편 포圃나 유囿는 채소밭이나 짐
승을 키우는 곳이라는 뜻으로 사용되며 원園과 결합하여 원포園圃, 원
유園囿등으로 불렸다. 원림園林은 인공적인 조원 행위로 만들어진 곳
으로 농업생산과 관련된 곳이기도 하며, 위락 행위가 일어나는 공간
이기도 하다. 정원庭園은 고문헌에서 용례를 거의 찾아보기 어려우
며, 조선시대 숙종 연간《조선왕조실록》에 비로소 그 용례가 등장하
므로 보편적 용어로 보기 어렵다. 고문헌에서는 주로 위치나 기능에
따라서 정庭과 원園을 구분해서 사용했으며, 현재 우리가 사용하는
정원庭園의 뜻과 유사하게 사용된 용례는 가원家園과 원림園林으로 볼

337

수 있다. 별서의 경우 정원이라는 용어를 쓰기에는 규모나 입지 등에서 부합되지 않으므로 별서나 명승에는 원苑 또는 원림園林이라는 용어를 사용하는 것이 타당하다고 하였다.

'정원庭園'은 한자문화권인 동양 삼국에서 공히 쓰이는 용어이며, 19세기 후반 일본인에 의해서 만들어진 것으로 알려져 있다. 문헌상 최초의 표기 사례는 일본에서 1873년에 출간된 《정원기庭園記》라는 책에서 찾아볼 수 있으며, 1889년 일본의 요코이 토키후유橫井時冬가 쓴 《원예고園藝考》의 본문에 다수 사용되었다. 이후 1915년에 《일본원예사日本園藝史》에 실린 오자와 케이지로小澤圭次郎의 글인 〈메이지정원기明治庭園記〉에 나타나며, 이후 1919년에 도쿄대학의 건축학과에 정원학庭園學 강좌가 개설되면서 보편화되었다.[5]

중국의 강대로岡大路는 낙가조樂嘉藻의 저술인 《중국건축사中國建築史》1933에 나오는 〈정원건축론庭園建築論〉에서 처음으로 정원이라는 용어가 사용되기 시작했다고 하였다. 또한 정원이라는 용어는 예로부터 중국에서 사용되던 원림園林, 임목林木, 천석泉石, 원자院子, 원포園圃 등을 포함하는 개념으로서 일반용어로 통용되고 있는데, 이는 일본의 학술용어를 도입한 것이 확실하다고 하였다.[6] 현재 중국에서는 정원이라는 용어의 사용을 현대적 개념에만 통용하고 전통적인 것은 원림園林이란 용어를 쓰는 것이 보편적이며 원림예술園林藝術은 곧 '조경'을 의미한다.

한국에서는 고려시대에 원림園林, 임천林泉, 가원家園, 정원庭院, 문정門庭, 원유園囿, 임원林園 등의 용어가 사용되었으며, 이 중에서 원림이라는 용어가 가장 많이 사용되었다.[7] 이 용어들은 이후 조선시대

5   정동오, 《한국의 정원》, 민음사, 1986; 유병림·황기원·박종화, 《조선조 정원의 원형》, 서울대학교 환경대학원 환경계획연구소, 1989
6   강대로 지음, 김영빈 옮김, 《중국정원론》, 중문출판사, 1987
7   윤국병, 〈고려시대의 정원용어에 관한 연구〉.《한국전통조경학회지》1(1), 1982, 28~30쪽

에도 별다른 변화없이 통용되다가 일제강점기에 일본 문화가 유입되면서 정원庭園이라는 용어를 사용하게 된 것으로 추정된다. 한편 조선 중기 이후 고문헌에서 '庭園'을 일반 민가의 정원으로 지칭한 용례가 확인되기 때문에 '庭園'이란 용어가 일본의 영향을 받았다 하더라도 활용적 측면에서 일본식 용어로만 폄훼하기에는 다소 무리가 있다는 견해도 있다.[8]

　　윤국병, 민경현, 주남철 등을 비롯한 초기 전통조경 연구자들은 '원苑'을 사용해 '庭苑'이라는 용어를 사용하는 것이 타당하다고 하였다. 이에 따라 1982년에는 한국전통조경학회의 전신인 한국정원학회韓國庭苑學會의 명칭으로 '庭苑'이 채택되었다. 이는 '한정된 동산 내부의 정원'보다는 '개방적 나라 동산의 정원'이 한국 전통정원의 속성과 개념에 근접한다고 보았기 때문이다. 현재 한국 조경계에서는 '정원庭園'이라는 용어가 보편적으로 사용되는 실정이며, 이는 서양에서 사용하는 'Garden'에 대응하는 가장 대표적인 용어로 정착되고 있다.

　　현재 문화재로 지정된 정원유적은 진주 용호정원晉州 龍湖庭園, 목포 이훈동정원李勳東庭園과 같이 '庭園' 용어를 사용하고 있으며, 그 외 정원유적은 '원림園林'으로 표기하고 있다. 정원을 가꾸는 사람은 '동산바치'라고 했는데, 정원을 만들고 꾸미는 기술을 가진 장인匠人이며 곧 정원사庭園師, gardener를 뜻한다.

　　전통적으로 정원이라는 용어와 함께 쓰인 유사 개념은 다음과 같다.

① 정원庭院: 정원庭苑을 가리키는 말로 주로 중세에 쓰였다. 고대 중국에서는 건물에 둘러싸인 네모난 공간을 '정庭'이라 불렀고 중세에 와서는 이것을 '원院'이라 불렀다. 정원庭院이라는 말은 이

8　　문화재청,《전통조경 정책기반 마련을 위한 기초조사 연구》, 2020, 24쪽

두 가지가 결합함으로써 생겨난 용어인 것으로 보인다.[9] 또한 중국에서는 건물 주위에 규모가 작은 뜰을 '庭院'이라 하고 넓은 뜰은 '園林'이라 불렀다.[10] 근래 발간된 중국 소주원림을 소개한 책인 《정원심처庭院深處》2006에서 보듯이 중국에서는 지금도 널리 통용되는 정원 용어이다.

② 임천林泉: 고려시대 이후 전통적으로 원림 다음으로 많이 쓰인 정원 용어이다. 원래 '숲과 샘', '나무와 물'을 가리키는 말이지만 속세를 떠나 은거하는 선비들이 흔히 은일처隱逸處를 선호했기 때문에 '은사隱士의 정원'을 뜻하는 말로 썼다.[11] 임천이란 용례는 조선시대 석문 정영방石門 鄭榮邦, 1577~1650이 조성한 서석지瑞石池에 대해 손자 정요성鄭堯性, 1650~1724이 지은 〈임천산수기林泉山水記〉에서 서석지를 임천으로 표현한 것에서 찾아볼 수 있다. 중국 북송시대 곽희郭熙의 산수화 이론서인 《임천고치林泉高致》에서는 임천이 산수 자연의 경치가 뛰어난 곳으로서 군자의 은거지와 이상향을 지칭하는 말로 쓰였다.[12]

③ 임원林園: 임원이라는 용어는 원림과 그 뜻이 상통하는 한자로 구성되어 혼용되었을 것으로 추정되며, 임천과 원림의 뜻이 융합된 개념으로 보이기도 한다. 고려시대 이규보의 《동국이상국집》에 의하면 '양생楊生의 임원', '정문갑鄭文甲의 임원'이라는 사례가 있으며, 조선시대 전원생활을 하는 선비에게 필요한 지식을 담은 서유구徐有榘의 《임원경제지林園經濟志》에서도 그 용례를 찾을 수 있다.

9   윤국병 외 18인, 《조경사전》, 일조각, 1986

10   민경현, 《한국정원문화: 시원과 변천론》, 예경출판사, 1991

11   윤국병, 〈고려시대의 정원용어에 관한 연구〉, 《한국전통조경학회지》 1(1), 1982, 28~30쪽

12   곽희·곽사 지음, 허영환 옮김, 《임천고치林泉高致》, 열화당, 1989

정원(현대적 의미)

庭園, 庭苑 · Garden

공원
내원, 외원
원림
원유
조경

정원庭園은 일반적으로 옥외에 식물과 다른 형태의 자연을 경작, 전시, 즐길 수 있도록 계획된 공간을 지칭하는 '가든garden'에 대응하는 우리말이다.

▶ 'garden'은 집과 인접해 꽃, 과일, 채소 재배에 사용되는 위요된 땅을 말한다; 공공의 즐거움과 레크리에이션을 위해 마련된 목가적인 장소, 공원 또는 꾸며진 땅을 말한다. _옥스포드 사전

가든garden에 대응하는 우리말 정원庭園의 사전적 정의는 다음과 같다.

▶ 집 안에 있는 뜰이나 꽃밭을 말한다. _표준국어대사전, 건축용어사전

▶ 정원이란 식물, 토석, 시설물(조형물 포함) 등을 전시·배치하거나 재배·가꾸기 등을 통하여 지속적인 관리가 이루어지는 공간을 말한다. _「수목원·정원의 조성 및 진흥에 관한 법률」

정원庭園의 사전적 정의와 법률적 정의는 정원을 너무 좁게 한정한다. "집 안에 있는 뜰이나 꽃밭"이라는 정의는 단편적 기능(이용)과 형상에 초점을 맞춘 정의이다. "식물, 토석, 시설물(조형물 포함) 등을 전시·배치하거나 재배·가꾸기 등을 통하여 지속적인 관리가 이루어지는 공간"이라는 법률적 정의는 정원의 단편적 구성요소와 조성, 관리를 중심으로 한 정의이다. 이는 지형, 건물, 연못, 분수 같은 정원의 다양한 요소를 담고 있지 못할 뿐만 아니라 왜 만드는지(목표, 목적)에 대한 언급이 없다. 이런 측면에서 정원의 목적과 의미를 담은 다

음 정의를 참고할 만하다.

▶ 정원은 대개 주택의 외부공간을 실용적·심미적 목적으로 처리한 뜰을 의미한다. 정원은 주거문화의 반영일 뿐만 아니라 한 사회와 시대의 생활문화와 가치체계 및 예술이 총체적으로 결집한 장소라고 할 수 있다._두산백과사전

정원을 의미하는 각국 언어는 영어 garden, 독일어 garten, 불어 jardin, 이탈리아어 giardino, 스페인어 jardin 등이다. 영어 '가든 garden'은 히브리어 '간gan'과 '오덴oden' 또는 '에덴eden'의 합성어이다. '간gan'은 울타리 또는 둘러싸인 공간 또는 둘러싸는 행위를 의미하고, 오덴oden은 즐거움이나 기쁨을 의미한다.

영어의 야드yard와 코트court, 라틴어의 호르투스hortus는 어원이 같고, 이 단어들은 모두 폐쇄된 공간an enclosed space을 뜻한다. 영국의 가든garden은 건물에 인접해 좁고 둘러싸인 땅a small enclosed area of land을 의미하는데, 이는 미국식 영어의 뜰yard과 유사하다.

한자 '庭園'의 '園'의 부수인 큰 입구口는 둘러싸는 행위를 뜻한다는 점에서 서구의 'gan'과 같다. 이는 울타리를 쳐서 한정된 공간을 자신의 영역으로 길들여 실용적인 가사 작업공간 역할을 할 뿐만 아니라 채원菜園·약초원·과수원 같은 생산공간 역할을 한다. 어원적으로 정원庭園, garden은 '즐거움을 주는 둘러싸인園, gan 공간'이다.

대부분 정원은 식물을 기반으로 하고 있고, 많은 사람이 정원과 공원의 차이를 초화류의 많고 적음으로 구분하기도 하지만, 정원이 국가의 정체성Englishness이기도 한 정원의 본고장 영국의 풍경식 정원은 초화류를 거의 식재하지 않았다.[1] 일본의 가레이산스이 정원枯山水庭園 같이 식물을 전혀 사용하지 않은 정원도 있다.

---

1   Nikolaus Pevsner, *The Englishness of English Art*, Penguin Books, 1956

정원은 그 의미에 따라 다음과 같이 다양하게 정의할 수 있다.[2]

첫째, 정원은 상징과 은유다The garden as an icon, a metaphor. 정원은 지상낙원Paradise에 대한 은유metaphor이다. 고전적인 정원은 그리스 신화의 인물과 사건을 나타내는 상징을 포함하고 있다. 대규모 정원은 권력과 부의 상징이었다. 16세기 추기경 감바라Uberto Gambara, 1489~1549를 위해 조성한 이탈리아의 랑테 정원Villa Lante은 천국Paradise에 관한 이야기를 은유적으로 표현하고 있다. 찰스 젠크스Charles Jencks, 1939~가 조성한 초월적 사색의 정원Garden of Cosmic Speculation은 자연뿐만 아니라 물리학과 생화학의 법칙과 구조, 나선, 파도, 질서와 혼돈, 프랙털과 DNA의 이중 나선 구조를 은유적으로 표현했다.

둘째, 정원은 장소다The garden as a place. 정원은 외부와 분리된 내밀한 장소이다. 정원의 주인은 생울타리나 담으로 둘러싸여 있는 장소에서 식물, 조형물과 함께 삶의 일부를 보내고 싶어 한다. 정원은 계절을 통해 성장하고, 꽃 피고, 시들어 가는 과정을 보여준다. 정원은 저택과 공원에서부터 화분으로 장식된 작은 테라스까지 크기와 매력의 조건이 다양하다. 모든 정원은 외부 세계로부터 실제적 또는 암시적으로 분리되고, 정원으로 들어가는 경계나 입구를 갖추고 있다.

셋째, 정원은 예술 작품이다The garden as a work of art. 정원은 정원사의 예술 작품이다. 20세기의 유명한 예술 작품으로서 정원은 '식물로 그림을 그리는 화가painter with plants'로 불리는 브라질의 호베르투 부를레 마르스Roberto Burle Marx, 1909~1994의 작품과 미국의 이사무 노구치Isamu Noguchi, 1904~1989의 조각적 정원이 대표적이다. 조경가들에게 정원은 새로운 형태와 개념을 실험하는 장소이기도 하다.

넷째, 정원은 무대다The garden as a theatre. 정원은 사회적 활동의 무

2   Meto J. Vroom, *Lexicon of Garden and Landscape Architecture*, Birkhäuser Architecture, 2006

대이자 연극의 무대 역할을 한다. 이탈리아 바로크 정원은 극적 효과가 효과적으로 사용되었을 뿐만 아니라 실제 야외극장을 포함하고 있었다. 루이 14세는 베르사유 정원을 거닐며 대운하를 무대로 해전을 연출하기도 했다.

다섯째, 정원은 기억의 장소다The garden as a place of memory. 정원은 파라다이스뿐만 아니라 신화나 전설과 연결되어 있다. 또한 특정 인물이나 특별한 사건(역사적 사건 등)을 기념하기 위해 의식적으로 설계되었기 때문에 기념memorial의 성격을 갖게 된다. 기념은 과거의 중요한 사건, 인물 등을 기리기 위해 설계되고 배치되어 집단적 기억을 상기시키고 자리 잡게 한다.

여섯째, 정원은 활동의 장소다The garden as a place of action. 정원 가꾸기는 열정을 쏟는 일이고, 야외 레크리에이션의 한 형태이다. 땅을 경작하고, 식물을 심고, 제초하고, 가지치기는 꽃과 과일을 만들 뿐만 아니라 직접적인 감각 경험을 제공한다. 정원을 디자인하고 가꾸는 것은 신체 활동을 요구한다. 정원 가꾸기는 생명을 담는 행위이며, 믿음과 희망의 행위이며, 미래에 대한 헌신의 표현이다.[3]

1) 식물원Botanical Garden, Botanic Garden

식물원으로 번역하는 'Botanical Garden Botanic Garden'은 16세기 유럽에서 과학적 목적을 위한 식물 컬렉션에서 유래한 특별한 형태의 정원이다.

▶ 식물의 과학적 연구, 보존 및 전시를 위해 조성 운영되는 정원을 말한다._

옥스포드 사전

▶ 과학적이고 교육적인 목적으로 다양한 식물이 재배되는 공공 정원을 말한다._

캠브리지 사전

---

3   Anne Whiston Spirn, *The Granite Garden: Urban Nature and Human Design*, Basic Books, 1985

'Botanical Garden^{Botanic Garden}'에 대응하는 우리말 식물원에 대한 정의는 다음과 같다.

▶ 식물의 연구나 식물에 관한 지식을 보급하기 위해 많은 종류의 식물을 모아 기르는 곳을 말한다._표준국어대사전

▶ 다양한 식물 종을 수집, 재배하면서 식물학상의 연구재료로 하는 곳을 말한다._두산백과사전

▶ 식물 연구 또는 일반인의 관람을 위해 다양한 식물을 수집, 재배하는 공간을 말한다._건축용어사전

의학적인 목적으로 식물 컬렉션의 필요성에서 유래한 'Botanical Garden^{Botanic Garden}'은 원예 산업과 정원 발전에 크게 기여했다. 네덜란드의 라이덴대학 식물원[1587], 독일 칼 마르크스대학 식물원[1592], 영국 옥스퍼드대학 식물원[1621] 등은 식물원의 역사를 보여준다. 우리나라 최초의 식물원은 1909년 창경궁 춘당지의 북쪽에 건립된 유리온실이다. 화훼 단지나 상가들은 '○○식물원'이라는 이름을 달고 일상 속에 존재한다. 체계와 규모를 갖춘 식물원으로는, 민간이 운용하는 한택식물원(용인시), 김정문알로에식물원(제주도 서귀포시), 여미지 관광 식물원(제주도 서귀포시), 신구대학교 식물원(성남시 수정구) 등이 있고, 공공이 설립하여 운용하는 서울대공원 온실식물원(과천시), 국립한국자생식물원(강원도 평창군), 거제식물원(거제시), 서울식물원(서울시 강서구) 등이 있다.

2) 수목원Arboretum

수목원으로 번역하는 'Arboretum'은 목본 식물의 수집과 보전을 목적으로 하는 특별한 정원의 한 형태이다.

▶ 희귀 수목의 재배 및 전시를 목적으로 하는 식물원botanical tree-garden을 말한다._옥스포드 사전

▶ 사람들이 과학적 목적으로 관찰하고 연구할 수 있도록 다양한 종류의 나무를 생육하는 넓은 정원을 말한다. _ 캠브리지 사전

'Arboretum'에 대응하는 우리말 수목원에 대한 정의는 다음과 같다.

▶ 수목원이란 수목을 중심으로 수목 유전자원을 수집·증식·보존·관리 및 전시하고 그 자원화를 위한 학술적·산업적 연구 등을 하는 시설로서 농림축산식품부령으로 정하는 기준에 따라 수목유전자원의 증식 및 재배시설, 수목유전자원의 관리시설, 화목원·자생식물원 등 농림축산식품부령으로 정하는 수목 유전자원 전시시설, 그밖에 수목원의 관리·운영에 필요한 시설을 갖춘 것을 말한다. _ 「수목원·정원의 조성 및 진흥에 관한 법률」

세계적인 모델로 꼽히는 수목원은 1872년에 개원한 미국 하버드대학 아놀드수목원The Arnold Arboretum of Harvard University이다. 미국 보스톤의 중심부에 있는 약 34만평 규모의 아놀드수목원은 미국 최초의 공립 수목원으로 세계 수목들의 박물관이자 수목학 교재이고, 보스턴 시민들에게는 자연과 함께 여가를 즐길 수 있는 공원이자 보스턴 공원녹지체계인 '에메랄드 목걸이Emerald Necklace'의 거점이다.[4] 조경가 옴스테드Frederick Law Olmsted는 식물학자인 서전트Charles Sprague Sargent와 협업하여 아놀드수목원을 설계하였고, 약 11㎞에 이르는 선형공원인 에메랄드 목걸이를 설계했다.[5]

우리나라는 일제강점기에 목재 공급을 위한 조림수종 견본원의 개념으로 식물원을 조성하기 시작하였다. 1922년 설립된 홍릉수목원은 자생 수목을 중심으로 전시하기 시작하여 지금은 국립산림과학원 부속 전문 수목원이 되었다. 1967년 조성된 서울대학교 부속

---

4   https://www.nps.gov/frla/index.htm
5   https://arboretum.harvard.edu/about/our-history/

서울 마곡지구의
서울식물원 내부 ⓒ최정민

관악수목원은 최초의 대학식물원이다. 1970년부터 조성되기 시작한 최초의 민간 수목원이라고 할 수 있는 천리포수목원은 수목 연구와 수목원 발전에 많은 영향을 미쳤다. 1996년 개원한 사립 수목원인 아침고요수목원은 수도권의 인기 있는 정원 역할을 하고 있다. 임업연구원 중부임업시험장인 광릉수목원은 1999년에 국립수목원이 되었다. 2001년에는 「수목원·정원의 조성 및 진흥에 관한 법률」이 제정되어 수목원을 법제화하였다.

식물원botanical garden과 수목원arboretum은 경계를 구분 짓기 어렵

경기도 가평의 아침고요수목원 ⓒ이재호

다. 용어가 내포하는 의미로 보면, 식물원이 큰 개념으로 수목원을
포함할 수 있다. 수목원이 목본식물을 중심으로 구성되기는 하지만,
수목원 대부분은 다양한 식물을 수집, 재배, 전시하고 있다. 마찬가
지로 식물원은 다양한 목본을 수집, 식재, 전시할 뿐만 아니라 이용
자들의 이용과 편의를 고려하여 시설을 설치하는 것이 일반적이다.
정원의 특별한 형태라고 할 수 있는 식물원과 수목원은 현대 사회에
서 공원의 역할을 담당하고 있다.

정원(전원)도시

庭園(田園)都市 · Garden City

전원도시田園都市는 가든 시티Garden City를 옮긴 말이다. 최근에는 영어의 의미를 받아들여 정원도시庭園都市로 번역하기도 한다.

▶ 가든 시티Garden City는 많은 녹지와 통합 계획에 따라 건설된 도시를 말한다;

(본래는) 주거 및 산업 지역과 농업 벨트를 구축하여 자급자족하도록 설계된

도시를 말한다. _옥스포드 사전

정원도시는 에버니저 하워드Ebenezer Howard, 1850~1928가 고안했다. 그의 이상향은 도시와 농촌이 결합하는 새로운 정원도시를 건설함으로써 도시 공장 노동자들의 생활 조건을 개선하는 것이었다. 이 도시는 공장, 작업장, 다양한 기관들과 함께 공공 및 민간 정원을 포함하도록 계획되었다. 도로와 철도 같은 기반시설이 연결되고, 굴뚝에 의한 오염을 줄이기 위해 전기로 작동하도록 계획되었다. 농업은 도시 외곽뿐만 아니라 도시 내에서도 이루어지도록 했다. 광범위한 경제 분석에 기초한 정원도시 개념은 정원garden을 중심으로 방사형으로 구성되는 기하학적 배치로 구현하고자 한 것이다.

　'정원도시운동Garden City Movement'은 주거, 산업, 농업 지역을 포함하는 자족 공동체를 그린벨트greenbelts로 둘러싸는 도시계획 방식이다. 이 아이디어는 1898년 영국의 에버니저 하워드에 의해 시작되었으며 전원과 도시의 이점을 취하면서 동시에 둘 모두의 부정적 측면을 피하는 것이 목표였다. 하워드의 개념에 따라 런던 근교에 레치워스Letchworth가 조성되고, 웰윈 가든 시티Welwyn Garden City가 조성되었다.

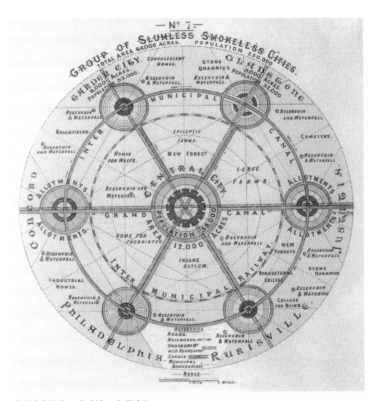

에버니저 하워드의 정원도시 개념도 ⓒWikimedia Commons

1903년에 조성된 레치워스는 세계 최초의 정원도시로 런던 북부 외곽에 조성되었다. 상업 중심지와 거주, 업무 지역이 명확하게 구분되어 있고, 자연의 아름다움과 잘 어우러진 청결하고, 쾌적한 환경이 조성되어 있어 주거·업무·레저 등을 위한 최상의 여건을 갖추고 있다. 웰윈 가든 시티는 1919년에 두 번째로 조성된 정원도시로 강력한 녹도축이 조성되어 투시도와 같은 강력한 경관을 형성한다.

제2차 세계대전 이후, 정원도시 개념은 영국 뉴타운법의 바탕이 되어 많은 새로운 도시 조성의 근간이 되었다. 정원도시 모델은 미국을 포함해서 전 세계에 많은 영향을 미쳐 많은 정원도시가 조성되었다.

조각

Patch

공원
정원
조경가

▶ 한 물건에서 따로 떼어내거나 떨어져 나온 작은 부분 _ 표준국어대사전

▶ 경관생태학에서 조각이란 주변 환경과 구분되는 상대적으로 동질적인 지역을
의미한다. _ 위키피디아

조각은 경관생태학에서 경관을 구성하는 요소 중 하나로 생태적·시
각적 특성이 주변 지역과 구분되는 비선형적인 경관 요소를 의미한
다. 식물이나 동물군집, 자연과 인공적인 교란에 의해 형성된 동질적
인 단위로 주로 가장 넓은 면적을 차지하고 연결성이 가장 좋은 경관
요소인 바탕Matrix 내에 존재한다.

　　조각은 경관생태학 모델 중 '조각-통로-바탕 모델Patch-Corridor-
Matrix model(이하 P-M 모델)'에서 개념화되었는데 여기서 통로Corridor란 바
탕에 놓여 있는 선형의 경관 요소를 의미한다. P-M 모델은 경관을
개념적으로 정의하고 복잡한 경관을 단순화해 시각적 분석 기준을
제공한다.[1]

　　조각은 크기, 수, 형태, 배열 등에 따라서 분석될 수 있다. 일반
적으로 조각의 크기는 클수록 서식처 다양성과 종 다양성이 높고, 큰
조각이 작은 두 개의 조각으로 파편화하게 되면 종 다양성이 감소할
수 있다. 작은 조각들은 징검다리 역할을 해 네트워크를 구성하고 큰

1　　Richard T. Forman, *Land Mosaics: The ecology of landscapes and regions*,
　　Cambridge University Press, 1995

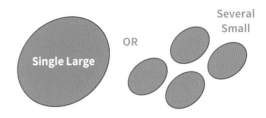

SLOSS Single Large Or Several Small **논쟁**

조각과 상호보완적인 관계를 갖게 된다. 이와 관련해 총 면적이 같을 경우 하나의 큰 경관조각이 좋을지 작은 여러 개의 경관조각이 좋을지에 대한 SLOSS Single Large Or Several Small 논쟁이 있었으며 결론적으로 큰 경관조각 주변에 여러 개의 작은 경관조각이 산재하는 경관이 이상적인 것으로 나타났다. 조각의 형태 측면에서 굴곡이 많은 조각에서는 가장자리의 비율이 높아지기 때문에 가장자리 종의 수가 증가하고 내부 종의 수는 급격하게 감소하게 된다. 조각의 형태는 굴곡이 심할수록 조각과 주변 바탕 간의 상호작용을 증가시키게 된다.

경관조각은 생성요인에 따라서 잔류조각 remnant patch, 재생조각 regenerated patch, 도입조각 introduced patch, 환경조각 environmental patch, 교란조각 disturbance patch 으로 구분할 수 있다. 잔류조각이란 자연적이나 인위적 교란이 주위를 둘러싸고 발생해 원래의 서식지가 작아져서 생성된 조각이며, 재생조각이란 교란된 지역이 회복되면서 주변과 차별성을 가지게 되는 조각이다. 도입조각이란 경관 안에 새로운 도입종이 우점해 생성된 조각이고 환경조각이란 주변과 환경조건이 상이하여 생기는 조각, 교란조각이란 국지적 교란에 의해 발생하는 조각을 의미한다.

조경

造景 · Landscape Architecture

공원
정원
조경가

조경造景이라는 용어는 '경관景, landscape을 조성造, architecture한다'는 뜻으로 '랜드스케이프 아키텍처landscape architecture'를 옮긴 말이다.

▶ 'landscape architecture'는 공원과 정원, 또는 건물, 도로 등의 매력적인 경관 조성 계획을 말한다. _옥스포드 사전

▶ 'landscape architecture'는 자연환경과 인공환경을 계획, 설계, 보존, 관리하는 분야이다. 조경가Landscape Architect는 전문적 기술을 가지고 모든 공동체의 인간과 환경의 건강 증진을 위해 일한다. _미국조경가협회American Society of Landscape Architects, ASLA

'랜드스케이프 아키텍처landscape architecture'의 우리 말인 조경造景의 정의는 다음과 같다.

▶ 경치를 아름답게 꾸미는 것을 말한다. _표준국어대사전

▶ 수목, 화초, 돌 등을 사용하여 인위적으로 자연 경치를 꾸미는 일을 말한다. _건축용어사전

▶ 아름답고 유용하고 건강한 환경을 조성하기 위해 인문적 · 과학적 지식을 응용하여 토지를 계획 · 설계 · 시공 · 관리하는 예술을 말한다. _두산백과사전

▶ 조경이란 토지나 시설물을 대상으로 인문적, 과학적 지식을 응용하여 경관을 생태적, 기능적, 심미적으로 조성하기 위하여 계획 · 설계 · 시공 · 관리하는 것을 말한다. _조경진흥법

▶ 조경은 아름답고 유용하고 건강한 환경을 형성하기 위해 인문적 · 과학적 지식을 응용하여 토지와 경관을 계획 · 설계 · 조성 · 관리하는 문화적 행위이다. _한국조경헌장

"경치를 아름답게 꾸밈"(표준국어대사전)이나 "수목, 화초, 돌 등을 사용하여 인위적으로 자연 경치를 꾸미는 일"(건축용어사전) 같은 정의는 대상(경치)과 수단(수목, 화초, 돌), 행위(꾸밈)를 중심으로 조경을 정의하고 있다. 이러한 정의는 조경의 목표와 목적(왜 해야 하는지)을 담지 못하고 단편적이고 좁은 의미로 조경을 한정하고 있다.

조경에 대한 법적 정의(조경진흥법)는 포괄적 대상(토지나 시설물), 목적(생태적, 기능적, 심미적)을 담고 있지만, 행위(계획·설계·시공·관리)로 귀결되어 '분야'에 대한 정의보다는 '행위자(조경가)'에 대한 정의에 가깝고, 그 행위를 통해 구현하고자 하는 목표는 불분명하다. 이런 측면에서 조경의 대상(지형, 수직 구조, 수평 구조, 식생, 물, 기후 등 자연적, 인공적 경관 요소), 행위(조화롭게 구성하고 배치하는 계획, 설계), 목표(좋은 공간), 분야(예술)를 명확하게 제시한 터너Tom Turner의 정의는 조경의 성격을 잘 나타내고 있다.

"조경은 지형, 수직 구조, 수평 구조, 식생, 물, 기후 등 자연적, 인공적 경관Landscape 요소를 조화롭게 구성하고 배치하는 계획, 설계를 통해 좋은 공간을 만드는 예술적 분야이다."[1]

조경landscape architecture이라는 용어는 1828년에 길버트 랭 미슨Gilbert Laing Meason, 1769~1832이 《이탈리아의 위대한 화가들의 랜드스케이프 아키텍처에 대하여On the Landscape Architecture of the Great Painters of Italy》라는 책에서 처음 사용했다. 여기서 랜드스케이프 아키텍처는 이탈리아의 농가 건물Rural Architecture을 뜻했다.

전문 직종으로서 조경이라는 용어를 처음 사용한 것은 1849년 네스필드William Andrews Nesfield, 1793~1881가 영국 버킹엄궁의 정원을 디자인할 때 자신을 '조경가Landscape Architect'라고 칭하면서부터라고 알

---

1   Tom Turner, *Garden History: Philosophy and Design 2000 BC—2000 AD*
     Spon Press, 2005

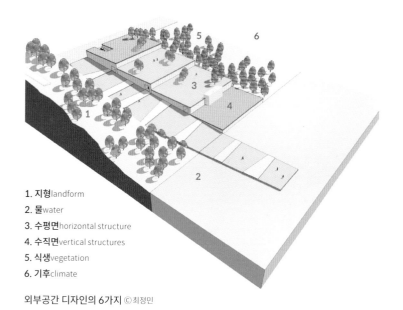

1. **지형**landform
2. **물**water
3. **수평면**horizontal structure
4. **수직면**vertical structures
5. **식생**vegetation
6. **기후**climate

외부공간 디자인의 6가지 ⓒ최정민

려져 있다. 전문 직업으로서 조경가는 1860년 옴스테드Frederick Law Olmsted, 1822~1903와 보Calvert Vaux, 1824~1895가 최초로 임명되었다. 전문 분야로서 조경은 1899년 미국조경가협회ASLA가 창립되면서 시작되었다. 학문으로서 조경은 1900년 미국 하버드대학에 조경학과Department of Landscape Architecture가 개설되면서 시작되었다.[2] 국제적 기구로 발전한 것은 1948년 영국 케임브리지에서 세계조경가협회IFLA가 창립되면서 부터였다.

조경이 다루는 토지와 경관은 국토, 지역, 도시, 교외, 농·산·어촌을 포괄하고, 자연 생태계와 사회·문화적 맥락은 조경의 토대이자 대상이다. 조경의 대상은 정원과 공원을 근간으로, 도시 경관, 자연 환경과 문화 환경, 사회적 공간과 삶의 기반으로 확장되고 있다.[3]

2   Tom Turner, *Landscape Design History & Theory: Landscape Architecture and Garden Design Origins*, Amazon Kindle Edition, 2014

3   (사)한국조경학회 https://www.kila.or.kr/

조경 서비스

造景用役 · Landscape Architecture Service

조경 서비스는 대상지 특성, 토지이용, 건물과 구조물, 조경계획과 설계 등에 관한 지식을 바탕으로 공원 및 녹지, 레크리에이션 시설, 캠퍼스, 상업, 산업 및 주거 등의 프로젝트를 위한 조사·분석, 연구, 계획·설계, 감리, 운영, 관리 등에 종사하는 행위를 말한다.

한국에서 조경 서비스는 「엔지니어링산업진흥법」에 따라 엔지니어링 사업자로 신고하거나, 또한 「기술사법」에 따라 기술사사무소를 개설하여 활동할 수 있다.

▶ 엔지니어링 활동이란 과학기술의 지식을 응용하여 수행하는 사업이나 연구, 기획, 타당성 조사, 설계, 분석, 계약, 구매, 조달, 시험, 감리, 시험운전, 평가, 검사, 안전성 검토, 관리, 매뉴얼 작성, 자문, 지도, 유지 또는 보수, 사업관리 등을 말한다. _「엔지니어링산업진흥법」

▶ 기술사는 과학기술에 관한 전문적 응용 능력이 필요한 사항에 대하여 계획·연구·설계·분석·조사·시험·시공·감리·평가·진단·시험운전·사업관리·기술판단(기술감정을 포함한다)·기술중재 또는 이에 관한 기술자문과 기술지도를 그 직무로 한다. _「기술사법」

조경 서비스는 고부가가치의 기술 집약형 두뇌 산업으로 선진국에서는 중요성이 널리 인식되어 크게 발전해 왔지만, 한국에서는 기술용역업이라 불리면서 존중받지 못하지만 계획·설계의 중요성은 더욱 커지고 관심과 수요는 크게 늘어날 것으로 보인다.

조경 아카이브

Landscape Architecture Archives Collection

▶ [아카이브] 정부, 가족, 장소 또는 조직의 역사적 문서 또는 기록 모음; 이러한 기록이 저장되는 장소를 말한다. _옥스포드 사전

▶ [디지털 아카이브] 시간의 경과에 따라 질이 떨어지거나 없어질 우려가 있는 정보들을 디지털화하여 보관하는 일을 말한다. 이를 통해 항구적인 기록과 보존 및 이용을 가능하게 한다. _두산백과사전

아카이브는 특정 장소, 기관 또는 집단에 대한 정보를 제공하는 역사적 자료와 기록물을 수집하는 작업을 뜻하며, 이러한 자료와 기록을 소장하는 곳을 의미하기도 한다. 단순히 과거의 기록물을 수집하는 활동data collection 만 의미하기보다는 여러 곳에 산재되어 있는 사진, 문서, 기사, 인터뷰 등 다양한 종류의 자료를 특정 주제에 따라 정리해 의미를 부여하는 것을 뜻한다archiving. 디지털 시대로 전환됨에 따라 과거 흩어져 일부가 없어질 우려가 있는 자료를 디지털화함으로써 영구적인 기록으로 남기고 이를 효율적으로 이용할 수 있도록 체계화해 축적 및 이용하게 하고자 함에 목적이 있다.

조경공간에서의 아카이브는 특정 공원, 장소의 과거 기록을 발굴하고 역사적 가치 또는 보존의 가치를 지니고 있는 문서를 수집, 보관 및 전시와 같은 프로그램을 만드는 행위를 의미한다. 단순히 과거의 공원 및 장소를 기록 및 보관하는 것을 넘어 미래에 가치 있는 자산으로 활용될 수 있도록 하기 위함이며, 흥미로운 주제와 분류 체계를 만드는 것이 중요하다.[1] 특히 조경공간은 경관이 고정되어 있지

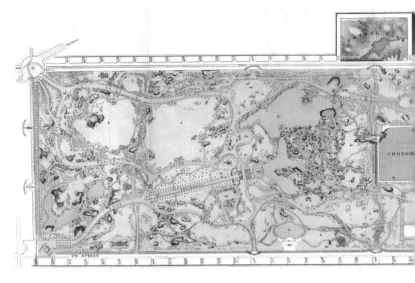

미국 뉴욕 센트럴파크 설계 도면, 1870 ©뉴욕시 시립기록보관소

않고 지속적으로 변화하기에 기록의 과정이 중요하며 기록 과정과 절차를 통해 미래의 변화에 대응해야 한다.[2] 또한 조경공간은 주변 맥락과의 연결성이 중요하기 때문에 공원 주변의 환경, 사회, 문화적 상황 등이 공원 이용에 어떤 영향을 미칠 수 있는지 다양한 관련 자료를 지속적으로 구축해야 한다. 조경계에서도 디지털화가 가속화됨에 따라 조경 아카이브 작업도 활발하게 진행될 것으로 예상하며, 조경공간에 관한 자료의 수집 및 보존할 수 있는 소프트웨어의 개발도 필수적으로 진행되어야 한다.

미국의 경우에는 미의회도서관이 센트럴파크의 설계가인 프레드릭 로 옴스테드 Frederick Law Olmsted, 1822~1903 탄생 200주년을 기념하

1   여진원·장우권, 〈도시아카이브 구축 방향에 관한 연구〉, 《한국문헌정보학회지》 47(2), 2013, 315~335쪽
2   이명준·김정화·서영애, 〈조경 아카이브 구축을 위한 기초 연구〉, 《한국조경학회 학술대회논문집》, 2018, 26~29쪽

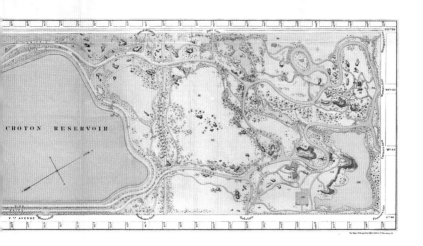

기 위한 프로젝트의 일환으로 약 24,000개의 옴스테드 자료를 온라인으로 공개하고 있다.[3] 기록에는 뉴욕 공원 휴양국 City of New York Parks & Recreation에서 뉴욕 센트럴파크를 만들면서 나눴던 1857년의 회의록, 보고서와 도면, 옴스테드의 글, 서신 등을 디지털로 구축해 놓아 누구나 쉽게 다운받을 수 있도록 공개하고 있다. 국내에서도 월드컵공원 아카이브 책자를 발간해 시민들에게 월드컵공원의 역사와 공원화 기록을 제시해주고 있다.[4]

3   NEW YORK PRESERVATION ARCHIVE PROJECT www.nypap.org/preservation-history/central-park/; The Cultural Landscape Foundation www.tclf.org/central-park-original-designs-new-yorks-greatest-treasure
4   서부공원녹지사업소·(주)조경하다 열음, 《공원의 기억: 월드컵공원》, 서울특별시 서부공원녹지사업소, 2020

조경 양식

造景樣式 · Landscape Architecture Style

▶ 양식은 일정한 모양이나 형식을 말한다; 오랜 시간이 지나면서 자연히 정해진 방식을 말한다; 시대나 부류에 따라 각기 독특하게 지니는 문학, 예술 따위의 형식을 말한다; 특정 작가, 예술가 등 또는 특정 문학, 예술 등 시대의 전형적 방식을 말한다. _ 옥스포드 사전

▶ 유행fashion은 변화를 암시한다. 유행은 양식과 달리 이상이나 패러다임을 기반으로 하지 않는 선호, '어떤 시간이나 장소에서 인기 있는 스타일'을 말한다. _ 옥스포드 사전

▶ 양식은 환경 디자인의 본질적 부분이다. 역사적으로 건축이나 정원 디자인에서 양식은 과거의 문화에 뿌리를 두고 있다. 양식은 특정 시대를 계승하거나 반발하여 나타난다. _ 브로드벤트[1]

조경에서 양식과 유행의 관계는 복합적이다. 특정 조경 양식이 우세한 시대에도 양식과 다른 디자인이 유행할 수 있기 때문이다. 정원 설계의 경우에 새로운 식물 품종이나 새로운 자재(콘크리트 블록, 나무 철도 침목)는, 그것이 구식이 되기 전까지 유행한다. 시대적으로는 일관된 양식이 있어도 디자인은 항상 개인적인 해석과 이상향이 개입한다. 동시대 영국의 풍경식 정원의 거장인 캐퍼빌리티 브라운Lancelot 'Capability' Brown, 1716~1783의 작품과 험프리 렙턴Humphry Repton, 1752~1818의 작품 사이에는 현저한 차이가 있다. 자연적 과정의 유지와 관리에 중

---

1   브로드벤트 지음, 이광노 외 옮김, 《건축디자인 방법론》, 기문당, 2005

점을 두고 있는 생태적 설계ecological design는 예술성이 있다고 보기 어려우므로 디자인 양식이라기보다는 방법method이라고 본다.[2]

1) 르네상스Renaissance

▶ 14세기와 17세기 사이에 유럽에서 일어난 고대 문학에 대한 관심과 부흥 운동 또는 시대를 말한다. _웹스터 사전

15세기 이탈리아에서 경사면에 테라스식으로 정원을 조성하여 원경을 조망할 수 있게 한 "공간으로서 경관landscape-as-space"은 건축적 조형의 대상으로서 정원의 재발견이라고 할 수 있다.[3]

르네상스 조경은 원근법과 기하학에 바탕을 둔 외부 공간 설계를 통해 공간적 통일성과 일관성을 획득하고자 했다. 르네상스 조경은 하나의 요소나 디테일에 집중하기보다는 한눈에 전체를 파악하는 데 중점을 둔 것이 특징이다.

2) 바로크Baroque

▶ 17세기 예술 표현 양식의 하나로 예술과 건축 분야에서 정교하고 기괴한 장식과 곡선과 과장된 형상을 사용한 것이 특징이다. _웹스터 사전

17세기 정원은 르네상스와 바로크 디자인 원칙에 따라 중심점으로부터 방사형의 직선 축과 함께 장식 요소, 조각, 분수 등의 요소가 배치된 것이 특징이다. 17세기와 18세기 바로크 양식은 왕실의 위엄과 화려함, 웅장함을 과시하도록 궁전과 정원이 조성되었고 유럽 전역

---

2   Meto J. Vroom, *Lexicon of Garden and Landscape Architecture*, Birkhäuser Architecture, 2006

3   Christopher Thacker, *The History of Gardens*, University of California Press, 1985

으로 퍼져나갔다.

3) 낭만주의Romanticism

▶ 평범한 사람들의 원초적 감정과 이미지에 중점을 두고 자연에 대한 감상, 멜랑콜리melancholy 등에 대해 관심을 가진 문학, 예술, 철학 운동을 말한다._웹스터 사전

낭만주의 운동은 18세기 산업 자본주의의 대두와 함께 공장의 대량 생산 체계로 인한 환경 파괴에 수반된 사회의 변화에 대한 반작용이 었다. 낭만주의에서 자연은 예술적 탐구의 대상으로 웅대하고 숭고하게 여겨졌다. 당대의 사상가인 루소Jean-Jacques Rousseau, 1712~1778와 괴테Johan Wolfgang Goethe, 1749~1832는 열렬한 자연 애호가였다. 1700년 이후 경관은 '불규칙적이고, 이상적이며 환상적인 것'으로 인식되었다. 낭만주의 운동은 정원 설계에 강력한 영향을 주었으며 다양한 조경 양식의 기반이 되었다.

4) 모더니즘Modernism

▶ 과거와의 의도적인 단절과 새로운 표현에 대한 탐구를 말한다. '모던'은 '동시대contemporary'에서부터 '새로운 것new'까지 걸쳐 있다._웹스터 사전
▶ 제2차 세계대전 이후, 낭만주의에 대한 반작용으로 모더니즘이 영향을 미치게 되었고, '진정한authentic 형태'에 대한 탐구가 시작되었다._젠크스, 1977[4]

모더니즘 조경은 건축, 도시계획과 밀접하게 연결된다. 모더니즘 조경은 '디자인에 대한 새롭고 독창적인 현대적 접근'을 목표로 하며 새로운 공간 개념이 개발되었다. 상징성은 나무, 식물, 토양, 자재 등

---

4   Charles Jencks, *The Language of Post-modern Architecture*, Rizzoli, 1977

의 형태 그 자체에 내재된 것으로 간주하고, 중점적으로 고려해야 할 것은 기능이라고 생각했다. 현대 조경에서 모더니즘의 중요한 특징은 다음과 같다.[5]

첫째, 기본적으로 현실성, 효율성, 감성의 제거, 프로그램된 시설 등을 중시했다. 둘째, 구조적 측면에서 구역 설정zoning 건물과 주변 환경의 병치juxtaposition를 중시했다. 셋째, 공간 경험적 측면에서 공간의 연계, 동시적 체험, 대상물과 연계된 형태를 중시했다. 넷째, 디자인적 측면에서는 산책로, 교목과 관목의 군식, 놀이 연못 같은 수경시설, 놀이 공간, 골격으로서 시선 축이나 장식으로서 화단 등을 중시했다.

5) 미니멀리즘Minimalism

▶ (음악, 문학, 디자인 분야) 극단적인 절제와 단순함을 특징으로 하는 스타일 또는 기술_웹스터 사전

미니멀리즘적 형태는 순수성, 선명함, 절제된 색상, 장식의 제거 등을 지향한다. 연상이나 상징성은 생략되고 자연 재료가 기하학적인 형태로 성형돼 공간이나 사물에 독특함을 준다. 대개 미니멀리즘적 형태는 환경과 거의 관련이 없는 단순한 형태의 조형적 요소를 지향한다.

미니멀리즘 조경은 식물 재료의 사용이 억제된 일본 정원에서도 찾을 수 있고, 네덜란드의 조경가 한스 워나우Hans Warnau, 1922~1995, 미국의 피터 워커Peter Walker, 1932~와 마샤 슈왈츠Martha Schwartz, 1950~ 등의 디자인에서 볼 수 있다.

---

5   Lodewijk Baljon, *Designing Parks: an examination of contemporary approaches to design in landscape architecture*, Architectura & Natura Press, 1992

조경 언어

造景言語 · Landscape Language

조경 언어는 두 가지 개념으로 구분할 수 있다. 하나는 경관을 표현하는 언어이고, 다른 하나는 디자이너나 전문가들이 사용하는 언어를 말한다.

경관 언어language of landscape는 사람과 환경 사이의 현상학적이고 신화적인 관계를 말한다.

경관은 우리에게 말을 걸고, 우리는 이해하고 반응하는 법을 배운다. 경관 언어는 단어나 문장처럼 나무, 분수, 거리 또는 마을, 숲, 더 크고 복잡한 경관 이야기 같은 방식으로 결합된다. 인간의 정주 역사가 오래된 경관은 더 복잡하고 풍부한 언어를 가지고 있다. 실제로 경관은 말이 없이 그 자체로 하나의 세계일 뿐이다. 오직 인간만 언어를 사용할 수 있고, 사물과 경관에 의미를 부여하고, 자신의 생각과 이상을 말로 전달해 '경관 가치'를 표현할 수 있다.[1] 경관 언어는 인간의 언어이므로 사람과 국가에 따라 많은 언어가 있다. 이는 경관의 서사적 측면을 이해하는 데 도움을 준다.

디자이너나 전문가들이 사용하는 언어는 계획하고 설계하는데 필요한 설계 언어design language다.

형태적 패턴은 설계 언어이다. 패턴은 형태적 맥락 또는 새로운 창조와 관련된다. 조경에서는 고유한 조경 언어를 사용해 콘셉트, 아

---

1   Meto J. Vroom, *Lexicon of Garden and Landscape Architecture*, Birkhäuser Architecture, 2006

364

이디어, 디자인을 설명하고 대화하며 프레젠테이션한다. 모더니즘 조경에서 멕시코의 루이스 바라간Luis Barragan, 1902~1988, 브라질의 로베르토 벌 막스Roberto Burle Marx, 1909~1994, 미국의 이사무 노구치Isamu Noguchi, 1904~1988 같은 조경가는 보편주의에 저항해 지역의 고유성을 미니멀하고 기하학적인 모더니즘의 설계 언어로 재해석하여 현대적인 재료와 기술로 독특한 장소를 구현했다. 현대 조경에서 핼프린Lawrence Halprin, 1916~2009, 발켄버그Michael Van Valkenburgh, 1951~, 워커Peter Walker, 슈왈츠Martha Schwartz, 1950~, 올린Laurie Olin, 1938~ 같은 조경가는 조경을 건물의 배경이 아니라 예술 작품으로 발전시켰다. 맥하그Ian McHarg는 생태학을 적극적인 조경계획 언어로 다루어 실현하고자 했다.[2]

2   Sutherland Lyall, *Designing the New Landscape*, Thames and Hudson, 1991

조경 형태

造景形態 · Landscape (Architectural) Form, Shape

맥락
조경
조경 언어
조경가
조경설계

▶ 형태form는 어떤 물체의 외관을 말한다. 형태는 어떤 모양, 형상, 형식을 의미하는 가장 넓은 뜻으로 형상, (작품)의 표현 형식 등을 말한다. 모든 유형의 물체는 물질과 형태로 구성되어 있다. 평면에서 형태는 배경과 상호작용한다. 형태는 원, 삼각형, 피라미드, 원기둥과 같은 규칙적이고 기하학적일 수도, 불규칙할 수도 있다. _ 브리태니커 사전

▶ 형태shape는 특정 유형의 배열 또는 구조를 말한다. 물체의 모양과 그것의 기능 사이에는 관계가 있다. 형태는 이것이 무엇이고, 무엇에 쓰이며, 어떻게 유래된 것인지를 인식 가능하게 한다. _ 옥스포드 사전

형태는 본질적 정체성과 관련된다. 공간에서 방향성은 형태, 차원, 원근법에 따라 달라진다. 디자인 과정에서 모델 만들기modeling는 새로운 물체, 장소 또는 경관의 구체적인 형태를 상상하고 묘사하는 단계이다. 시공, 양식, 상징, 미학이 모두 형태와 관련되어 있다.[1]

조경가들은 형태를 조작하거나 만들기 전에 자연과 예술 작품, 우리의 예술과 타인의 예술, 다른 문화, 다른 시대 등에서 발견되는 형태 같은 '다양한 형태'에 익숙해야 한다.[2]

---

1   에른스트 곰브리치E. H. Gombrich 지음, 백승길·이종숭 옮김, 《서양미술사The Story of Art》, 예경, 2003

2   Laurie Olin, "Regionalism and the Practice of Hanna/Olin, Ltd.", *Regional Garden Design in the United States*, University of Texas Press, 2001

조경가

造景家 · Landscape Architect

조경가造景家는 "경관景, landscape을 조성造, architecture하는 전문가家"라는 뜻으로 '랜드스케이프 아키텍트Landscape Architect'를 옮긴 말이다.

▶ 'Landscape Architect'는 정원, 공원 같은 대규모 옥외공간을 계획 및 조성하는 일을 하는 사람을 말한다; 사람들이 사용하고 즐길 수 있도록 구조물, 차량 및 보행자 도로, 식재 등을 배치하고 토지를 개발하는 사람을 말한다._웹스터 사전

▶ 'Landscape Architect'는 조경하는 사람을 말한다._옥스포드 사전

▶ 'Landscape Architect'는 인공환경을 포함한 외부 공간과 환경에 대한 계획, 설계, 관리 및 지속 가능한 보존과 개발에 대한 연구를 수행하고 조언을 한다._세계조경가협회IFLA

▶ 'Landscape Architect'는 전문적 기술을 가지고 인간과 환경의 건강 증진을 위해 일하는 사람으로 공원, 캠퍼스, 가로, 산책로, 광장, 주거지, 공동체성 증진 같은 프로젝트를 계획하고 설계한다._미국조경가협회ASLA

▶ 'Landscape Architect'는 정원, 공원, 학교, 도로, 상업 및 산업 단지, 주거 단지 외부 공간 같은 프로젝트의 경관 및 오픈스페이스를 계획, 설계, 감리, 관리한다._국제노동기구 국제표준직업분류International Standard Classification of Occupations, ISCO

랜드스케이프 아키텍트Landscape Architect에 대한 다양한 정의를 참고하여 조경가는 다음과 같이 정의할 수 있다. 조경가는 생태적 지속 가능성에 주의를 기울이면서 인공 소재와 자연 소재를 사용하여 도시, 교외, 농촌 지역의 거의 모든 유형의 외부공간을 대상으로 일한다.

'Landscape Architect'라는 용어는 1804년 프랑스의 건축가이자 엔지니어이며 풍경화가였던 모렐Jean-Marie Morel, 1728~1810이 자신을 'architecte paysagiste'라고 칭한 것에서 유래했다.[1] 전문 직업으로서 조경가는 1858년 뉴욕 센트럴파크 설계공모에 당선되어 공원 조성 책임을 맡고 있던 옴스테드Frederick Law Olmsted와 칼베르 보Calvert Vaux가 처음 사용했다. 1899년 미국조경가협회ASLA가 설립되면서 전문 영역을 지칭하는 공식 명칭으로 채택되었다. 현재 조경가는 국제노동기구ILO에서 공인하는 직업이고, 세계조경가협회IFLA가 대표하는 전문직군이다. 대부분의 국가는 조경 관련 전문 협회를 가지고 있다.

전문 직종으로서 조경가라는 명칭을 가장 먼저 사용한 옴스테드(위)와 보(아래).
출처: https://www.nps.gov/

조경가와 유사한 지식과 기술을 가진 직군으로 정원디자이너Garden Designer가 있다.

조경가는 물, 식생, 구조물 등을 포함해 지형을 만드는 정원디자이너의 오래된 기술을 사용해 인공 경관을 창출한다. 19세기에 조경가는 사회적 요구에 의해 도시설계나 공원 같은 공공 프로젝트를 수행하는 전문가로서 정원디자이너와 구분되는 전문 영역으로 분리되었다. 조경가가 공공 기관(기업 및 정부)을 위해 일하는 경우가 많다면, 정원디자이너는 개인이나 사적 단체를 위해 일하는 경우가 많다.

---

1   Joseph J. Disponzio, "Landscape architect(ure). a brief acccount of orgins", *Studies in the History of Gardens & Designed Landscapes*, vol.34(3), 2014

조경감리

造景監理 · Landscape (Architectural) Supervising

▶ [감리] 감독하고 관리하는 것 _ 표준국어대사전

▶ [감리] (계획 및 설계) 감독과 관리의 준말이며, 건물 설계와 시공 내용이 법령이나 규정에 따라 잘되었는지, 공사나 안전 혹은 품질 등에 대해 감독하고 지도하는 것. (재료 및 시공) 발주자의 위임을 받아 공사가 진행되는 단계에서 공사 계약의 체결에 협력하여 설계 의도를 적절하게 실현시켜 공사가 설계 도서에 합치하는지 확인하는 업무를 말한다. _ 건축용어사전

조경감리는 조경 설계와 시공 내용이 법령이나 규정에 따라 적절하게 되었는지, 시공과정이나 안전 혹은 시공품질 등을 감독하고 관리하는 행위이다. 감리는 발주기관의 감독업무를 대행해 시공계획의 검토, 공정표의 검토, 시공도면의 검토, 구조물의 규격에 관한 검토 등 공사 감독 업무를 수행한다.

　조경을 포함한 공사의 감리는 부실공사를 방지하기 위한 대책이다. 1987년 천안 독립기념관 화재와 1994년 성수대교 붕괴 등의 사고를 겪은 후 사회적으로 감리의 필요성이 제기되면서 건설공사에 감리가 도입되었다. 공사 발주자가 조경이나 건축 등의 전문가가 아닌 상황에서 공사 발주자를 대신해 시공계획을 검토하고 공정표를 확인하며, 시공자가 작성한 시공도면을 확인하고, 구조물의 규격이 적합한지 등 공사 감독자로서의 업무를 수행하는 것이 감리자의 역할이다. 따라서 업무 수행 과정 중 이상이 있는 경우, 예를 들어 시공자가 만약 설계도서대로 공사를 하지 않을 경우, 감리자는 이를 공

「건설기술관리법」 시행령 제5조에 따른 감리 유형

유형	특징
설계감리	건설공사의 계획·조사 또는 설계가 관계 법령과 제34조제1항 각 호의 건설공사설계기준 및 건설공사시공기준 등에 따라 품질과 안전을 확보하여 시행될 수 있도록 관리하는 것
검측감리	건설공사가 설계도서 및 그 밖의 관계 서류와 관계 법령의 내용대로 시공되는지 여부를 확인하는 것
시공감리	품질관리·시공관리·안전관리 등에 대한 기술지도와 검측감리를 하는 것
책임감리	시공감리와 관계 법령에 따라 발주청으로서의 감독권한을 대행하는 것. 책임감리는 전면책임감리와 부분책임감리로 구분되며, 전면책임감리는 계약단위별 공사의 전부에 대하여 책임감리를 하는 것이며, 부분책임감리는 계약단위별 공사의 일부에 대하여 책임감리를 하는 것

사 발주자에게 통지한 후 공사중지 또는 재시공을 요청할 수 있다. 그러면 정당한 사유가 없을 경우 시공자는 공사를 중지하거나 재시공해야 한다. 만약 감리자가 공사 중지나 재시공을 요청했음에도 공사를 중지하지 않고 계속하는 경우, 감리자는 이를 허가권자에게 보고해야 한다.

조경시공을 포함한 건설공사에서 감리 유형은 건설기술관리법에 따라 설계감리, 검측감리, 시공감리, 책임감리로 구분할 수 있다. 「건설기술관리법」 시행령 제5조에 따른 각 감리 유형별 특징은 위 표와 같다.

조경계획

造景計劃 · Landscape Architectural Planning

▶ [계획] 앞으로 할 일의 절차, 방법, 규모 따위를 미리 헤아려 작정하는 행위 또는 그 내용을 말한다. _ 표준국어대사전

▶ [계획] 건축에서 계획이란 대지 주변의 상황, 대지의 조건, 사용자의 생활, 행동, 의식과 기능 간의 대응 관계를 기초로 하여 공간을 계획하는 일을 말한다. _ 건축용어사전

▶ [조경기본구상] 조경기본구상이란 계획 방향에 따라 개념을 설정하고 공간을 기능적으로 구성하기 위해 시설의 종류와 규모를 산정하여 최적의 대안을 결정하는 능력이다.

[조경기본계획] 조경기본계획 수립이란 기본구상에 의한 토지이용계획과 동선계획을 통하여 모든 내용이 종합적으로 반영된 기본계획도를 작성하고 이에 대한 공간별, 부문별 계획을 수립하는 능력이다. _ 국가직무능력표준

▶ [계획] 조경계획을 통해 관련분야의 의사 결정 과정에 방향을 제시하며, 설계의 합리적 체계와 틀을 제공한다. 조경계획에는 다음과 같은 두 가지 유형이 있다. 다양한 환경적 요소를 고려하여 토지이용과 관리 기준을 도출하는 계획과 설계의 선행 단계로서 구체적인 실행안을 제시하는 계획이다. _ 한국조경헌장

계획으로 풀이되는 영어 단어 'plan'은 라틴어 'planus'를 어원으로 한다. 'planus'는 '평평하다flat'는 뜻이다. 평평하다는 의미가 건물을 짓기 위해 바닥을 평평하게 한다는 의미에서 'plan'의 의미로 확장된 것이다. 이를 바탕으로 조경에서의 'plan'을 해석하면, 다양한 높낮이와 굴곡을 지닌 자연의 공간을 인간의 활용을 위해 적절하게 바

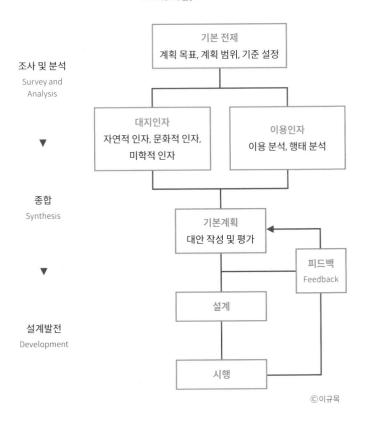

SAD의 과정, 2020

ⓒ이규목

꾸는 과정 및 이에 대한 준비라고 할 수 있다. 이규목에 따르면 '계획' 은 "어떤 목표에 도달할 수 있도록 유도하는 행동 과정의 설정laying out a course of action"이다. 따라서 조경계획이란 현황을 파악하고 관련된 자 료를 수집·분석하여 문제를 파악하는 과정으로 설명할 수 있다.[1] 이 규목은 조경계획의 일련의 과정을 SADsurvey, analysis, development를 이용

1   이규목·고정희·김아연·김한배·서영애·오충현·장혜정·최정민·홍윤순, 《이어쓰는 조경학개론》, 한숲, 2020

조경계획·설계 과정

대상지 선정 ▶ 환경 분석 ▶ 분석 종합 ▶ 기본 구상 ▶ 기본 계획 ▶ 기본 설계 ▶ 실시 설계

조경계획　　　　　　　　　　　조경설계

해 도식(372쪽)과 같이 규정한다.

　또한 계획이란 주어진 문제의 해답을 찾아내는 과정이다. 임승빈·주신하에 따르면 계획이란 "문제의 상태 A에서 해결의 상태 B를 도출해내는 과정"이다.[2] 조경계획의 어려움은 주어진 문제가 공간을 대상으로 한다는 점에서 기인한다. 실제 공간에서 나타나는 문제는 수학과는 달리 명확한 정답이 존재하지 않는 비체계적이며 모호하다는 특징을 지닌다. 그리고 제안된 해답은 대상지를 둘러싼 다양한 이해 당사자들의 특성에 따라 누군가에게는 해답이지만 또 다른 누군가에겐 오답인 경우도 생길 수 있으며, 제안된 해답의 맞고 틀리고에 대한 명확한 기준 제시가 어렵다는 특징을 지닌다. 조경가는 계획 과정에서 이러한 어려움을 극복하기 위해 대상지를 물리·생태적 측면과 사회·행태적 측면, 시각·미학적 측면 등 다양한 방면에서 분석하고 이를 종합하는 과정을 거치며 체계적으로 이해하게 되고 이를 바탕으로 공간에 대한 구상을 진행한다. 조경계획·설계 과정에서 초기 프로젝트의 시작이라 할 수 있는 대상지의 선정부터 다양한 분석 과정을 거쳐 종합하고 이를 바탕으로 공간을 구상하여 기본계획을

2　임승빈·주신하, 《조경계획·설계》, 보문당, 2019

수립하는 일련의 과정까지를 흔히 조경계획이라고 하며, 기본계획 이후 이어지는 기본설계와 실시설계의 과정을 조경설계로 구분한다.[3] 즉 여기서 조경계획이란 설계 이전까지의 모든 과정을 통칭하는 표현이라 할 수 있다.

현대적 개념의 조경계획을 구성하는 체계적인 과정은 1800년대 길버트 랭 미슨Gilbert Laing Meason, 1769~1832과 존 클라우디우스 루동 John Claudius Loudon, 1783~1843, 그리고 프레드릭 로 옴스테드Frederick Law Olmsted, 1822~1903에 의해 조경Landscape Architecture이라는 업역이 새롭게 정의되고 근대공원이 나타나면서부터 시작되었다. 특히 도시라는 공간이 가지는 환경문제를 인식하고 이를 해결하고자 하는 대안으로 뉴욕의 센트럴파크 설계 공모가 제안되었다. 이를 계기로 도시 환경문제의 해결방안으로서 조경공간이 등장했으며 조경계획 또한 주목받기 시작했다. 이후 조경계획은 그 대상을 도시의 다양한 외부공간으로 확장해 나갔다. 1969년 이안 맥하그Ian McHarg, 1920~2001가 소개한 생태적 분석 방법은 오늘날 조경계획의 가장 중요한 틀이라 할 수 있는 '분석–설계' 과정을 만들며, 지금과 같은 조경계획·설계의 일련의 과정이 자리 잡게 했다.

오늘날 국내에서 사용되는 조경계획은 크게 다음의 두 가지 의미로 구분할 수 있다. 첫째는 위에서 설명한 것처럼 조경 프로젝트에서 분석과 종합, 기본구상을 통해 기본계획을 도출하는 과정, 둘째, 넓은 규모의 대상지에 토지이용의 계획방안 수립을 통해 경관을 조성 또는 개발하는 행위이다. 조경계획이라는 용어로 흔히 표현되는 두 번째 의미는 본래 영어 단어인 '랜드스케이프 플래닝Landscape Planning'의 '랜드스케이프'를 조경으로 직역하면서 랜드스케이프라는 용어가 가진 이중적 의미를 고려하지 않아 생긴 '광역조경계획'이다.

---

3   이명우·구본학 외, 《조경계획》, 기문당, 2020

두 번째 의미의 조경계획에 대한 더욱 자세한 설명은 '경관'(35쪽) 및 '랜드스케이프'(179쪽) 항목을 참고하기 바란다.

조경계획은 오늘날 세계인구의 절반 이상이 거주하는 도시라는 공간의 다양한 환경문제를 해결하기 위한 방안으로서 주목받고 있다. 특히 지속가능한 도시를 형성하는데 조경을 통해 만들어지는 다양한 녹지 및 외부공간은 도시의 중요 그린 인프라스트럭처로서 그 중요성은 향후 더욱 늘어날 것이다. 더불어 오늘날 조경계획은 랜드스케이프 어버니즘 등의 이론적 정립을 바탕으로 계획 대상을 점점 더 확장해 도시의 시스템에 깊이 관여하고 있다.

이처럼 조경계획이 다양한 영역으로 확대되면서 도시계획, 건축, 환경공학 등 도시의 인프라스트럭처를 둘러싼 여러 분야와 협업과 통섭을 요구받게 되었다. 더욱 다양한 분야와 협업하기 위해서 조경계획의 실질적인 역할과 범위에 대한 구체적인 정립이 필요한 시기이다.

조경과 도시계획

造景 對 都市計劃 · Landscape Architecture vs. Urban Planning

공원
정원
조경
조경가
조경과정원

조경landscape architecture과 정원garden은 모두 도시설계urban design에 영향을 미쳤다. 역사적으로 정원은 도시설계의 모델이 되었다. 이란의 이스파한Isfahan은 고대 페르시아 정원Persian gardens에 토대를 두고 있다. 영국 런던의 가로와 광장 등은 르네상스와 신고전주의 정원에 바탕을 두고 있다. 19세기 파리와 미국의 수도 워싱턴은 바로크 정원이 근거가 되었다.[1]

조경은 19세기에 급격한 도시화로 인한 사회적 필요에 의해 태동한 전문 분야이다. 당시의 조경가는 도시, 도시공원과 공원 시스템, 캠퍼스 도시, 주거 공동체 같은 도시계획이나 도시설계에 준하는 프로젝트를 수행했다. 이 시기에 도시의 주요 쟁점으로 도시계획urban planning이 새롭게 부각되었는데, 조경가들은 오늘날 현대 도시계획의 출발점으로 평가받는 '도시미화운동'에서 중심 역할을 했다. 대공황과 2차 세계대전 이후에는 국가적 공공 프로젝트를 담당했다.[2]

1860년에 옴스테드Frederick Law Olmsted와 보Calvert Vaux가 조경가landscape architect라는 공식 직함으로 임명되어 담당한 프로젝트는 맨해튼 155번가 위쪽으로 도시를 확장하는 계획이었다. 조경은 목가적 풍경을 구현하는 정원 만들기보다는 도시적 스케일을 다루는 어버

---

1   Tom Turner, *Landscape design history & theory: landscape architecture and garden design origins*, Gardenvisit.com, 2014

2   William H. Wilson, *The City Beautiful Movement*, The Johns Hopkins University Press, 1989; 존 레비 지음, 서충원·변창흠 옮김, 《현대 도시계획의 이해》, 한울아카데미, 2004

이란의 이스파한 ©Wikimedia Commons

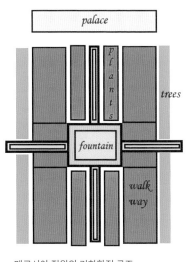

페르시아 정원의 기하학적 구조
©Wikimedia Commons

니즘과 유사했다.[3]

조경가 옴스테드가 계획하고 조성한 뉴욕의 센트럴파크, 브루클린의 프로스펙트 파크Prospect Park, 1867, 뉴욕 버팔로공원 체계park system in Buffalo, N.Y., 1868~1876, 보스턴공원 체계Boston park system, 1875 등은 규모나 조성 목적, 성격을 보면 공원 디자인이라기보다 도시계획과 도시설계에 가깝다. 리버사이드 조경지구Riverside Landscape Architecture District, Illinois, 1869로 불리는 시카고 서

---

3   Charles Waldheim, "Landscape as architecture", *Harvard Design Magazine* 36, S/S 2013

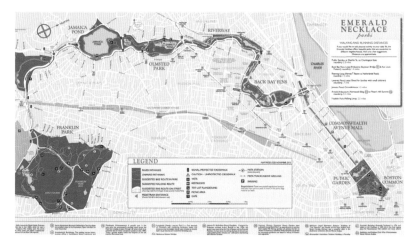

'에메랄드 목걸이Emerald Necklace, 1878-1896'는 미국 보스턴의 심장 같은 공원녹지체계 parkway system를 일컫는다. 길이는 11km가 넘고, 면적은 약 135만평에 이르는 선형 공원 체계로 조경가 옴스테드가 설계했다. 이 위대한 유산은, 공원이 다양한 배경과 경제적 수단을 가진 사람들의 만남의 장이 될 수 있다는 조경가 옴스테드의 사회적 비전을 공간적으로 구현한 것이다. 출처: https://www.emeraldnecklace.org/

쪽 교외에 있는 리버사이드 단지는 미국 최초의 계획 지역으로 1970년에 리버사이드 역사지구Riverside Historic District로 지정되었다. 옴스테드 주니어F. L. Olmsted Jr., 1870~1957가 설계한 포레스트 힐스 가든Forest Hills Gardens, 1909은 미국 최초의 "정원 교외garden suburb" 계획이었다. 지금은 뉴욕 퀸스에서 가장 비싼 거주지 중 하나가 되었다.

조경가인 옴스테드 주니어는 미국도시계획협회American Planning Association의 전신인 ACPIAmerican City Planning Institute를 설립하고 초대 회장으로 취임하여 '전국도시계획회의'를 공식화했다. 최초의 도시 계획 교과 과정은 1909년 하버드대학 조경학과Landscape Architecture department에 "도시계획의 원리The Principles of City Planning"라는 강좌를 개설하면서 시작되었다. 이어서 1923년에는 도시계획과 지역계획, 1960년에는 도시설계 프로그램을 처음 개설했다.[4]

오늘날 도시계획, 지리학, 임업 및 천연자원 분야 등에서 널리 이용되는 GIS(지리정보체계)는 조경계획 방법이 토대이다. 1960년대 후반, 펜실베이니아대학교 조경학과를 개설한 이안 맥하그Ian McHarg, 1920~2001가 계획 대상지를 레이어로 분석하는 방법을 고안하고 일반화한 것이 GIS의 기초가 되었다.

현재 도시계획은 조경과 독립된 분야로 발전했고, 도시계획가Urban Planners는 별도의 자격이 필요한 전문 분야이다.

4   미국도시계획협회 https://www.planning.org

조경과 정원

造景 對 庭園 · Landscape Architecture vs. Garden Design

조경과 정원은 4000년 이상 거슬러 올라가는 기록을 가지고 있는 오래된 예술이다. 두 예술은 모두 길이, 폭, 높이, 시간의 차원을 내포하고, 과학적 지식을 활용해 사회적, 미적, 기능적으로 질 높은 옥외 공간을 만든다.

현재, 조경과 정원은 역사를 공유하는 별개의 예술이라고 할 수 있다. 경제적 관점에서 정원은 사적 재화와 관련되고 조경은 공적 재화와 관련된다. 조경과 정원이 별개의 예술로 자리 잡는 시기는 18세기 말부터이다. 18세기 말부터 영국과 미국에서 정원과 조경의 중간적 개념이라고 할 수 있는 '랜드스케이프 가드닝landscape gardening'과 '랜드스케이프 가드너landscape gardener'라는 용어가 사용되었다. 랜드스케이프 가드너는 경관landscape과 정원사gardener를 혼합한 용어로, 1764년 영국의 시인이자 정원가였던 윌리엄 셴스턴William Shenstone, 1714~1763이 처음 사용했다. 1794년 영국의 저명한 정원디자이너인 험프리 렙턴Humphry Repton, 1752~1818이 저서에 랜드스케이프 가드닝landscape gardening이라는 용어를 사용하면서, 랜드스케이프 가드닝과 랜드스케이프 가드너라는 용어가 보편적으로 사용되기 시작했다.[1]

조경은 공원이나 도시설계 같은 공공 프로젝트를 수행하는 전문분야로서 전통적인 정원과 구분되는 전문 영역으로 분리되었다.

---

1 Joseph J. Disponzio, "Landscape architect(ure). a brief acccount of orgins", *Studies in the History of Gardens & Designed Landscapes*, vol.34(3), 2014

정원-조경-공원과 도시의 관계 개념도

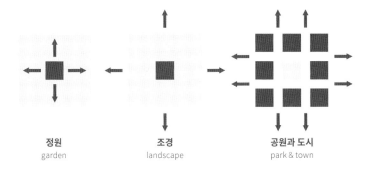

정원	조경	공원과 도시
garden	landscape	park & town

출처: Tom Turner, *Landscape design history & theory: landscape architecture and garden design origins*, Gardenvisit.com, 2014

공공 정원public garden은 조경과 정원이 중첩되는 영역이자 현대 조경의 시작점이다.[2] 최초로 공직 조경가로 임명된 옴스테드는 조경 Landscape Architecture이라는 명칭이 자신이 하는 일을 대변하는 용어로 적합하다고 생각하지는 않았던 것 같다. 그는 이렇게 말했다. "나는 늘 'Landscape Architecture'라는 명칭이 신경 쓰인다. 'Landscape'는 좋지 않은 단어고, 'Architecture'는 안 좋고, 그 조합은 아니다. 가드닝은 더 형편 없다."[3] 전통적 분야인 정원landscape gardening과 신흥 분야인 도시계획urban planning이 결합된 성격을 가진 분야를 명확하게 규정하는 것에 어려움을 겪어왔다.

2   Tom Turner, *Garden History: Philosophy and Design 2000 BC—2000 AD.* *Spon Press*, London & N.Y., 2005

3   옥스포드 사전 https://www.oed.com/

조경교육

造景教育·Landscape (Architectural) Education

▶ 조경교육은 사회의 변화와 수요에 대응할 수 있는 이론적 토대를 구축하고 실천적 기술을 제공한다. 교육의 영역은 창의적 문제 해결 역량을 지닌 조경 전문가를 양성할 뿐만 아니라 시민을 대상으로 하는 교육과 전문가의 재교육까지 아우른다. _한국조경헌장

조경교육은 조경과 관련된 지식과 기술을 가르치는 일련의 교육과정을 의미한다. 이론적·실천적 교육과 연구는 수준 높은 조경 공간과 지속 가능한 국토환경을 위한 기반이다. 오늘날 우리나라를 비롯한 많은 나라에서 제공되는 대학의 학부 과정을 중심으로 진행되는 조경교육은 조경가에게 필요한 이론 및 실습 과정으로 구성된다. 4년 동안 진행되는 대학의 조경학 교육은 조경가 양성을 위해 조경계획·설계를 비롯해 시공학, 관리학, 수목학, 생태학, 미학, 조경사 등 조경과 관련된 체계적인 커리큘럼을 제공함으로써 조경가로서 활동할 때 필요한 기반 지식 및 실기 능력을 양성할 수 있도록 한다.

　　대학을 중심으로 이루어지는 근대적 조경교육 이전까지 조경교육은 정원사에 의한 도제식 교육을 통해 이루어졌다. 조경학에 대한 근대적인 대학에서의 교육은 1893년 미국 하버드대학교의 디자인대학원에 조경학 과정이 개설되면서부터이다. 처음 대학에서 근대적인 조경학 교육이 시작된 미국의 경우, 전문석사학위^{Professional Master' Degree}과정을 중심으로 계획·설계에 대한 커리큘럼 위주로 교육과정이 구성되어 있다. 하버드대학교 디자인대학원의 조경학 전공

하버드대학교 디자인대학원 조경학과 커리큘럼
(2022년 홈페이지에 소개된 커리큘럼을 바탕으로 재구성)

구분	2022년 가을학기	2022년 봄학기
스튜디오 STU	Core Studios: - Landscape Architecture I - Landscape Architecture III Option Studios	Core Studios: - Landscape Architecture II - Landscape Architecture IV Option Studios
표현 VIS	Landscape Representation I Lost and Alternative Nature: Vertical Mapping of Urban Subterrains for Climate Change Mitigation Drawing for Designers: Techniques of Expression, Articulation, and Representation	Landscape Representation II Drawing for Designers 2: Human Presence and Appearance in Natural and Built Environment Theories and Practices of Landscape Architecture
계획설계이론 DES	Theories of Landscape as Urbanism	Landscape Fieldwork: People, Politics, Practices (with FAS) Wild Ways: Thinking, Relating and Being with/in Wilderness, Wild-ness and Nature in the Anthropocene Experiments in Public Freedom Thinking Landscape – Making Cities Machine Learning and the Image of the City
역사 HIS	Studies of the Built North American Environment: since 1580 Histories of Landscape Architecture I: Textuality and the Practice of Landscape Architecture North American Seacoasts and Landscapes: Discovery Period to the Present Cotton Kingdom, Now Race and Gender: Landscape Architecture as Practice, Profession, and Discipline Plants of Ritual: Creating a Spiritual Connection to the Designed Landscape Landscapes of Profit: Heresy, Sedition and Oppression from the Mediterranean to the Atlantic World	Histories of Landscape Architecture II Modernization in the Visual United States Environment, 1890-2035 Adventure and Fantasy Simulation, 1871-2036: Seminar Environmental Histories, Archived Landscapes The Spectacle Factory Natural Histories for Troubled Times, or, Revisiting the 'Entangled Bank'

구분	2022년 가을학기	2022년 봄학기
기술 SCI	Ecologies, Techniques, Technologies I Ecologies, Techniques, Technologies III: Ecology and the Design World Climate by Design Water, Land-Water Linkages, and Aquatic Ecology Working Landscapes: Natural Resiliency And Redesign Power||Energy: Mapping the Thickened Ground of Labor	Ecologies, Techniques, Technologies II Ecologies, Techniques, Technologies IV Mapping: Geographic Representation and Speculation Plants and Placemaking – New Ecologies for a Rapidly Changing World Structures in Landscape Architecture, Joint & Detail Ecosystem Restoration
심화과정 ADV	Independent Study Preparation of MLA Design Thesis Proseminars	Independent Study Independent Thesis Discourse and Research Methods Discourse and Methods II

교육과정은 크게 교과목코드에 따라 스튜디오STU와 표현VIS, 계획설계이론DES, 역사HIS, 기술SCI, 심화과정ADV 등으로 구분되며, 각 부분에서 다양한 주제를 다루는 수업이 제공된다.

학제적으로 한국의 조경 교육은 특성화 고등학교 조경과, 전문대학 과정, 4년제 학부 과정, 대학원의 석사 및 박사 과정으로 이루어진다. 우리나라에서 조경 분야의 대학교육은 1973년 서울대학교 농과대학 조경학과와 영남대학교 공과대학 조경학과가 신설되어 신입생을 선발하면서 시작되었다.[1] 같은 해에 서울대학교 환경대학원 조경학과 석사과정이 신설되었고, 청주대학교1974, 동국대학교1975, 서울시립대학교1975, 경희대학교1976, 성균관대학교1979에 조경학과가 신설되면서 성장하고 발전했다. 이후 조경학은 사회의 다양한 요

---

1   문석기, 〈학회지 발간 10주년 기념 특집 : 우리나라 조경분야의 10년 발전 역사〉, 《한국조경학회지》 11(2), 1983, 2003~2014쪽

지역별 조경학과 개설대학 수

강원 4년제 5개소 / 전문대 2개소

서울 4년제 8개소

경기 4년제 2개소 / 전문대 4개소

충북 4년제 2개소

충남 4년제 6개소 / 전문대 2개소

경북 4년제 9개소 / 전문대 1개소

대전 4년제 2개소 / 전문대 1개소

전북 4년제 6개소 / 전문대 4개소

대구 4년제 3개소 / 전문대 2개소

광주 4년제 3개소 / 전문대 1개소

부산 4년제 2개소

경남 4년제 1개소 / 전문대 3개소

전남 4년제 4개소 / 전문대 8개소

출처: 국토교통부, 《제2차조경진흥계획 보고서》, 2022

구에 부응하면서 지속적으로 변화와 발전을 거듭해 현재(2019년 4월 기준)는 전국 4년제 대학 53개, 전문대학 28개에 조경학과가 개설되어 연간 약 1,200명 정도의 전문인력을 배출하고 있다. 전국 농·생명산업계열 고등학교 가운데 '조경과'가 개설된 특성화 고교는 24개 교이다.[2]

조경학과의 교과 과정은 일반적으로 조경계획 및 설계, 조경 시공, 조경수목 및 식재설계, 조경관리, 컴퓨터 조경 등으로 구성되고, 자연공원, 관광휴양지, 도시경관, 공원, 도시, 지역, 생태조경, 관

---

2   이준호·정태열, 〈특성화고 조경과 학생들의 기능인력 양성에 관한 연구〉, 《한국조경학회지》 41(2), 2013, 38~46쪽

서울대학교 조경학전공 및 서울시립대학교 조경학과의 교과과정
(2022년 3월 현재 각 학과 홈페이지에 소개된 교과과정을 바탕으로 재구성)

		서울대학교 조경학전공	서울시립대학교 조경학과
1학년	1학기	신입생세미나	기초설계 조경학개론
	2학기	조경지역시스템공학개론	기초컴퓨터설계 조경수목의 이해
2학년	1학기	조경식물재료학 공간디자인 GIS와 계량분석실습 조경컴퓨터그래픽	정원 및 외부공간설계스튜디오 조경미학 환경생태학
	2학기	조경드로잉 및 매체 경관생태학 서양조경의 역사와 이론 조경생태분석 조경설계1	동양조경문화사 조경재료 및 시공 공원 및 오픈스페이스설계 스튜디오 조경계획
3학년	1학기	조경공학 조경계획 공원녹지계획 조경미학	서양조경문화론 조경구조학 단지 및 기반시설설계 스튜디오 경관조형설계 식재계획 및 기법 지리정보체계
	2학기	환경복원계획 조경현장실습 동양조경의 역사와 이론 도시조경론 조경설계2 지속가능환경계획론	통합환경설계론 조경상세설계 및 적산 현대조경론
4학년	1학기	조경적산 및 경영분석 문화경관조경론 조경논문연구 조경설계3	조경관리학 조경캡스톤디자인 도시환경과 녹지 조경관련법규
	2학기	조경재료 및 시공 식재설계 통합환경설계	녹색관광계획 도시경관디자인론

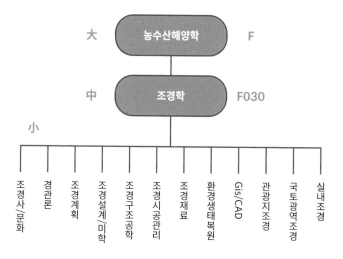

한국연구재단의 학술연구분야 표준분류에 따른 조경학 분류 체계

大 농수산해양학 F

中 조경학 F030

小 조경사/문화 · 경관론 · 조경계획 · 조경설계/미학 · 조경구조공학 · 조경시공관리 · 조경재료 · 환경생태복원 · Gis/CAD · 관광지조경 · 국토광역조경 · 실내조경

광 및 여가공간, 단지계획 등에 관한 내용을 다룬다.[3] 최근에는 기후
변화 위기 및 녹색 뉴딜, 도시재생 등 다양한 현안에 대응하는 교육
과정 또한 도입되고 있다. 표(386쪽)는 2022년 3월 현재 서울대학교
조경학전공과 서울시립대학교 조경학과의 교과 과정이다. 계획·설
계·수목·생태·미학·역사·GIS 등 다양한 분야의 교과목이 조경학과의
학부 과정에서 제공되고 있음을 보여준다.

　'한국연구재단'의 학술연구분야 표준분류에 따르면 조경학은
농수해양학(대분류)의 중분류에 해당하고, 조경학 연구는 조경사/문
화, 경관론, 조경계획, 조경설계/미학, 조경시공관리, 조경재료, 환경
생태복원, GIS/CAD, 관광지 조경, 국토광역조경, 실내조경 등으로

3　홍광표, 〈한국의 조경교육과 연구〉, 《한국조경의 도입과 발전 그리고 비전:
　한국조경백서 1972-2008》, 도서출판 조경, 2008, 45~94쪽

국가직무능력표준 조경분야 훈련기준(2022년 3월 현재)

직종명	조경설계	조경시공	조경관리	조경사업관리
직종 정의	아름다운 경관과 쾌적한 환경을 조성하기 위해 예술적·공학적·생태적인 지식과 기술을 활용하여 대상지를 조사 분석하고 공간별·공종별 계획과 설계를 수행하는 일이다.	설계도서에 따라 시공계획을 수립한 후 현장여건을 고려하여 조경 목적물을 생태적·기능적·심미적으로 공사하는 업무를 수행하는 일이다.	조성된 조경공간과 시설물을 아름다운 경관과 쾌적하고 안전한 환경으로 유지하기 위해 생태적, 공학적, 예술적인 지식과 기술을 활용하여 관리업무를 효과적으로 수행하는 일이다.	발주자가 요구한 조경 목적물이 의도대로 완성되도록 종합적 판단을 통해 조경사업의 설계와 시공이 관련도서 및 법규에 따라 제대로 수행되고 있는지 확인하고, 관리하는 일이다.
NCS 능력 단위	조경사업기획	조경기반시설공사	잔디관리	설계용역 착수단계 조경사업관리
	조경기본구상	잔디식재공사	운영관리	조경설계도서 적정성 검토
	조경설계 프레젠테이션	조경공사 현장관리	조경시설물관리	기성관리
	조경시설설계	입체조경공사	병해관리	공사 시행 단계 조경사업관리
	조경기본계획	조경구조물공사	관수 및 기타 조경관리	조경설계 경제성 검토
	조경기본설계	조경공무관리	충해관리	공정관리
	조경기초설계	조경시설물공사	전문 정지전정관리	조경설계기성·공정관리
	조경기반설계	일반식재공사	수목보호관리	최종 조경사업관리 보고서 작성
	조경적산	조경포장공사	이용관리	설계 최종 조경사업관리 보고서 작성
	환경조사분석	조경공사 준공전 관리	초화류관리	시설물 인수·인계 조경사업관리
	조경식재설계	생태복원공사	비배관리	조경관련 법규정 적정성 검토
	조경설계도서작성	기초 식재공사	일반 정지전정관리	공사 착수 단계 조경사업관리
	정원설계	실내조경공사	조경기반시설관리	준공검사

소분류된다. 조경 연구 학술지는 한국연구재단에 우수 학술지로 등 재되어 있는《한국조경학회지》가 대표적이며, 조경 분야의 연구 논 문은 연간 약 200편 이상이 발표되고 있다.

한국에서는 2015년부터「자격기본법」을 바탕으로 현장 중심의 인재 양성을 위해 산업현장에서 직무를 수행하는 데 필요한 능력을 국가가 표준화하여 교육훈련에 사용할 수 있도록 국가직무능력표준 National Competency Standards, NCS을 개발해 활용하고 있다. 조경분야도 건 설분야 훈련과정의 하나로 조경설계, 조경시공, 조경관리, 조경사업 관리 등 4개의 세부분야별 NCS 훈련기준이 설계되었고, 이를 바탕 으로 일부 대학에서 NCS 교육을 추진하고 있다. 분야별 훈련기준은 표(388쪽)와 같다.

순수 학문 분야와는 달리 조경학은 외부공간의 설계와 시공, 관 리라는 특정한 실천의 업역을 위한 학문 분야이다. 이를 바탕으로 조 경교육 또한 외부공간 조성이라는 실천적 행위를 위한 계획·설계 중 심의 교육체계로 자리 잡아 현재에 이르고 있다. 이러한 조경교육의 특성 때문에 조경교육이 학문적 지식을 체계적으로 공부하는 과목 과 계획과 설계, 시공이라는 조경의 실천적 행위를 경험적으로 공부 하는 과목의 편성에서 순서의 부정합, 특정 분야의 편중, 내용과 방 법의 불일치 등 현장성이 떨어지는 교육이 제공된다는 문제점이 제 기되고 있다. 또한 한국 대학의 조경 교육과정은 공식 기관에서 인증 하는 제도가 없이 각 대학이 자율적으로 구성한다. 이는 대학에 따라 학과 특성을 차별화하는데 도움이 될 수 있지만, 대학과 교육과정에 따라 편차가 발생할 수 있다. 세계화와 함께 한국 조경교육에도 국제 적으로 인정받을 수 있는 교육 체계 구성을 위한 공인 시스템이 요구 되고 있는 실정이다.

조경산업

造景産業 · Landscape Industry

▶ 조경산업은 조경공간 구현을 위한 모든 활동을 포함한다. 조경산업 종사자는 관련 법규에 따라 관련 조사·분석, 연구, 계획·설계, 시공, 감리, 운영, 관리 등의 업무를 수행하거나 식물·비식물 소재의 생산과 판매, 유통업을 영위한다._

한국조경헌장

▶ 조경 건설은 「건설산업기본법」에 명시된 '건설공사'로 관련 조사, 설계, 시공, 감리, 유지관리, 기술관리 등에 관한 기본적인 사항과 등록 및 도급 등에 관한 사항은 이 법의 적용을 받는다._「건설산업기본법」

조경산업은 조경 공간 구현을 위한 설계, 시공, 소재 생산과 유통, 관리 같은 모든 활동을 포함한다. 조경 산업은 대표적인 저탄소 녹색산업으로 녹색 일자리 창출에 기여한다.

조경 건설은 「건설산업기본법」에 따라 '종합공사를 시공하는 업종'과 '전문공사를 시공하는 업종'으로 구분된다. '종합공사를 시공하는 업종'으로서 조경공사업은 "종합적인 계획·관리·조정하에 수목원·공원·녹지의 조성 등 경관 및 환경을 조성하는 공사"로 수목원, 공원, 숲, 생태공원, 정원 등을 주요 업무 내용으로 규정하고 있다. '전문공사를 시공하는 업종'으로서 조경공사업은 조경식재공사와 조경시설물공사로 구분되고, 조경식재공사는 "조경수목·잔디 및 초화류 등을 식재하거나 유지·관리하는 공사"로서 조경수목·잔디·지피식물·초화류 등의 식재공사 및 이를 위한 토양개량공사, 종자뿜어붙이기공사 등 특수식재공사 및 유지·관리공사, 조경식물의 수세 회

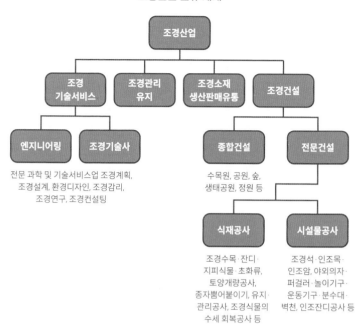

조경산업 분류 체계

조경산업

조경 기술서비스 · 조경관리 유지 · 조경소재 생산판매유통 · 조경건설

엔지니어링 · 조경기술사

전문 과학 및 기술서비스업 조경계획, 조경설계, 환경디자인, 조경감리, 조경연구, 조경컨설팅

종합건설 · 전문건설

수목원, 공원, 숲, 생태공원, 정원 등

식재공사 · 시설물공사

조경수목·잔디· 지피식물·초화류, 토양개량공사, 종자뿜어붙이기, 유지· 관리공사, 조경식물의 수세 회복공사 등

조경석·인조목· 인조암, 야외의자· 퍼걸러·놀이기구· 운동기구·분수대· 벽천, 인조잔디공사 등

복공사 및 유지·관리공사 등을 주요 업무로 하고 있다. 조경시설물 공사는 "인조목·인조암 등을 설치하거나 야외의자·퍼걸러 등의 조경시설물을 설치하는 공사"로 조경석·인조목·인조암 등의 설치공사, 야외의자·퍼걸러·놀이기구·운동기구·분수대·벽천 등의 설치공사, 인조잔디공사 등을 주요 업무로 규정하고 있다.

조경 소재산업은 꽃과 잔디, 수목 같은 식물 소재와 다양한 자재, 시설물 같은 비식물 소재로 구성된다. 조경수생산업, 자생식물생산업, 목재방부제 가공처리 및 방부제 취급업, 골프장 관련업, 잔디 판매업, 바닥포장재, 조경자재판매업(장비, 수목자재, 약재 등), 수경시설물업, 토양생산 및 판매업, 온실 제작 설치, 조경시설물(놀이시설, 벤치, 퍼걸러, 펜스 등), 원예종묘업, 실내조경업 및 옥상조경업 등이 있다.

조경설계

造景設計 · Landscape (Architectural) Design

조경계획
조경교육
조경시공
조경적산

▶ [설계] 계획을 세우는 것 또는 그 계획을 말한다. _표준국어대사전

▶ [설계] 교량 등의 구조물 또는 각종 기계·장치 등의 요구 조건을 만족시켜,

합리적이고 경제적으로 만들기 위하여 계획을 종합한 후 설계도를 작성하고

구체적으로 내용을 명시하는 일을 말한다. _건축용어사전

▶ [디자인] 건물 또는 특정 사물의 제작 전에 모양과 기능 또는 작동을 보여주기

위해 제작된 도면; 그러한 그림을 구상하고 제작하는 예술 활동; 패턴 또는 장식을

형성하기 위해 만들어진 선 또는 모양의 배열; 건물의 외관과 기능 등을 결정하는

기술 _렉시콘Lexicon

▶ 조경설계는 아름다운 경관과 쾌적한 환경을 조성하기 위해

예술적·공학적·생태적인 지식과 기술을 활용하여 대상지를 조사 분석하고

공간별·공종별 계획과 설계를 수행하는 일이다. _국가직무능력표준

▶ [설계] 조경설계는 계획안을 구체적으로 구현하는 창작 행위이며, 계획설계,

기본설계, 실시설계, 감리의 과정으로 나눌 수 있다. 조경가는 설계를 통해 개인과

사회의 복합적인 요구와 문제를 합리적이고 창의적으로 해결한다. _한국조경헌장

설계를 의미하는 영어 단어 'Design'은 라틴어 'Designare'에서 유래된 단어로 'Designare'는 '지시하다', '의미하다'라는 뜻을 지닌다. 어원적 구조를 보면 '~을 분리하다'라는 의미의 접두어 'de'와 기호 또는 상징이라는 의미의 'signare'가 결합된 단어로 두 의미를 붙여 '기존 기호로부터 분리시켜 새로운 기호를 지시하다'라는 의미로 해석할 수 있다. 김민수는 이러한 어원의 유래를 통해 'design'의 의미

를 "이미 존재하는 기호를 해석해서 새로운 기호를 창조하는 행위"로 정의한다.[1] 이러한 해석을 조경설계에 대입하면, 이미 존재하는 대상지의 현황을 해석하고, 그 위에 새로운 공간(기능, 형태, 형식 등)을 창조하는 행위로 조경설계를 정의할 수 있다.

흔히 서로 구분되지 않고 교차 사용되는 조경계획과 조경설계, 두 용어의 차이는, 조경계획은 주로 토지이용 유형의 할당 즉 공간의 이용 프로그램과 밀접한 관련이 있는 반면 설계Design는 계획과정에서 제안된 프로그램의 수용을 위한 구체적인 형태와 의미를 다룬다는 점에서 차별성을 갖는다.[2]

조경설계는 조경계획 과정을 통해 도출된 계획방안을 구체적인 형태와 기능을 지닌 설계안으로 발전시키는 작업으로 계획과 설계의 구분은 일반적으로 그 단계에서 결과물의 구체성의 정도에 따른다. 그러나 실제 프로젝트에서는 계획과 설계가 흐름에 따른 선적 관계로만 나타나는 것이 아닌, 상호 밀접하게 엮이며 계획과 설계의 각 단계를 앞뒤로 이동하며 뒤섞여 나타날 수 있어 실제 프로젝트에서 계획과 설계의 명확한 구분은 매우 어렵다.[3] 이규목은 설계를 조경계획의 마무리 단계로 설명하며, 계획설계Schematic Design, SD, 기본설계Design Development, DD, 실시설계Construction Design, CD로 구분한다. 계획설계는 개략적인 디자인단계, 기본설계는 설계를 발전시키는 단계, 그리고 실시설계는 시공을 전제로 한 설계를 뜻한다.[4]

"국가직무능력표준"에서는 조경설계의 능력 단위를 조경기본설계, 조경기반설계, 조경식재설계, 조경시설설계, 정원설계로 세분

1   김민수, 《21세기 디자인 문화탐사》 그린비, 2016

2   Meto J. Vroom, *Lexicon of Garden and Landscape Architecture*, Birkhäuser Architecture, 2006

3   이명우·구본학 외, 《조경계획》, 기문당, 2020

4   이규목·고정희·김아연·김한배·서영애·오충현·장혜정·최정민·홍윤순, 《이어쓰는 조경학개론》, 한숲, 2020

하고 있으며, 각각의 능력 단위를 다음과 같이 정의한다.

① 조경기본설계: 조경기본계획을 검토하고 기본설계도면 작성을 위하여 공간별·공종별 설계와 개략 공사비를 산정하는 능력이다.

② 조경기반설계: 지형 일반과 조경기반시설에 대한 제반 지식 및 설계기준을 바탕으로 조경기반시설에 관한 설계 업무를 수행하는 능력이다.

③ 조경식재설계: 식재 개념 구상, 기능식재 설계, 조경식물의 선정, 식재기반설계, 교목·관목·지피·초화류 식재설계, 훼손지 녹화 설계, 생태복원 식재설계에 따른 세부적인 설계도면을 작성하는 능력이다.

④ 조경시설설계: 공간 특성에 따른 시설 개념을 구상하여 휴게시설, 놀이시설, 운동시설 등 개별 시설물을 배치하고 세부적인 설계도면을 작성하는 능력이다.

⑤ 정원설계: 개인주택, 주거단지 내 소정원, 공원 내 커뮤니티 정원 등을 대상으로 사전협의와 대상지 조사를 통해 공간을 구상하여 기본계획안을 수립하고 기반설계, 식재설계, 시설물설계 등에 관한 설계를 수행하는 능력이다.

임승빈·주신하에 따르면, 조경설계는 1960년대 체계적 설계과정을 중요시하는 제1세대 방법론을 시작으로 1970년대 이용자 참여가 포함된 2세대 방법론으로 확장되었으며, 이는 1980년대 설계안 예측을 핵심으로 하는 제3세대 방법론과 순환적 과정을 통한 지속적인 보완을 추구하는 제4세대 방법론으로 발전해 왔다.[5]

1980년대 이후로는 포스트모더니즘의 영향을 받아 조경설계에

---

5   임승빈·주신하,《조경계획·설계》, 보문당, 2019

조경설계의 시기별 발전 양상

시기	세대	발전방향	특징
1960년대	제1세대 방법론	체계적 설계과정 도입	설계자의 예술적 감각에 기반한 창의력에 의존해오던 기존 설계방식에 대한 반성 분석과정의 보편화 목표설정-자료수집-분석-종합-기본계획 작성의 프로세스 확립
1970년대	제2세대 방법론	이용자 참여설계 도입	설계의 구성과 방법에서 설계자의 예술적 소양에 기반한 설계방식에 대한 극복 이용자 스스로 공간에 대해 결정 주민간담회, 토론회, 설문조사 등 전문지식이 부족한 이용자에게 의지함으로써 효율적인 설계 도출이 어려움 비전문가의 결정에 따른 기술적인 문제 발생 가능
1980년대	제3세대 방법론	예측과 반박 프로세스 도입	설계가의 전문성 및 경험의 필요성 재대두 설계안에 대한 훌륭한 예측을 먼저하고 이에 대한 반박 과정을 거쳐 최종안을 수립하는 방식 설계자는 의뢰인의 요구, 대지현황 등에 기초하여 설계안에 대한 예측 진행 후 여러 자료를 수집 검토하여 반박 혹은 수정의 과정을 통해 최종안 제작 설계자의 전문성과 창의성을 바탕으로 피드백 과정을 통해 설계안을 수정·보완함으로써 설계자의 독단을 줄이며, 참여설계에서 부족한 전문성을 확보하여 효율적인 설계 진행이 가능함
	제4세대 방법론	순환적 과정 도입	환경심리학 및 생태심리학을 바탕으로 이용 후 평가를 하고 평가 결과에 대한 수정·보완 및 향후 설계에 대한 반영

출처: 임승빈·주신하(2019)의 내용을 재구성

랜드스케이프 어버니즘, 다이어그램 설계, 다원적 설계, 파라메트릭 디자인Parametric Design 등의 새로운 설계방법론이 지속적으로 추가되고 있다.

조경시공

造景施工 · Landscape (Architectural) Construction

조경감리
조경교육
조경설계
조경적산

▶ [시공] 공사를 시행하는 것 _표준국어대사전

▶ [시공] 건축공사를 실시하는 것; 설계도에 표시된 모든 사항을 충실히
적용하면서 건축공사를 시행하는 기술; 건축시공 _건축용어사전

▶ 조경시공은 설계도서에 따라 시공계획을 수립한 후 현장 여건을 고려하여
조경 목적물을 생태적·기능적·심미적으로 공사하는 업무를 수행하는 일이다._
국가직무능력표준

▶ 조경시공은 안전하고 쾌적한 공간을 창조하기 위해 기술적인 문제를 해결하고
생태적으로 건강한 환경을 건설하는 과정이다. 시공의 수준은 조경 공간의
완성도를 결정하는 중요한 요인이다. 시공의 질적 향상을 위해서는 책임감 있는
장인정신과 합리적인 제도적 환경이 필요하다._한국조경헌장

조경시공은 조경공사 즉 조경계획과 설계를 통해 도출된 설계안을
바탕으로 실제 공간을 조성하는 행위를 실시한다는 의미이다. 조경
시공이 다른 건설시공과 다른 점은 식물과 돌, 물, 흙과 같은 비규격
재료가 주재료라는 점이다. 규격을 엄격하게 규정할 수 있는 시설물
이나 구조물은 설계도면과 시방서에 필요한 정보를 표시하고 그에
맞춰 시공함으로써 설계자가 목적한 품질을 확보할 수 있다. 그러나
조경시공에서 사용되는 재료는 소재 자체의 형태와 규격이 다양하
며, 대상지의 상황과 시공과정 등 현장의 조건에 따라 재료의 조합과
배치가 변경될 수 있고, 설계도면이나 시방서만으로는 규격 및 필요
한 각종 정보를 완벽하게 전달할 수 없으므로 시공과정에서 설계자

조경시공 현장 ⓒ박석곤

가 목적한 품질을 확보하는 것은 어려움이 있을 수 있다.[1]

조경시공이 잘 이루어지기 위해서 조경계획과 설계 및 시공 등 전 과정에 참여하는 전문가는 조경재료 및 시공기법 등에 대한 전문 지식이 있어야 한다. 재료별 특성에 맞는 시공방법을 적용하는 것은 시공 결과물의 하자를 방지하기 위해 꼭 필요하다. 특히 수목과 각종 초화류 등의 살아있는 재료를 다룰 때 전문 지식 없이 접근한다면 바로 하자로 이어질 수 있으니 더욱 중요하다.

「건설산업기본법」에서 조경공사업의 업종은 일반건설업으로 조경공사업, 전문건설업으로 조경식재공사업과 조경시설물공사업으로 구분된다.(2021년 12월 현재) 업종분류에 따른 조경공사업의 유형과 내용은 표(398쪽)와 같다.

---

1   한국조경학회, 《조경시공학》, 문운당, 2003

「건설산업기본법」에 의한 조경공사업의 업종 분류

업종분류	유형	내용
일반건설업	조경공사업	종합적인 관리 및 조정하에 조경시설물을 시공하는 건설
전문건설업	조경식재공사업	정원, 공원, 녹지 등의 조경공간 및 시설물, 구조물과 관련한 외부공간의 수목식재(굴취, 운반, 가식, 식재 등), 지피류와 초화류의 식재공사(파종, 종자뿜어붙이기, 식재 등) 그리고 이를 위한 토양개량공사 및 식재 후 관리공사 등을 포함
	조경시설물공사업	**옥외시설물**(안내시설, 휴게시설, 편익시설, 경관조명시설, 환경조형시설 등), **조경구조물**(석축 및 옹벽, 담장 및 난간, 문주, 야외무대 및 스탠드, 보도교, 옥외계단 및 경사로 등), **수경 및 살수관개시설**(연못, 분수, 인공폭포 및 벽천, 도섭지 및 인공개울 등), **운동 및 체력단련시설**(운동시설, 체력단련시설, 경기장 및 수영장 등), **유희시설**(목재시설, 철강재시설, 합성수지재시설, 조립제품시설, 제작설치시설, 동력유희시설 등), **조경포장**(도로, 운동장, 광장, 주차장, 시설물 주변 포장), **조경석**(산석, 강석, 해석 등의 자연석과 가공조경석을 이용하여 경관석 놓기, 디딤돌 및 계단돌 놓기, 조경석 쌓기) **공사 등** 시설물과 관련한 전반적인 공종을 포함

　　조경시공은 실제 조성된 공간의 품질을 결정하는 매우 중요한 요소이다. 조경계획과 설계가 아무리 좋은 결과물을 만들었다 하더라도, 조경시공이 제대로 이루어지지 않는다면 결국 설계 목적을 달성하기 어렵다. 따라서 조경계획과 설계, 시공을 각각 별도의 과정으로 분리해서 이해하기보다는 각각의 단계에서 다른 과정과 연계를 고려해야 한다. 더불어 조경의 각 단계별 연계뿐 아니라 동일 대상지에서 이루어지는 다른 건설공사와 연계도 고려해야 한다.

　　조경공사는 토목, 건축, 기계, 전기공사의 후속 공종으로 이어지는 것이 일반적이기 때문에, 다른 시공분야와 유기적으로 연계해 공정관리를 진행해야 한다. 또한 건축, 기계, 전기공사 등의 시공분야

조경시공 현장 ©강병욱

와는 달리 조경공사는 공사대상지역이 넓게 산재되어 시공관리의
어려움이 있을 수 있으며, 식재 등의 자연재료를 이용하는 공종과 시
설물 등 인공재료를 이용하는 공종 간의 연계가 까다롭고, 야외에서
이루어지기 때문에 계절별 기상요인이 공정관리에서 매우 중요하게
작용한다.

조경적산

造景積算 · Landscape (Architectural) Addition

조경감리
조경설계
조경시공

▶ [적산] 측정하거나 계산한 값을 차례차례로 더해 가는 것 또는 그 합계_
표준국어대사전

▶ [적산] 공사에 소요되는 재료, 노무의 수량·단가, 품의 수량 등을 계산하는 것;
사용자재의 종별·수량 및 품질·소요시간 등을 조사하고 각각의 단가에 자재 양
및 노동량을 곱하여 건축물 등 전체의 이른바 추정공사 가격을 계산하는 일_
건축용어사전

▶ 조경적산이란 설계도서를 검토하여 수량산출과 단가 조사를 통해서
조경공사비를 산정하기 위한 산출근거를 만들고 공종별 내역서와 공사비
원가계산서 작성을 수행하는 능력이다._국가직무능력표준

적산은 설계도면과 시방서를 바탕으로 공사비를 산출하는 공사원가
의 계산 과정을 의미한다. 적산은 공사비 산출의 시작 지점이라 할
수 있다. 적산 과정에서는 설계자의 주관적 판단이 개입되어서는 안
되며, 철저하게 도면과 시방서를 바탕으로 국토교통부에서 재정한
"건설공사 표준품셈"과 "노임단가 기준"에 따라 적정 공사비를 계산
해야 한다. 일반적으로 적산은, 설계도서 인수, 적산 조건 확인, 수량
산출, 단가 조사, 수량 산출 집계, 내역서 작성의 순으로 진행된다.
    공사비를 구성하는 항목으로는 재료비, 노무비, 경비, 일반관리
비, 이윤 등이 있으며, 공사원가는 순공사비와 총공사비로 구분할 수
있다. 순공사비는 재료비, 노무비, 경비만을 포함한 금액이고, 총공
사비는 순공사비에 일반관리비, 이윤, 세금을 추가해 모든 항목을 합

조경 공사비 구성항목

항목		내용	구분	
재료비	직접 재료비	공사 목적물의 실체를 형성하는 물품	순공사비	총공사비
	간접 재료비	실체는 형성하지 않으나 제작에 보조적으로 소비되는 물품		
노무비	직접 노무비	직접 작업에 참여하는 근로자에게 지급하는 수당, 상여금, 퇴직급여충당금 등		
	간접 노무비	보조작업에 종사하는 노무자, 종업원, 현장사무소 직원 등에 대한 수당, 급료, 노임, 상여금, 퇴직급여충당금 등		
경비		가설비, 전력비, 운반비, 시험비, 검사비, 임차료, 보험료, 보관비, 안전관리비, 외주가공비 등		
일반관리비		개별공사에는 직접 필요하지 않지만 기업의 유지관리를 위한 경비, 영업비, 연구비 등 경영상 필수적인 비용으로 7%를 초과할 수 없음		
이윤		영업이익		
세금		부가세(10%)		

친 금액을 말한다. 여기서 재료비는 직접 재료비와 간접 재료비, 부대비용의 합에서 작업부산물의 가치를 제한 금액을 뜻한다. 노무비는 직접 작업에 참여하는 근로자에게 지급하는 수당, 상여금, 퇴직급여충당금 등의 직접 노무비와 보조적인 작업에 종사하는 노무자, 종업원, 현장사무소 직원 등에 대한 수당, 급료, 노임, 상여금, 퇴직급여충당금 등의 간접 노무비로 구성된다. 노무비의 산정에는 근로기준법에 따라 근로시간 외, 야간 및 휴일 근무 또는 유해·위험작업에 대해서는 법에서 정하는 바에 따라 노임의 할증이 필요하다.

다른 건설공사와는 달리, 조경적산은 공종이 다양하고, 대상지

조경시공은 포장과 시설물, 수목 등 다양한 재료를 다루는 공종으로 구성된다. ⓒ박석곤

조경시공은 포장과 시설물, 수목 등 다양한 재료를 다루는 공종으로 구성된다. ⓒ강병옥

의 자연적, 지리적 조건에 따라 시공조건이 크게 변화할 수 있으며, 소규모로 이루어지고 시공지역 및 지방의 특성에 큰 영향을 받는다.[1] 또한 수목 등 주요 재료의 규격화 및 표준화가 어렵다는 특징을 지닌다. 이러한 어려움을 극복하고 올바른 적산을 통해 우수한 시공이 이

---

1   한국조경학회, 《조경시공학》, 문운당, 2003

루어질 수 있도록 조경적산의 일반적인 기준을 제공하고자 '조경공사적산기준'이 2006년부터 제작되어 사용되고 있다. '조경공사적산기준'은 ㈔한국조경협회의 적산위원회에서 지속적으로 검토 및 보완작업을 진행해 변화된 현장 상황 및 다양한 지표의 반영이 이루어질 수 있도록 하고 있으며, 또한《건설공사 표준품셈》및《표준시방서》를 바탕으로 정기적으로 개정 발간하고 있다.

지리정보시스템

地理情報體系 · Geographic Information System(GIS)

▶ 지구 전체를 대상 범위로 하는 정보시스템이다. 인공위성을 사용하여 우주 공간으로부터 지구 표면 전체를 계통적으로 반복 관측하여 지구 환경의 실태와 변화에 관한 정보를 제때에 얻는 것을 목적으로 한다. _표준국어대사전

▶ 객체의 위치, 면적, 크기 등과 관련된 데이터를 저장, 구성 및 연구하기 위한 컴퓨터 시스템이다. _캠브리지사전

▶ 지리적 자료에 대해 수집, 관리, 분석할 수 있는 정보시스템으로 지형공간 정보를 데이터베이스화하여 목적에 따라 다양한 결과물을 생산·활용할 수 있는 시스템이다. _대한건축학회

지리정보시스템^{이하 GIS}은 지도를 전산 처리가 가능하도록 수치로 전환하고 그 위에 토지, 자원, 시설물, 환경, 사회, 경제, 통계 등 관련 정보를 체계적으로 입력해 각종 의사결정에 활용하는 시스템이다. 즉 정보를 지리적 공간 위치에 맞추어 입력, 저장해 여러 목적에 맞게 활용, 분석하는 기술로 각종 데이터의 수집과 처리작업에 대해 경제성과 능률성을 제공해 준다.

지리정보시스템은 지리정보^{geographic information}와 시스템^{system}의 합성어로 지리정보란 공간상 위치를 나타내는 공간정보와 공간상의 특성을 나타내는 속성정보, 상호관계를 나타내는 관계 정보 등을 포함한다.

과거 수작업으로 이루어지던 지도 제작 및 생산 과정은 지리정보의 표현이 제한적이었다. 그러나 컴퓨터가 발달하면서 디지털 지

도 제작이 가능해지게 되고 전산화 및 데이터베이스 구축이 이루어지면서 지리정보시스템의 활용 범위가 매우 광범위해졌다.

GIS는 1960년대 캐나다 CGIS^Canada Geographic Information System에서 처음으로 개발되기 시작했다. 초기에는 지도제작에 큰 비용과 인력이 소요되어 정부 및 공공분야에서 주로 발전되기 시작했다. 1970년대에는 컴퓨터 기술이 발전하면 GIS 관련 회사인 ESRI, Intergraph, Computervision, Synercom 등이 설립되었으며 자원, 환경, 토지, 공공시설 등의 관리에 GIS가 본격적으로 활용되기 시작했다. 1980년대에는 미국, 영국, 독일, 프랑스 등에서 GIS를 구축하고자 하는 노력이 활발히 이루어지면서 GIS가 급성장하게 되었다. 우리나라에서는 1990년 초부터 관리가 어려운 도로나 지하매설물을 위주로 지리정보시스템을 구축하기 시작했다(토지이용 용어사전, 2019). 2000년대부터는 각종 측량 기술과 소프트웨어 처리 기술, 정보통신기술 등의 발전으로 정확하고 신속한 공간정보 처리가 가능하게 되었다.

GIS의 기능은 크게 공간분석, 지형분석, 근린분석으로 구분할 수 있다. '공간분석'은 도면의 위치를 나타내는 각 객체에 대한 위치자료와 보조적인 속성값을 나타내는 속성자료의 통합을 기반으로 한다. 공간자료는 래스터^raster와 벡터^vector 데이터의 형태로 표현된다. 래스터 데이터는 격자^grid 또는 셀^cell, 픽셀^pixel로 구성된 배열이며 각 셀은 속성의 값이나 유형을 나타내는 수치를 가진다. 래스터 데이터는 자료 구조가 간단해 다양한 공간분석에 용이하나 셀 크기에 따라 구조나 정보가 손실될 수 있으므로 유의해야 한다. 벡터 데이터는 객체의 위치, 길이 등을 정확하게 표현하는 연속적인 데이터로 그래픽의 정확도가 높으며 위치와 속성의 검색과 갱신, 일반화가 용이하다. 그러나 자료구조가 복잡하고 다양한 공간분석 능력에 한계가 있다. 공간분석 기능은 중첩기능, 공간추정, 연결성 등이 있다. '지형분석'은 수치로 지형의 상태를 표현한 수치표고모델^Digital Elevation Model, 이

^하 DEM을 이용해 분석한다. DEM은 지표면 지점의 높이 값을 수치로 기록한 것으로 3차원 모형이라 할 수 있다. DEM 분석을 통해 경사도 분석, 등고선 생성, 범람 예측 등에 활용할 수 있으며 DEM은 수치지도의 등고선, 항공영상, 위성영상 등에서 추출한다. 또한 불규칙하게 분포된 위치에서 추출한 표고를 삼각형의 형태로 연결해 전체 지형을 표현하는 TIN^{Triangulated Irregular Networks} 자료가 있다. DEM, TIN 자료를 이용해 표고, 위치, 경사도, 향 등 유용한 정보를 추출할 수 있다. '근린분석'이란 특정 위치 주변 지역의 특성을 추출하는 것으로 주거지역, 공원 등 국지적 지역 특성을 파악하기 위해 이용한다.

GIS의 주요 기능은 수치지형도, 임상도, 정밀토양도, 위성영상 등과 같은 지도의 중첩, 재분류 등의 공간분석 기능이다. GIS는 토지, 도로, 행정구역, 하천, 지질 등 다양한 주제도의 정보를 통합해 활용하고 분석할 수 있다는 점에서 재해관리, 시설물관리, 국토 및 도시의 관리와 계획, 자원분석, 수자원관리 등의 다양한 분야에서 널리 활용되고 있다. 국토교통부에서는 국가공간정보포털을 운영해 국가 및 민간에서 생산된 다양한 공간정보를 활용하도록 하고 있다. 또한 산림청 산사태정보시스템, 서울시 스마트서울맵, 국토정보플랫폼 국토정보맵, 환경부 환경공간정보서비스 등 다양한 정부부처에서 공간정보 및 공간정보를 활용한 서비스를 구축해 제공하고 있다.

최근 들어 GIS는 사물인터넷^{Internet of Things, IoT}과 인공지능^{Artificial Intelligence, AI} 등과 결합해 활용되고 있다. 사물인터넷 센서로 수집된 데이터를 통해 사물에 대한 위치정보, 신속한 상태 점검 및 재난재해에 대한 사전 예측 및 예방이 가능하고, 인공지능과 결합해 구체적인 정보를 제공하고 효율적인 솔루션 관리가 가능해졌다.

설계나 제도를 위한 CAD^{Computer Aided Design}에서 시작해 공간데이터와 속성정보를 결합한 데이터의 조작과 분석이 가능한 형태로 발전한 것이 GIS라고 할 수 있다. 최근에는 건물 규모에서의 세부 정보

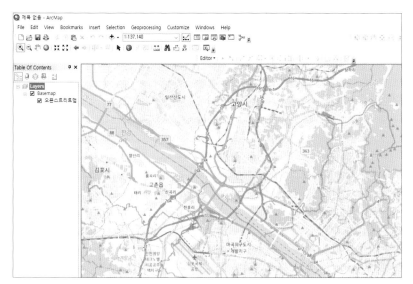

지리정보시스템 ArcMap 화면 구성 예시

를 표현하는 BIM^{Building Information Modeling}과 국토 및 지구 규모에서의 공간 정보를 갖는 GIS를 통합하기 위한 연구와 기술 개발이 이루어지고 있다. BIM과 GIS를 통합해 조경 분야에 적용할 수 있는 방안에 대한 연구가 필요하다.

지역공동체

地域共同體·Community

▶ 같은 지역, 같은 정부 아래에 사는 사람들의 집단; 공통 관심사를 가진 사람들의 그룹을 말한다._아메리칸 헤리티지

▶ 일정한 지역을 기본 단위로 하여 그 지역 거주자들이 하나의 사회를 구성하고 그 사회를 기반으로 살아가는 과정에서 형성된 주민 집단_두산백과사전

지역공동체·커뮤니티는 다양하게 정의되지만 사회학적인 관점에서 본래의 의미는 첫째, 동일한 지역성locality에 기초하고, 둘째, 사회적 상호작용social interaction이 발생하는 집단을 의미하며Volker, Flap, and Lindenberg, 2007, 셋째, 공유된 가치를 지닌 집단으로써 공동의 유대감common ties을 가지는 집단을 일컫는다.[1] 즉 지역공동체는 공유되는 지리적 영역에서 공통의 유대감을 가지고 있으며, 구성원들 간에 사회적 상호작용을 하는 사람들의 구성으로 정의된다고 할 수 있다.

　　지역공동체 용어의 시작은 19세기 말 독일의 사회학자이며 철학자인 페르디난트 퇴니스Ferdinand Tönnies, 1855~1936가 공동사회Gemeinschaft와 이익사회Gesellschaft로 대비시키며 대두되기 시작했다. 공동사회가 해당 지역이 오랫동안 가지고 있던 규범, 질서, 관습과 같은 전인격적인 관계가 뿌리내린 공동체를 의미한다면(농촌공동체), 이익사회는 관습보다는 규칙, 규율, 계약 등과 같은 특정한 이해관계로

1　　Harold F. Kaufman, "Toward an Interactional Conception of Community", *Social Forces*, 38(1), 1959, pp.8~17; George A. Hillery, "Definition of community: Areas of Agreement", *Rural Sociology* 20, 1955, pp.111~123

묶인 집단을 의미한다고 하였으며(회사 공동체), 퇴니스는 공동체의 진정한 의미를 이익사회보다는 공동사회로 인식했다.

공동체의 의미는 시대에 따라 변했는데, 초기 공동체의 의미는 지리적 영역 또는 공동생활common life의 영역, 특별한 공간에 살아가는 사람들로 규정했다면, 1910년대에 지역성과 공동성을 기반으로 한 공동체의 붕괴되기 시작하면서 공동성 대신에 사회적 유사성, 공통된 전통과 습관, 공통된 사회적 표현 등을 의미하는 공동체 의식으로 주로 인식되기 시작했다.[2] 최근 통신 및 교통의 발달로 지리적·물리적 경계가 무너지고 원거리 간에도 관계 형성이 가능해지면서 커뮤니티성이 약화된다고 주장하는 학자들도 있지만[3] 반대로 저성장 시대의 지역경제 활성화를 공동체 활성화를 통해 해소하고자 하는 시도도 보인다.

지역공동체의 유형은 다양하게 구분되지만 구성 형태에 따라서는 크게 기업형 지역공동체, 협업형 지역공동체, 풀뿌리 운동형 지역공동체로 구분할 수 있다.[4] '기업형 지역공동체'는 영리를 추구하는 기업활동에 기반하며 사회적인 가치를 추구하는 것을 목적으로 한다. 대표적인 예로는 사회적 기업, 농어촌 공동체 회사, 마을기업 등이 있다. '협업형 지역공동체'는 전통적 공동체 가치인 상부상조에 기반해 공동활동 또는 협동 활동을 목적으로 이루어진 지역공동체로 대표적인 예로는 협동조합, 수협, 농협, 새마을금고 등이 있다. '풀뿌리 운동형 지역공동체'는 지역사회의 문제를 공동체의 활동으로 해결하려는 것을 목적으로 하는 지역공동체로서 지역사회에서 주민

2   박종관, 〈지역공동체 형성전략연구: 천안시를 중심으로〉, 《한국콘텐츠학회논문지》 12(7), 2012, 183~193쪽

3   Katherine J. Curtis White & Avery M. Guest, "Community Lost or Transformed? Urbanization and Social Ties", *City & Community*, 2(3), 2003, pp.239~259

4   한국정책학회, 《지역공동체의 이해와 활성화》, 행정안전부, 2017

지역공동체 주도의 마을사업, 2021 ⓒ이재호

주민참여를 통한 지역공동체 활성화, 2021 ⓒ이재호

들이 주도가 되는 시민운동의 한 형태이다. 대표적인 예로는 마을공동체, 문화공동체, 로컬푸드, 풀뿌리 운동단체 등이 있다.

최근 도시재생 및 농산어촌개발사업 등이 활발히 진행되며 무너진 공동체의 회복과 주민자치의 실현을 목표로 지역공동체가 주목받으며, 조경계획 및 설계에서도 기존 물리적 환경 개선을 넘어 지역주민 삶의 질 개선 방향으로 확대되고 있다. 대규모 물리적 형태의 변화보다는 담장 허물기 및 내 동네 꽃 심기 등과 같이 소규모의 지역주민 활동으로 공동체의 변화를 이루기 위한 시도들이 추진되며 주민참여를 통한 마을의 변화를 추구하고 있다.

차경

借景 · Borrowed Scenery

▶ 멀리 바라보이는 자연의 풍경을 경관 구성 재료의 일부로 이용하는 수법을 말한다._《조경사전》[1]

전통원림의 주요 경관 조성기법인 차경借景은 집이나 담장 밖의 주변 경관을 안으로 끌어들여 울타리 내부 경관과 합치된 경관을 만들어 내는 기법이다. 차경은 정원에 공간적 확장을 가져오며, 정원 외부의 경관을 정원 내부의 경관과 융합하거나 대비시킴으로 시각적 경관의 경험을 풍부하게 할 수 있다.

　자연경관을 집안으로 끌어들이는 행위는 인간이 자연경관 속에 직접 들어가서 열락悅樂을 하는 행위인 유경遊景을 상주하는 생활환경의 울타리 안에서 재현해보고자 하는 '취경取景' 의도에서 비롯한다. 이 취경의 방법 중에서 가장 적게 인공을 가하면서 가장 쉽게 취경하는 방법이 차경이다. 차경은 문자 그대로 '경관을 빌려 쓰는 것'인데, 집 밖에 이미 존재하고 있는 경관을 인간이 몸소 찾아가거나 집안으로 직접 끌어오지 않고, 집안에서 편히 조망하고 즐길 수 있도록 해 실제로 조경을 하지 않고서도 소기의 효과를 얻도록 하는 방법인 것이다.[2]

　차경은 중국 명대의 계성計成, 1582~미상이 원림 조영 이론서인 《원

1　윤국병 외 18인, 《조경사전》, 일조각, 1986

2　유병림·황기원·박종화, 《조선조 정원의 원형》, 서울대학교 환경대학원 환경계획연구소, 1989

《원야》에서 제시한 차경기법의 종류

종류	설명
원차遠借	멀리 있는 경치를 빌리는 것
인차隣借	가까운 곳의 경치를 빌리는 것
앙차仰借	시선 위 높은 곳의 경치를 빌리는 것
부차俯借	시선 아래 낮은 곳의 경치를 빌리는 것
응시이차應視而借	시절 풍경에 따라 경물을 빌리는 것

야園冶)에서 언급한 개념이다. 계성은 조경에서 차경이 지니는 의의를 매우 중시해 《원야》 첫머리 〈흥조론興造論〉에서 차경의 원칙을 제시했으며, 나아가 차경에 관한 내용을 독립시켜 서술하면서 "차경하는 데에 일정한 법식은 없으며 감정을 불러일으키는 경물이면 모두 취할 수 있다."고 하였다. 또한 책의 말미에서 "차경은 원림 조성에 있어서 가장 중요한 것"이라고 하였다.[3]

계성은 《원야》 〈흥조론〉에서 원림은 '인지차경因地借景'을 교묘하게 이용해야 한다고 했는데, 이는 원림을 만들고자 하는 곳 주변의 지형과 경물을 잘 이용해 원림의 조성을 적절하게 운용함을 말한다. 또한 《원야》의 중심 부분인 〈원설園說〉에서는 차경 기법의 종류를 원차, 인차, 앙차, 부차, 응시이차의 5가지로 제시하였다(표 참조).

여기서 원차, 인차, 앙차, 부차는 공간적인 측면과 관련이 있으며, 응시이차는 시간, 계절적인 측면과 관련이 있는 기법이다. 공간적 차경기법 중에서도 원차와 인차는 거리에 따른 차경의 기법이며 앙차와 부차는 시선의 방향에 따른 기법으로 볼 수 있다. 또한 응시이차는 전통경관에서 승경 유형 중의 하나인 '경색景色'의 개념과 관

---

3   계성計成 지음, 김성우·안대회 옮김, 《원야園冶》, 예경출판사, 1993; 장지아지張家驥 지음, 심우경 외 옮김, 《중국의 전통조경문화》, 문운당, 2008

경주 독락당 담장의 살창 ⓒ임의제

합천 호연정의 외부경관 차경 ⓒ임의제

련이 깊으며, 현대 조경의 '일시경관一時景觀, ephemeral landscape' 개념과 유사하다. 즉 경색과 일시경관은 계절, 시간, 기상현상에 따라 변화하는 자연경관을 의미하므로 응시이차와 상통하는 면이 있다고 할 수 있다.

동양 정원에서 차경 기법을 사용한 사례는 무수히 많을 정도로 보편적인 조경기법이다. 전통조경에서 차경의 독특한 사례로 언급되는 경주 독락당獨樂堂의 담장에 만들어진 살창箭窓은 자연을 담장 내부로 끌어들여 사랑채인 독락당에 앉아서도 계곡의 풍경을 오롯이 감상할 수 있도록 한 차경 시설이다. 또한 평양팔경의 제1경인 밀대상춘密臺賞春의 주 대상인 을밀대乙密臺의 다른 이름이 '비어있음으로 하여 사방의 경치를 모두 빌려온다'는 의미에서 '사허정四虛亭'으로 했음은 우연이 아니다. 자연환경이 수려한 장소에 '누정樓亭'으로 대표되는 건축물을 세우고 주변 경관을 정원으로 삼았던 수많은 한국 전통 원림은 차경 기법을 온전히 활용한 대표적인 사례라고 할 수 있다.

별서 소쇄원瀟灑園의 차경 양상을 고찰한 연구에 의하면 시각적 기법에 의한 보편적인 차경 개념을 넘어서 '시각적, 공감각적, 일시적, 관념적 차경'으로 유형화가 가능하다고 하였다.[4] 중심 정자인 계정溪亭 위주의 내원內園으로 인식되는 소쇄원에 시각적·공감각적·일시적 차경이 이루어진 조망권과 함께 후대에 담장 밖 부지에 다양한 기능을 담았던 외원外園, 더 나아가서 소쇄원의 교류 인맥에 의한 증암천甑岩川 권역과 신선 세계를 갈망하며 읊은 명산名山 등 관념적 차경으로 영향권이 확산되고 있음을 지적하였다.

역사적으로 차경 기법은 한·중·일 삼국에서 공통적으로 사용해

---

4   소현수, 〈차경을 통해 본 소쇄원 원림의 구조〉,《한국전통조경학회지》29(4), 2011, 59~69쪽

안동 병산서원의 외부경관 차경 ©임의제

온 중요한 경관 조성 개념이다. 서양에서는 동양과 같이 경관 기법으로 체계적인 개념이 서 있었던 것은 아니지만, 18세기 유럽 풍경식 정원의 '하하ha-ha' 기법에서 차경 의도를 엿볼 수 있다. 하하 기법은 영국의 브리지맨C. Bridgeman에 의해 스토 가든Stowe Garden에서 최초로 도입되었다. 하하란 부지 경계선에 시각적 장애물인 울타리 대신 깊은 도랑을 파서 가축을 관리하는 동시에 방해 없이 전원 풍경을 바라볼 수 있게 한 기법이다. 이처럼 주변 경관을 끌어들여 정원의 경관 요소와 연결하는 기법은 동양 정원의 차경과 유사한 효과를 지닌다.

천이

遷移 · Succession

▶ 일정한 지역의 식물 군락이나 군락을 구성하고 있는 종들이 시간의 추이에 따라 변천하여 가는 현상이다. 이것이 계속됨에 따라 생태계의 속성이 변한다._
표준국어대사전

▶ 같은 장소에서 시간의 흐름에 따라 진행되는 식물군집의 변화를 말한다._
두산백과사전

▶ 생물학에서 환경의 변화에 따라 식물군락이 변해 가는 과정을 말한다._
위키피디아

생물공동체는 시간 변화에 따라 종 조성이나 구조를 변화시키며 다른 생물공동체로 변화하게 되는데 이러한 시간적 변화의 과정을 천이라 한다. 천이 이론은 1916년 프레더릭 클레먼츠Frederic Edward Clements, 1874~1945의 식물천이plant succession 개념에서 제안되었으며 생태학적 이론의 기초가 되고 있다.

천이 과정은 수백 년에서 수천 년의 기간에 걸쳐 진행되며 물리적, 생물학적 특성을 포함해 다양한 변이를 갖게 된다. 천이는 환경에 따라 1차 천이primary succession와 2차 천이secondary succession로 구분할 수 있는데 1차 천이란 과거에 식물군락이 없던 토지에서 시작되는 천이로 자발적 천이autogenic succession의 성격을 갖게 된다. 2차 천이는 자연적이거나 인위적 교란에 의해 기존 식물군집이 손상된 토지에서 일어나는 천이로 타발적 천이allogenic succession라고 볼 수 있다. 또한 건생환경에서 진행되는 건생천이와 수중환경에서 진행되는 습생

식생천이 과정

나지 ➡ 지의류 ➡ 초원 ➡ 관목림 ➡ 양수림 ➡ 혼합림 ➡ 음수림(극상)

천이로도 구분할 수 있으며, 진행방향에 따라서는 진행천이와 환경 악화 혹은 교란에 의한 퇴행천이로도 구분할 수 있다. 또한 천이는 교란의 빈도와 강도에 큰 영향을 받는다. 예를 들어 교란이 없는 경우에는 초본단계에서 목본단계로의 천이가 가능하나 산불이 빈번한 경관에서는 초본에서 목본으로의 천이가 불가능하며 초본상태가 계속 유지된다.

식물군락의 시간적인 변천은 식생천이라 하며, 일반적으로 식생천이는 군락의 종 조성으로 파악할 수 있다. 처음에는 지의류나 1~2년생 초본류가 침입하고 시간이 지남에 따라 다년생 초본류, 관목, 양수림, 혼합림, 음수림으로 변하게 된다. 일반적으로 천이 초기에는 불안정한 환경에 적응력이 높고 휴면성이 있는 종자를 지닌 식물이 발생되고, 후기에는 종간 경쟁력이 우수한 종에게 유리하게 진행된다. 천이의 최종단계를 극상極相, climax이라 하며 극상은 전체적으로 안정되고 정적인 상태로 규정한다. 천이로 산림생태계는 군집의 구조적, 기능적으로 변화한다. 오덤Odum, 1969 연구에 의하면 천이 후기로 갈수록 종다양성이 높고 생태적으로 안정성이 높아지게 된다.[1]

1   Eugene P. Odum, "The Strategy of Ecosystem Development: An understanding of ecological succession provides a basis for resolving man's conflict with nature", *Science* 164(3877), 1969, pp.262~270

취약성

脆弱性·Vulnerability

리질리언스
저영향개발
파편화

▶ 물리적 손상 또는 손상에 취약함을 말한다; 감정적으로 손상을 받기 쉬운 상태를 말한다; 공격에 취약함을 말한다. _아메리칸 헤리티지

취약성은 물리적 또는 비물리적 위험 및 재해에 피해를 받는 정도 또는는 신체적, 정서적으로 공격을 받거나 피해를 입을 가능성에 노출되는 정도를 뜻한다. 특히 기후변화 연구 및 정책에 많이 이용되고 있으며 취약성과 더불어 취약계층 및 취약지역에 대한 연구가 활발히 진행되고 있다. 취약계층은 「환경보건법」 제15조에 어린이, 노인, 임산부 등 환경 유해인자의 노출에 민감한 계층과 산업단지, 폐광지역, 교통밀집지역 등 환경유해인자로 인한 건강 영향의 우려가 큰 지역에 거주하는 주민을 환경 관련 건강피해의 역학조사 대상자로 규정하고 있다. 즉 취약계층 및 취약지역은 다른 계층 또는 다른 지역과 비교해서 피해가 심각하거나 지속적으로 반복해서 피해를 입는 인구집단 및 지역을 뜻한다. 환경보건종합계획2011~2020에서는 구조적으로 민감계층, 취약계층, 취약지역을 나누고 있다. '민감계층'은 생물학적 민감성을 갖는 산모, 영유아, 어린이, 노인으로 구분하며, '취약계층'은 사회경제적으로 민감성을 갖는 저소득층과 다자녀가구를, '취약지역'은 산업단지, 폐광, 폐기물 처리시설, 교통밀집지역, 환경오염 사고지역을 의미한다.

특히 폭염, 풍수해, 가뭄, 한파 등 기후변화 현상과 관련해 취약계층이 부정적 영향을 상대적으로 많이 받게 되며, 취약지역으로는

전남 여수시 주삼지구 새뜰마을사업 중 취약지역 생활수준보장을 위한 지원사업, 2021 ⓒ김은솔

취약지역 급경사지, 2023 ⓒ이재호

상습수해지역, 급경사지, 상습침수지역, 가뭄상습지역, 산불취약지역 등이 있다. 최근에는 GIS 등의 소프트웨어를 이용해 취약계층과 지역을 선정하고 해당 지역을 그린인프라로 피해를 완화시키고자 하는 노력이 시도되고 있다.

우리나라의 경우는 자연재해의 80% 이상의 피해가 홍수나 태풍에 기인하고 있기 때문에 홍수와 태풍에 관련된 연구가 많으며,[1] 최근에는 산사태 및 해수면 상승에 따른 재해 취약성 분석도 이루어지는 등 기후변화 및 취약성과 관련된 연구가 지속적으로 이루어지고 있다.

1   고재경·최충익·김희선, 〈지방자치단체 기후변화 적응정책의 특성 연구: 자연재해를 중심으로〉, 《한국지역개발학회지》 22(1), 2010, 67~86쪽

커뮤니티 가든

共同體庭園 · Community Gardens

▶ 사람들이 꽃, 채소 등을 키울 수 있는 넓은 땅을 말한다; 많은 사람이 이용하고
즐길 수 있는 정원을 말한다. _옥스포드 사전

커뮤니티 가든은 개별적으로 또는 집단적으로 경작하는 장소 또는
활동을 의미한다. 유형별로 커뮤니티 가든을 공동communal의 의미로
사용한다면 집단의 사람이 공통된 수확물을 위해 함께 경작하는 것
을 의미하고, 할당allotment의 의미로 사용한다면 개인이 경작하는 작
은 평수의 땅의 집합을 의미한다.[1]

    커뮤니티 가든의 역사는 도시의 오랜 역사와 맥락을 함께 하지
만 커뮤니티 가든이 본격적으로 대두되기 시작한 시기는 제1, 2차 세
계대전을 통한 식량난이 주 원인이었다. 전쟁 폐허로 인한 식량난을
해결하기 위해서 시민들이 자발적으로 유휴부지에 채소를 기르고
돼지와 염소를 기르기 시작했으며,[2] 이러한 농업 활동은 전쟁이 끝
난 후에도 지속되었다. 영국에서는 산업화 초기부터 있었던 할당채
원지Allotment gardens와 독일의 분구원Kleingarten 등이 대표적이다. 과거
농업생산을 통해 식량난 해결이 주요한 참여 목적이었다면, 현대에

---

1   Lee Jae Ho & David Matarrita-Cascante, "The influence of emotional
and conditional motivations on gardeners' participation in community
(allotment) gardens", *Urban Forestry & Urban Greening* 42, 2019, pp.21~30

2   Laura Lawson, "The planner in the garden: A historical view into the
relationship between planning and community gardens", *Journal of
Planning History* 3(2), 2004, pp.151~176

와서는 농업생산력이 급격히 발전하면서 경제적인 측면보다는 도시 내의 환경과 건강에 대한 관심, 고령층의 사회참여 및 여가 기회 제공이라는 관점에서 주목받고 있다.[3]

커뮤니티 가든은 지역 및 특성에 따라 다음과 같이 유형을 나눌 수 있다.

① 독일의 분구원: '작은'을 뜻하는 클라인Klein과 '정원'을 뜻하는 가르텐이 합쳐진 것으로, 셰레베어가르텐Scherebergarten, 라우베Laube, 하임가르텐Heimgarten으로도 통용된다. 제1차 세계대전 패전 후 부족한 식량을 보충하기 위해 바이마르 정부가 시민에게 저렴한 가격으로 임대하기 시작한 것이 시초였으며, 정원 일부에 의무적으로 작물을 재배하도록 했다. 과거에는 식량 생산 목적으로 많이 사용되었지만, 현재는 여가 및 휴식을 위한 화초재배장으로 많이 사용되고 있다.

② 영국의 할당채원지: 도시 내의 공한지를 시민 개인 또는 지역공동체에 저렴한 가격으로 이용권을 제공해 식량 생산과 건전한 여가 기회를 제공해주고, 이를 통해 사회적인 교류를 유도하기 위해 등장했다. 제2차 세계대전 후 영국 런던시를 중심으로 발달했는데, 토지에 구획을 나누어 개인이나 가족에게 할당했다. 이러한 구획은 한 그룹의 사람들이 전체 지역을 집단적으로 가꾸는 다른 커뮤니티 정원 유형과 달리 개별적으로 경작되는 것이 특징이다.[4]

③ 미국의 커뮤니티 가든Community gardens: 개별적인 작은 정원 구획(할당채원지)과 한 그룹의 사람이 집단적으로 정원을 가꾸는 하나

3   Laura Lawson & Luke Drake, "Community gardening organization survey 2011–2012", *Community Greening Review* 18, 2013, pp.20~47

4   Emily MacNair, *The Garden City Handbook: How to Create and Protect Community Gardens in Greater Victoria*, University of Victoria, 2002

의 큰 토지 communal gardens를 지칭하는 용어로 사용될 수 있다. 미국에서는 이 둘을 주로 커뮤니티 가든이라는 용어로 많이 사용하며, 정원 가꾸기에 관심이 있는 사람들에 의해 공공으로 운영되는 도시 속 녹지공간으로 정의한다.[5] 현재는 먹거리 생산보다는 주로 꽃과 같은 식물을 통해 지역 환경 개선 및 지역·주민 간 소통강화 등과 같은 지역사회의 사회문제를 해결하는 목적으로 만들어지는 경우가 많다. 행정적으로는 공원 조성에 비해 상대적으로 비용이 적게 들어가는 커뮤니티 가든 조성을 통해 도시에서의 부족한 녹지공간 문제를 해결하는 측면에서 접근하고 있으며, 도시민의 가드닝 활동을 통한 여가활동 충족 및 만남의 장소 제공을 통해 지역주민 간의 공동체성 회복 등과 같은 목적으로 조성되기도 한다.

국내의 커뮤니티 가든은 도시텃밭이 대표적이다. 영국, 독일 등의 커뮤니티 가든이 전쟁 후 식량문제를 해결하거나, 사회문제의 치유를 위한 목적으로 발전했다면, 우리나라는 도시농업의 관심과 함께 도시텃밭의 형태로 발전해 왔다. 우리나라에서는 길모퉁이나 집 내외의 자투리땅 텃밭에 작은 식물 및 재배를 통해 나누어 먹던 전통이 있었던 것과 관련해 소규모 부지에 농작물을 경작하는 방식으로 발전해 왔다. 도시농업이 지속적으로 관심을 받으며, 최근에는 도심의 빌딩이나 주택의 옥상 또는 가로변의 유휴지를 이용한 유용식물 재배 등의 형태로도 이루어지고 있다.

커뮤니티 가든은 복잡한 도시 속 공원 및 오픈스페이스로 도시 녹지 역할을 하며, 최근에는 재배 및 경작이라는 활동이 도시민의 취

---

5   Troy D. Glover, "The story of the Queen Anne Memorial Garden: resisting a dominant cultural narrative," *Journal of Leisure Research*, 35(2), 2003, pp.190~212

강동구 일자산 텃밭, 2021 ⓒ이재호

미국 텍사스주 오스틴시의 아델피 에이커Adelphi Acre 커뮤니티
가든, 2018 ⓒ이재호

미활동으로 많이 이용되고 있다. 또한 커뮤니티 가든에서의 행사나
이벤트, 놀이의 장소로도 인식되며 지역공동체의 결속을 강화하는
수단으로도 사용되고 있다. 도시 속 녹지는 복지의 공간으로 인식되
며 특히 노인 세대, 다문화와 같이 사회 취약 계층의 소통의 장으로
활용될 여지가 높다. 다만 커뮤니티 가든의 약점이라고 볼 수 있는
짧은 지속성을 보완하기 위해 토지의 안정적인 확보가 필요하며 도
시경관에 기여할 수 있도록 유지관리에 신경을 쓸 필요가 있다.

커뮤니티 계획

參與計劃 · Community Planning

▶ 주택지의 일상생활 환경을 대상으로, 공동사회community를 구성하는 계획이며, 환경개선을 위한 물적 시설계획, 공동체 의식을 증진하는 비물리적인 계획을 포함하는 종합계획을 말한다. _대한건축학회 건축용어사전

커뮤니티 계획은 계획 및 설계과정에서 모든 이해관계자(고객, 주민, 공무원, 관련기관, 비영리조직 등)를 참여시켜 활동적이고 살기 좋은 도시를 설계하기 위한 접근방식이다. 과거 전문가 위주의 설계 방법에서 벗어나 현지 지역주민들을 참여시킬 때 더 좋은 설계 결과가 나온다는 믿음에 근거하고 있기 때문에, 지역주민들을 계획 프로세스에 적극적으로 참여시켜 의사결정과정에 영향을 미칠 수 있도록 하는 계획과정이다. 따라서 특정 개인이나 집단의 단일한 관점에 의해 지배되지 않고 전통적으로 소외된 집단의 참여를 중시하는 관점이다.[1] 이 용어는 조경뿐만 아니라 도시, 건축 분야에서 참여형 설계 및 계획 개념으로 확장되며 최근에는 주민주도형 재생정책이 활발해지면서 도시재생 및 마을만들기의 핵심적인 요소로 사용되고 있다.

1960년대 미국에서 전문가 중심방식인 합리적 계획rational mode of planning의 광범위한 실패는 시민운동의 확산과 더불어 시민의 참여를 확산시키는 계기가 되었다. 이는 전문가가 주도하는 의사결정과정

---

1   Henry Sanoff, *Community Participation Methods in Design and Planning*, John Wiley & Sons, 1999

에서 탈피해 지역사회의 의견을 더 많이 고려하라는 요구로 관철되었다.[2] 초기에는 1960~70년대 주로 미국 흑인 밀집 지역의 주거환경정비사업 프로젝트에 대항하는 사회운동의 성격을 띠었지만, 참여의 이론과 유형이 점차 다양해지면서 소외된 커뮤니티에 풀뿌리참여계획grassroots activism 모델이 널리 퍼지기 시작하고 지역주민 중심의 협력적 계획collaborative planning을 수용하는 방향으로 전환되었다.[3] 초기 시민운동으로 시작되었지만 시간이 지남에 따라서 시민참여가 제도화되고 규범적 관행으로 변해버렸다는 지적도 있다. 참여 계획을 구성하는 단일한 이론적 틀이나 적용하는 통일된 방법은 존재하지 않기 때문에 지역사회의 여건과 환경에 따라서 다른 방법이 요구된다.

커뮤니티 계획의 관점을 기반으로 다음과 같은 유사 용어가 존재한다.

① 참여 커뮤니티 계획Participatory community planning: 과거 계획과 실행의 전 과정을 전문가가 맡았던 전통적인 설계과정이 아닌 이용자를 계획 및 설계과정에 참여시켜 그들의 생각과 의견을 설계안에 반영하는 방법을 말한다.[4] 기존의 커뮤니티 계획과의 차별점은 주민들이 가지고 있는 문제의식에서부터 계획을 시작해 주민들이 자발적으로 계획에 참여하고 의사결정에 영향을 미치는 종합적인 계획과정이라는 점에서 일반적인 커뮤니티 계획보다 적극적인 형태라고 볼 수 있다.

② 참여 커뮤니티 디자인Participatory community design: 좁은 의미로는 커

2   Marcus B. Lane, "Public participation in planning: an intellectual history", *Australian Geographer*, 36(3), 2005, pp.283~299

3   Paul Davidoff, "Advocacy and pluralism in planning", *Journal of the American Institute of Planners* 31(4), 1965, pp.331~338

4   Henry Sanoff, *Community Participation Methods in Design and Planning*, John Wiley & Sons, 1999

뮤니티 공간을 설계하는 의미(커뮤니티를 위한 '디자인')를 가지며, 넓은 의미로는 '커뮤니티의 구성원'들을 디자인 과정에 참여시켜 공간을 만들어 가는 과정을 의미('커뮤니티'를 위한 디자인)한다.[5] 전자는 이용자인 커뮤니티의 공간적 특성과 일상적 요구를 공간설계에 반영하는 것에 중점을 두며, 후자는 디자인 스타일이 아닌 주민참여를 통한 디자인 프로세스와 절차에 중점을 둔 접근방식이다. 최근에는 주로 후자의 의미로 많이 쓰이며 주민참여를 전제로 주민들의 공유와 공존의 삶을 디자인한다는 점에서 주민참여를 전제로 하고 있다.

③ 커뮤니티 기반 참여 연구Community based participatory research: 연구자와 지역 및 공동체가 함께 연구를 통해 지역의 문제를 해결하는 연구 방법이다. 연구 과정의 전 과정에서 커뮤니티 구성원, 조직 대표, 연구원 및 그 외 이해관계자들이 참여하는 것을 강조하며, 연구 과정 동안 생산되는 지식 및 성과물을 공유하고 지역사회 변화를 유도하고자 한다. 커뮤니티 기반 참여 연구의 특징은 전문가 연구집단과 지역사회를 잘 아는 공동연구자들 간에 위계관계가 존재하는 것이 아닌 동등한 수준의 정보를 수집함으로써 지역공동체가 능동적으로 연구에 참여할 수 있도록 함에 있다.[6]

커뮤니티 계획의 관건은 지역주민을 계획과정에 참여시키는 구조적, 절차적 어려움을 어떤 방식으로 극복하는가에 있다. 구조적으

---

5   커뮤니티 디자인센터, 《커뮤니티 디자인을 하다: 주민참여로 가꿔나가는 삶의 공간》, 나무도시 출판, 2009

6   Lawrence W. Green & Shawna L. Mercer, "Can public health researchers and agencies reconcile the push from funding bodies and the pull from communities?", *American Journal of Public Health* 91(12), 2001, pp.1926~1929

미국 텍사스주 웨이코시 커뮤니티 계획, 2015 ⓒ이재호

로 주민들이 자발적으로 참여하기 꺼려하는 경우도 있으며 시간이 없거나 기술이 없다고 생각해서 참여를 못하는 경우도 많기 때문에 주민들이 계획과정에 참여할 수 있도록 장벽을 낮춰주는 기술적, 방법론적 방안의 구상이 필요하다. 또한 커뮤니티 참여계획의 핵심은 소외되는 사람이 발생하지 않도록 하는 것이며, 다양한 사람이 의견을 개진할 때 필연적으로 발생할 수밖에 없는 갈등을 해결하는 절차 및 방법이 중요하다. 참여주체 간에 갈등을 해결할 수 있는 알고리즘 구축이나 시나리오 등을 통해 갈등을 해소할 수 있는 방안이 필요할 것으로 판단되며, 기술적으로는 주민들이 설계에 참여할 때 도면에 대한 이해가 없어도 의사를 제시할 수 있는 가상현실증강 기술과 같은 도구를 접목해 주민의 참여를 다각화하고 넓힐 필요가 있다.

커뮤니티 리질리언스

Community Resilience

▶ [리질리언스] 사람이나 사물이 충격, 부상 등과 같은 불쾌한 일 후에 신속하게 회복하는 능력을 말한다; 물질이 구부리거나 늘어나거나 눌러진 후 원래의 모양으로 되돌아가는 능력을 말한다._옥스포드 사전

리질리언스는 환경, 공학, 경제, 인간심리 등 모든 영역에서 적용[1]되고 있지만, 리질리언스 용어가 커뮤니티와 함께 사용될 때는 태풍, 해일 등 지역사회가 물리적 자연재해 및 전염병, 경제위기, 안전위협, 공동체 붕괴와 같은 사회적 문제에 닥쳤을 때 피해를 다시 복구할 수 있는 능력을 의미한다.[2] 커뮤니티 리질리언스의 핵심은 재해 발생 후 복구할 수 있는 사후능력을 의미하는 것이 아닌 사전 대응적 행동으로 지역사회의 취약성을 사전에 줄여 재해가 발생했을 때 충격을 더 잘 흡수하고 견딜 수 있도록 하고자 함이다. 즉 커뮤니티 리질리언스란 예측 불가능한 상황에서 빠르고 탄력적으로 회복해 건강하고 활기찬 지역사회를 만들고자 하는 취지의 개념이다.

커뮤니티 리질리언스는 지역공동체가 내·외부적인 요인에 의해 소멸하고 있는 현실에서 공동체의 역량 강화를 통해 지역사회의 문

---

1   C. S. Holling, "Resilience and Stability of Ecological Systems", *Annual Review of Ecology and Systematics* 4(1), 1973, pp.1~23

2   Jaimie Hicks Masterson, Walter Gillis Peacock, Shannon S. Van Zandt, Himanshu Grover, Lori Feild Schwarz, John T. Cooper Jr., *Planning for Community Resilience: A Handbook for Reducing Vulnerability to Disasters*, Island Press, 2014

커뮤니티 리질리언스와 사회-생태 시스템

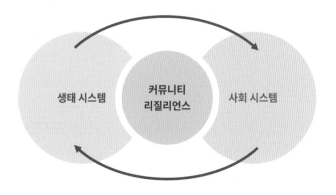

제점을 미연에 방지하고자 하는 목적에서 대두되기 시작했다. 이는 지역사회가 사회적, 경제적, 환경적 시스템의 안정과 균형을 통한 지속가능한 발전을 추구했지만, 자연적·사회적 재난, 경제위기, 안전 위협 등 예측하지 못한 위협이 지역사회에 영향을 줄 때 효율적으로 방지하거나 대응하고자 하는 목적에서 그 중요성이 부각되었다.[3]

지역공동체 리질리언스의 하부 구성요소는 지역공동체를 바라보는 관점 및 지역에 따라 달라지지만, 기존 연구에서 공통적으로 제시하고 있는 공통적 요소를 기준으로 정리하면 물리적, 인적, 사회인구적, 문화적, 사회관계적, 행정적, 경제적 요소로 정리될 수 있다.[4]

커뮤니티 리질리언스 연구에서의 향후 주안점은 개개의 구성요

3   Brian Walker, C. S. Holling, Stephen R. Carpenter and Ann Kinzig, "Resilience, adaptability and transformability in social-ecological systems", *Ecology and Society* 9(2), 2004, p.5

4   하현상·이석환, 〈지역사회 리질리언스 제고를 위한 공공마케팅에 대한 탐색적 고찰과 행정학적 제언〉, 《한국자치행정학보》 30(2), 2016, 101~137쪽; 남수연, 〈불확실성 시대 지역공동체 개발에 대한 지역공동체 리질리언스적 접근〉, 《한국지역개발학회지》 30(3), 2018, 39~64쪽

사회-환경 시스템 구성 요소

사회-환경 시스템의 구성요소	내용
물리적 요소	지역공동체를 둘러싼 자연환경(생물자원의 다양성과 밀도), 건조환경(인프라 시설)
인적 요소	공동체 개개인의 역량(지식, 리더십, 건강 등)
사회인구적 요소	사회경제적 수준(소득, 교육수준, 자가비율, 빈곤율 등) 등
문화적 요소	지역공동체가 가지고 있는 만족감, 가치, 신앙, 변화 수용력 등
사회관계적 요소	지역공동체의 역량, 구성원간의 관계, 사회적 자본(신뢰수준, 공공참여, 정치참여, 갈등해소, 정책·집단적 효능감 등)
행정적 요소	지방정부 서비스 체계의 수준 및 시스템(소방, 경찰, 복지, 보건, 위생 등)
경제적 요소	지역공동체에 경제적 이익을 유발하기 위해 투자되는 자본(업체 수, 고용시장, 산업구조 등)

소적 접근법을 벗어나 시스템적 접근으로, 물리적 접근을 포함한 통합적 접근법이 요구된다. 물리·생태적 요소의 하드웨어적인 접근보다 인적, 사회적 자본과 같이 소프트웨어적인 요소의 결합을 통한 세밀한 접근이 요구된다.

커뮤니티 매핑

Community Mapping

▶ 사람들이 특정 주제와 관련한 지도를 만들기 위해 온라인 지도서비스를 이용하여 직접 정보를 수집하고 지도에 표시하여 완성함으로써 정보를 공유하고 활용하는 참여형 지도 제작 활동을 말한다._두산백과사전

커뮤니티 매핑은 커뮤니티Community와 매핑Mapping의 합성어로, 지역 주민들이 특정한 주제와 연관있는 지도를 제작하기 위해 온라인 매핑 툴tool을 이용해 직접 정보를 수집하고 지도에 표기해 다수의 사람들과 정보를 공유하고 활용하는 참여형 지도 제작 활동이다.[1] 다양한 사람이 직접 데이터를 수집하고 편집한다는 점에서 일종의 집단지성을 활용하는 방식으로, 개개인의 정보가 하나의 지도에 모였을 때 전체적인 지도가 완성되어 특정 주제와 관련된 정보 공유뿐만 아니라 문제에 관련된 시사점 및 해결방안까지 제시가 가능하다.

　　커뮤니티 매핑은 공동체 구성원의 참여를 통해 지도를 만드는 과정으로 과거 전문가에 의해 정보가 제공되는 방식을 벗어나 대상지 및 현황을 파악하는 단계에서부터 주민 스스로가 정보를 수집 및 정리·보완해 지역 문제점과 해결방안을 제시하는 방법으로, 이해 관계자들의 관심을 유도하고 지역사회에서의 의사결정에 참여하도록 하여 궁극적으로 주민의 역량 강화 및 도시문제 해결안을 제시하고자 한다.

1　　커뮤니티 매핑센터 http://cmckorea.org/

성북구 초등학교 안전지도 ⓒ성북구

커뮤니티 매핑은 새로운 전략이나 설계과정이 아니며 다양한
형태로 오랫동안 사용되어왔다. 조경설계에서 대상지 파악 및 이해
를 위해 현장 조사를 하듯이 커뮤니티 매핑에서는 해당 지역을 더 잘
아는 지역주민을 통해 자원 및 문제점을 파악하는 방법으로 발전되
어 왔다. 최근에는 스마트폰과 같이 개인이 쉽게 지리정보에 접근할
수 있는 환경에서 다양한 주제를 직접 지도에 표시할 수 있다. 재난,
안전, 복지, 문화 등 다양한 분야에서 활용이 가능하며, 웹 지도 기반
으로 활용되어 시간과 비용이 절감되고 많은 사람이 활용할 수 있다
는 점에서 많이 사용되고 있다.[2]

대표적인 예로는 2010년 아이티Haiti에 대규모 지진으로 인해 피
해가 발생했을 당시 구조 대원들이 오픈 스트리트 맵Open Street Map이

---

2   한국정책학회,《지역공동체의 이해와 활성화》, 행정안전부, 2017

라는 매핑 서비스를 이용해 봉쇄된 길의 위치, 사람을 구조할 건물의 위치, 약국의 위치 등을 매핑해 구조 작업을 하는 데 효과적으로 활용했다. 일상생활에서도 커뮤니티 매핑의 활용 사례는 다양하다. 우리나라에서도 시민들이 휠체어가 이동하는 데 장애가 되는 시설물을 매핑해 장애인의 보행환경을 개선하는데 반영하거나 학생들이 등하교할 때 안전시설이 필요한 장소를 매핑함으로써 사고를 예방하는데 활용하기도 한다.

탄소흡수원

炭素吸收源·Carbon Sink

▶ 탄소를 흡수하고 저장하는 입목, 죽, 고사유기물, 토양, 목제품 및 산림바이오매스 에너지를 말한다. _「탄소흡수원 유지 및 증진에 관한 법률」

탄소흡수원이란 자연적·인위적으로 대기중의 이산화탄소를 흡수해 제거하는 역할을 하는 것을 의미한다. 기후변화로 인한 문제를 해결하기 위해 국제적으로 다양한 노력이 시도되고 있으며 특히 이산화탄소를 줄이기 위한 탄소흡수원의 역할과 필요성이 강조되고 있다.

배출되는 탄소와 흡수되는 탄소의 양을 같게 해 실질적인 탄소배출량이 '0'이 되게 하는 것을 탄소중립Net-Zero이라 한다. 기후변화에 관한 정부간 협의체 IPCCIntergovernmental Panel on Climate Change는 2018년 10월 승인한《지구온난화 1.5℃ 특별보고서》에서 지구온도 상승을 1.5℃ 이내로 하기 위해서는 2050년까지 탄소 순배출량이 '0'이 되는 탄소중립으로의 전환이 필요하다고 제시했다. 우리나라에서도 기후변화로 인한 피해를 최소화하고 기후위기 대응에 동참하기 위해 2020년 10월 '2050 탄소중립'을 선언했다. 기후변화 대응 정책의 장기적인 관점에서 수립한 장기저탄소발전전략Long-term low greenhouse gas emission development strategy, LEDS의 5대 기본방향에는 "산림, 갯벌, 습지 등 자연생태의 탄소흡수 기능 강화"가 포함되어 있다. 탄소흡수를 높이기 위한 방안으로 도시숲, 정원 등 생활권 녹지조성, 훼손지·주요생태축의 산림복원, 유휴토지 조림 등을 통한 탄소흡수원 확대와 수종갱신, 숲 가꾸기 등의 흡수원 관리가 제시되었다.

탄소 흡수 능력이 높은 수종[1]

수종	연간 CO_2 흡수량 kg CO_2/tree/y	생장속도	적용가능지역
느티나무	33.7	+	공원수, 가로수, 경관수, 녹음수
은행나무	35.4	+	가로수, 녹음수
벚나무류	26.9	+	정원수, 가로수
메타세콰이아	69.6	++	가로수, 공원수
양버즘나무	55.6	++	가로수, 녹음수, 경관수
회화나무	32.6	++	정원수, 공원수, 가로수, 녹음수, 경관수
튤립나무	101.9	++	공원수, 가로수, 녹음수

탄소중립의 개념

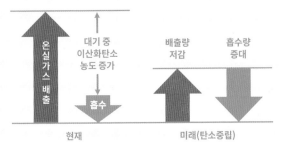

© 2050 탄소중립 포털

탄소중립을 실현하기 위해서는 탄소흡수원을 확대하고 유지·관리해야 하는데, 조경 측면에서 접근이 필요하다. 특히 도시에서의 공원, 가로수, 도시숲, 하천 등의 공간은 탄소흡수원 확보에 크게 기여할 수 있다. 새로운 흡수원을 발굴하고, 공간별 탄소저감 효과에 대한 심도 있는 연구가 필요하며, 조경 분야에서도 탄소 저감을 위한 구체적인 세부 목표와 이행계획 수립이 필요하다.

---

1   박은진, 《도시 수목의 이산화탄소 흡수량 산정 및 흡수효과 증진 방안》, 경기개발연구원, 2009

택티컬 어버니즘

戰術的都市化·Tactical Urbanism

▶ 택티컬 어버니즘은 지역환경이나 도시 속 모임장소를 개선하기 위해 건조환경에서 저비용의 일시적인 변경을 의미한다. 택티컬 어버니즘은 일반적으로 게릴라 어버니즘, 팝업 어버니즘, 도시 수리 또는 D.I.Y 어버니즘이라고도 한다. _위키피디아

택티컬 어버니즘은 도시계획 및 도시공간 개선의 한 방식으로 실제 공간에 구상한 시설을 하루나 일주일같이 짧은 기간에 저예산으로 구현해서 해당 공간의 영구적 변화를 어떻게 이루어나갈지 확인하는 작업이다. 이 접근 방법은 적극적 시민주도 접근 방법이다. 예를 들어 차량 통행 공간을 차 없는 거리로 조성, 도로·주차장을 공원 또는 광장으로 조성, 차로의 일부를 보행로·자전거 도로로 전환하는 사업 등을 포함한다. 이러한 접근은 영구적인 조치가 아닌 소규모의 임시적인 조치를 통해 성과를 예측해보고 장점을 주민이 직접 체험해 점차적으로 변화하기 위한 방식으로 유도하고자 함에 있다.[1]

택티컬 어버니즘 혹은 전술적 도시화의 전술Tactics은 군사용어로 전략strategy과 대비되는 용어이다. 전략이 전쟁에서 장기적인 전쟁 방법을 의미한다면, 전술은 단기적으로 곳곳에서 이뤄지는 것을 의미한다. 이러한 접근에서 전략은 장기적인 관점의 종합계획master plan

---

1   Mike Lydon & Anthony Garcia, "A tactical urbanism how-to", *Tactical Urbanism*, Island Press, 2015, pp.171~208

으로 비유되고, 전술은 일시적 활용temporary use으로 볼 수 있다.[2] 일시적 이용은 단순히 한시적으로 공간의 변화를 주는 것을 넘어 일시적 활용의 효과성을 통해 영구적으로 도시의 변화를 유도하고자 함에 있다. 초기에는 임시로 변화를 주고 있으나 일시 이용이 성공적일 때 기존의 계획을 대체하기도 한다.

택티컬 어버니즘은 북미 및 유럽을 중심으로 대규모 도시개발에 따른 부작용을 해결하기 위해 시작되었다. 전통적인 도시계획 및 설계 분야에서는 영구 변화를 목표로 최종목표에 도달하지 못하는 계획을 방지하고자 했지만[3] 최근에는 보다 작고 점진적인 방향을 추구하게 만들어 도시공간을 일시적으로 활용하는 다양한 활동을 통해 궁극적으로 영구 변화를 이끌어내는 추세이다. 예를 들어 지역사회에서 일반적으로 발생하는 횡단보도의 부족, 광장의 부족, 안전하지 못한 인도 등에 대한 문제에 기인해 지역을 스스로 변화시키고자 하는 의지가 있는 젊은 사람들이 공터나 빈 건물 등을 대상으로 가든을 임시적으로 만들거나 (게릴라 가드닝), 주차장 공터에 팝업공원을 만드는 행위 (파크렛) 등이 많은 도시에서 실행되고 있다. 이러한 유형의 작지만 강력한 개입은 적어도 일부 문제를 해결하는 데 효과가 있다고 평가되고 있다.

택티컬 어버니즘은 범위, 규모, 예산 및 지역에 따라 크게 다르지만 대표적으로 다음과 같은 예시가 있다.

① 게릴라 가드닝Guerrilla gardening: 버려진 부지, 관리되지 않는 지역 또는 사유지와 같이 가드너가 경작할 법적 권리가 없는 토지에서 식용 식물이나 꽃을 키우는 가드닝 행위이다. 즉 게릴라 가드닝은 도시 속 버려진 공간에 식물 등을 설치해 빈 공간을 아름

---

2   이종민·이민경·오성훈, 《유휴공간의 전략적 활용체계 구축방안》, 건축도시공간연구소, 2016

3   Peter Bishop & Lesley Williams, *The Temporary City*, Routledge, 2012

중랑구 면목동 공동체주택 프로젝트 2021 ⓒ이재호

답게 꾸미는 일이라고 정의된다. 남의 땅에 불법으로 꽃밭을 가꾸는 활동이라고 정의되기도 하지만,[4] 게릴라 가드닝 활동을 통한 지역의 가치가 상승되고 녹지를 통한 삶의 질 향상 등과 같은

---

4   Richard Reynolds, *Guerilla Gardening: ein botanisches Manifest*, Orange Press, 2017

장점이 있다. 최근에는 기능이 없는 쓰레기통, 우체통 등에 꽃을 식재하는 형태의 실험적인 작품도 많아지고 있다.

② 파크렛Parklets: 주차공간이 일시적인 공원 공간으로 바뀌는 것으로 연례 행사로 파킹 데이Parking Day를 지정해 행사를 진행한다. 가장 유명한 사례가 2005년 샌프란시스코에서 예술 및 디자인 스튜디오인 리바Rebar에 의해 시작된 파킹 데이로 이 이벤트에 지역 기업, 비영리조직 및 커뮤니티 그룹이 임시 팝업 공원을 만들기 위해 당일 주차공간을 예약한다. 공원은 임시적이어야 하며, 노상 주차 공간에 적합해야 하고, 일반에 공개되어야 한다는 원칙을 기초로 운영되고 있다.

③ 더 나은 블록 만들기Better block initiatives: 저렴하거나 기부받은 재료와 자원봉사자를 통해 소매 거리를 일시적으로 변형하는 사례로 공간에 푸드카트, 인도 테이블, 임시 자전거 도로 및 좁은 거리를 도입해 변형하는 사례이다.

코로나-19 감염증으로 인한 사회적 거리두기를 유지하기 위해 오픈스페이스 및 각종 공공시설물의 이용이 제한되는 등 보행자들이 이용할 수 있는 공공영역이 축소되고 있는 상황에서 사람들이 걷고, 자전거를 편하게 탈 수 있는 환경을 제공해주는 방안이 필요하다. 더불어 조경공간과 복지 및 웰빙이 주요 키워드가 되는 것과 관련해 공공 공간에 새로운 의미와 용도를 제공하고 차량을 통한 공간 조성보다는 사람들의 욕구(놀이, 조용한 환경 등)와 필요(돌봄, 건강 등)를 강조하고 디자인 프로세스에 사람들의 참여를 이끌어내는 것이 중요하다.

파편화

破片化·Fragmentation

가장자리
모자이크
생태통로
조각

▶ 깨어지거나 부서져 여러 조각으로 나뉘거나 또는 나누는 것이다._우리말샘

▶ 작은 조각이나 부분으로 부수거나 만드는 행위 또는 과정이다._옥스포드 사전

▶ 서식지 파편화란 생물이 서식하는 환경이 파편화되어 개체군이 파편화되거나 생태계가 붕괴되는 현상을 의미한다._위키피디아

파편화란 하나의 큰 서식지, 생태계, 토지이용 등이 두 개 이상의 작은 조각으로 나누어지는 것으로 토지변형에 영향을 미치는 공간 변화 중 하나이다.[1] 자연적인 경관에 개발로 인해 주거지와 도로가 생성되면 경관이 파편화하게 된다. 도로 건설, 택지 개발과 같은 인위적인 영향에 의한 경관의 파편화는 야생동물 서식지와 이동에 영향을 미치며 종의 다양성 감소와 멸종을 가속화시키거나 생물종의 산란 및 번식에도 영향을 준다. 파편화는 경관생태학 용어로 서식지의 크기와 연관이 있다. 파편화에 의한 영향을 크게 두 가지로 볼 수 있는데, 첫째는 공간적으로 작게 나누어지기 때문에 조각 크기가 작아지는 것이고, 둘째는 조각이 작아지고 분할되면서 기하학적으로 복잡해지는 것이다.

　　서식지 파편화가 개체군에 미치는 영향을 초기배제 효과, 장벽과 격리화, 혼잡효과, 국지적 멸종으로 요약할 수 있다. 초기배제Initial

---

1　　Richard T. Forman, *Land Mosaics: The ecology of landscapes and regions*, Cambridge University Press, 1995

파편화의 개념

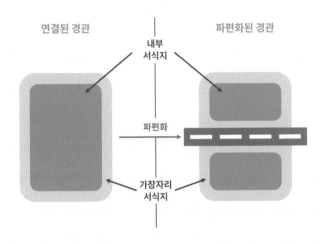

Exclusion 효과는 교란에 민감한 종이나 큰 면적의 서식지가 필요한 생물종이 사라지는 것이며 장벽과 격리화는 파편화에 의해 기존 서식지가 분리되어 생물종이 다른 서식지로 이동하는 것으로 이러한 경우 개체군의 감소로 멸종까지 이르게 될 수 있다. 혼잡효과란 파편화로 인해 한 조각에 수용능력을 초과하는 생물종이 모이게 되어 개체군의 밀도가 낮아지는 효과이다. 국지적 멸종은 파편화로 인한 최종적인 결과로 지리적으로 분포범위가 협소하거나 개체군의 크기가 작은 종, 이동성이 낮은 종, 상위영양단계의 종과 같이 멸종에 취약한 종에 해당한다.[2]

인위적 교란에 의한 서식지 파편화 현상은 생물다양성에 가장 위협이 되는 멸종의 주요 원인이라고 할 수 있으며, 서식지 파편화는

---

2   이동근·김명수·구본학·김경훈·김동성·나정화·윤소원·이명우·전성우·정흥락·조
     경두, 《경관생태학》, 문운당, 2004

서식지의 손실habitat loss과 고립habitat isolation 두 가지를 의미한다고 볼 수 있다.[3] 생태학자들은 서식지 파편화 연구를 섬생물지리학과 메타 개체군 이론과 연관해 접근한다. 서식지가 파편화되면 서식지의 크기가 작아지고 고립되어 서식지들 간의 연결성이 감소하고 서식지 형태가 단순화되고 가장자리 면적이 증가하여 가장자리 효과가 증가하게 된다.

3   Sharon K. Collinge, "Ecological consequences of habitat fragmentation: implications for landscape architecture and planning", *Landscape and Urban Planning* 36(1), 1996, pp.59~77

팔경

八景 · Eight Scenic Views

구곡
명승
승경
이상향

▶ 어떤 지역에서 뛰어나게 아름다운 여덟 군데의 경치를 말한다. 중국의 소상팔경
瀟湘八景에서 유래하였으며, 우리나라에는 관동팔경, 단양팔경 등이 있다. _

표준국어대사전

지역별로 자랑할 만한 명승이나 명소를 팔경八景 또는 십경十景으로
내세워 관광 대상으로 삼을 만큼 팔경은 명승의 대명사로서 친숙하
다. 한국뿐만 아니라 중국과 일본에서도 팔경문화에 대한 인식은 매
우 깊은데 넓은데 이는 중국의 〈소상팔경도瀟湘八景圖〉에서 유래된 것이
다. 〈소상팔경도〉가 성행한 이유로 가장 먼저 꼽을 수 있는 것은 이
상향理想鄕을 상징한다는 점이다. 명승의 대명사이자 이상향의 표상
으로서 동양인의 마음속 깊이 자리 잡은 소상팔경은 오랜 기간 그림
으로 그려졌을 뿐만 아니라 시로도 읊어졌다.[1] 소상팔경은 중국에서
태동한 것이지만 오랫동안 동아시아의 시와 그림에 지대한 영향을
미쳤으며, 한국과 일본에서 전통 경관의 원형을 이끄는 문화현상으
로 자리하였다.[2]

　소상팔경은 중국 후난성湖南省 퉁팅호洞庭湖 남쪽의 샤오수이瀟水
와 샹강湘江이 합류하는 곳에 있는 대표적인 여덟 가지 아름다운 경
치八景를 이른다. 샤오수이와 샹강의 아름다움은 일찍부터 시인 묵객

1　박해훈, 《한국의 팔경도》, 소명출판, 2017
2　노재현, 〈소상팔경, 전통경관 텍스트로서의 의미와 결속구조〉, 《한국조경학회지》
　37(1), 2009, 101~117쪽

들의 관심 대상이 되어 빈번하게 시와 그림으로 표현되곤 하였다. 처음 소상팔경을 화제畵題로 삼은 사람은 북송北宋대의 문인이면서 화가였던 송적宋迪, 약 1015~1080으로, 그는 호남성 전운판관轉運判官으로 재임하면서 소상지역을 둘러보고 〈소상팔경도〉를 제작한 것으로 추정된다.[3] 당시 송적의 작품은 여덟 장면의 소표제와 화면 구성에 의해 일종의 전형적 승경 모습을 제시한 것으로 이후 현지답사 여부와 관계없이 시화를 빌어 소상팔경에 열광하는 문인문화를 창출하는 시발점이 되었다.

소상팔경은 석양빛, 가을 달, 밤비, 저물녘 눈 등과 같이 하루 중 아침이나 낮보다는 저녁이나 밤이 주로 표현되었다. 또한 소상 지역의 여덟 장면을 특징적으로 묘사하면서 자연이 시간과 계절의 변화에 따라 달리 보인다는 점을 강조하고 있다. 아지랑이, 연하煙霞, 석조夕照, 야우夜雨, 추월秋月, 모설暮雪 등을 묘사하고 있음에서 자연의 독특한 분위기 포착과 묘사 등 섬세한 표현을 전제하고 있다. 소상팔경의 여덟 가지 경치는 다음과 같으며 순서는 일정하지 않다.

① 소상야우瀟湘夜雨: 샤오수이와 샹강에 내리는 밤비

② 동정추월洞庭秋月: 가을 퉁팅호에 비친 달

③ 원포귀범遠浦歸帆: 멀리서 포구로 돌아오는 배

④ 평사낙안平沙落雁: 넓은 모래펄에 내려앉는 기러기

⑤ 연사만종烟寺晚鐘: 해 질 녘 산사의 종소리

⑥ 어촌석조漁村夕照: 어촌에 깃드는 저녁노을

⑦ 강천모설江天暮雪: 저무는 강 위에 내리는 눈

⑧ 산시청람山市晴嵐: 산마을의 맑은 기운

---

3   시마다슈우지로우島田修二郎, 〈宋迪と瀟湘八景〉, 《南畵鑑賞》第104號, 1941,
6~13쪽: 박해훈, 《조선시대 소상팔경도 연구》, 홍익대학교 박사학위논문, 2007

중국 명대에 문징명이 그린 〈소상팔경도〉, 16세기 ⓒ중국 상하이박물관

　　소상팔경의 소재가 한국에 처음 전래된 시기는 명확하지 않으
나 고려시대 명종이 문신들에게 소상팔경을 주제로 글을 짓게 하고,
화원이었던 이녕李寧의 아들 이광필李光弼에게 그리게 했다는 것으로
보아 이미 〈소상팔경도〉가 전해져 있었음을 짐작할 수 있다. 이를 계
기로 소상팔경의 시제詩題는 고려문인 사이에서 보편화되었다. 이인

로^{李仁老, 1152~1220}, 이규보^{李奎報, 1168~1241}, 이제현^{李齊賢, 1287~1367} 등 고려
후반기의 문인들이 소상팔경 시를 남겼으며, 이러한 전통은 조선시
대에 계승되었다.

한국에서 〈소상팔경도〉의 발달에 기여한 인물은 조선 초기의
안견^{安堅}과 안평대군^{安平大君, 1418~1453}으로 두 사람은 소상팔경 시화의
전통 형성에 결정적인 역할을 하였다. 조선 중기에는 한국의 실경^實
^景을 팔경 또는 십경으로 명명해 시를 짓고 그림으로 그리는 풍조가
정착하였다. 또한 전국의 명승을 유람하고 기록으로 남기거나 명승
도를 팔경도 혹은 십경도 등으로 유형화하여 표현하는 경향이 뚜렷
해졌다. 조선 후기에 들어서면서 〈소상팔경도〉보다는 한국의 실경
을 대상으로 한 팔경도의 제작이 크게 유행하였다.[4]

한편 소상팔경의 영향으로 자연 승경을 여덟 가지 경치로 구분
해 시화^{詩化}한 산수시^{山水詩}가 성행했는데 이를 '팔경시^{八景詩}'라 하며,
후대에 수많은 화가와 시인에 의해 반복 창작되었다. 이후 팔경은 실
경산수의 의미가 퇴색하면서 관념산수의 전형으로 정착되었으며,
팔경시는 한·중·일에서 성행하였다. 한국에서만 4천여 수가 넘는 팔
경 관련 시가 각종 문집에 수록되어 있으며, 이들 작품은 대개 중국
소상팔경의 영향을 받았으나 한국적 공간으로 변용되어 16세기 이
후 사림파의 정신세계를 반영하는 문학 양식으로 수용되는 등 개성
있는 양상을 보인다.[5] 팔경으로 대표되는 이러한 유형은 팔영^{八詠}, 십
영^{十詠}, 십이영^{十二詠}, 십이경^{十二景} 등의 기록으로 나타나는데 《신증동
국여지승람》에는 이들 유형이 26개 처^處 230경^景에 이른다.[6]

고려시대에는 '송도팔경'을 비롯한 각종 팔경을 읊고 그렸는데,

4   한국학중앙연구원 한국민족문화대백과 http://encykorea.aks.ac.kr/

5   한국학중앙연구원 한국민족문화대백과 http://encykorea.aks.ac.kr/

6   강영조·김영란, 〈한국 팔경의 형식과 입지특성에 관한 연구〉,
     《한국전통조경학회지》 9(2), 1991, 27~36쪽

정선, 《관동명승첩》 중 〈죽서루〉, 18세기 ⓒ간송미술관

김홍도, 단양팔경 중 〈옥순봉〉, 1796 ⓒ리움미술관

송도팔경은 자동심승紫洞尋僧, 청교송객靑郊送客, 북산연우北山烟雨, 서강풍설西江風雪, 백악청운白嶽晴雲, 황교만조黃郊晚照, 장단석벽長湍石壁, 박연폭포朴淵瀑布로 이루어진다. 이는 소상팔경의 여러 가지 경관 요소와 상통하는 시각적 결속어를 공유하고 있어서 송도팔경이 소상팔경을 바탕으로 한국적으로 발전 또는 변화된 것임을 보여준다.

조선 전기 단양군수를 지낸 퇴계 이황은 경景의 근원으로 여긴 소상팔경보다 남한강 상류에 설정된 '단양팔경'이 더 뛰어난 절경이라고 극찬하기도 하였다. 또한 《한경지략漢京識略》과 《신증동국여지승람》에는 조선시대 한양에 팔경시가 있었음을 기록하고 있으며, "한양팔영漢陽八詠", "한양십영漢陽十詠", "신도팔영新都八詠", "남산팔영南山八詠" 등이 대표적이다. 이러한 경景의 변천은 자연과 사람이 어우러지는 상황을 가거지 주변에 경景으로 설정하면서 소상팔경이라는 틀에 맞추지 않고 우리 나름의 팔경에 대한 전통을 주체적으로 확립한 것이다.[7] 즉 초기에 중국 소상팔경을 모티브로 했던 팔경은 조선 후기로 갈수록 점차 시각적 결속성과 관념성이 와해되고 조선의 문화풍토를 담는 토착화된 풍경으로 진화하였다. 고려에서 조선으로 이입된 소상팔경의 문화현상은 성리학적 풍경이 더해지면서 조선의 문예미학을 이끄는 원동력이 되었고, 전래 문화경관의 기본 텍스트이자 한국적 풍경의 원형이 되었다.[8]

팔경 체제가 보편적인 구조였지만 십경十境, 十景, 십이경十二景의 형식도 있었다. 한국 팔경의 대표적인 사례는 다음과 같다.

① 단양팔경丹陽八景: 충청북도 단양군에 있는 여덟 곳의 명승지이다. 상선암上仙巖, 중선암中仙巖, 하선암下仙巖, 구담봉龜潭峯, 옥순봉玉筍峯, 도담삼봉島潭三峯, 석문石門, 사인암舍人巖을 이른다.

---

7   최기수 외 8인,《오늘, 옛 경관을 다시 읽다》, 조경, 2007

8   노재현,〈소상팔경, 전통경관 텍스트로서의 의미와 결속구조〉,《한국조경학회지》 37(1), 2009, 101~117쪽

② 관동팔경關東八景: 강원도 동해안에 있는 여덟 명승지이다. 통천의 총석정叢石亭, 고성의 삼일포三日浦, 간성의 청간정淸澗亭, 양양의 낙산사洛山寺, 강릉의 경포대鏡浦臺, 삼척의 죽서루竹西樓, 울진의 망양정望洋亭, 평해의 월송정越松亭을 이른다. 평해의 월송정 대신에 흡곡의 시중대를 넣기도 한다. 영동팔경嶺東八景이라고도 한다. 특히 관동팔경에는 정자나 누대가 있어 많은 사람이 풍류를 즐기고 빼어난 경치를 노래하였다. 고려 말의 문인 안축安軸. 1282~1348은 〈관동별곡〉에서 총석정·삼일포·낙산사 등의 경치를 읊었고, 조선시대 정철鄭澈, 1536~1593은 〈관동별곡〉을 가사로 지어 금강산 일대의 산수미山水美와 더불어 관동팔경의 승경을 노래하였다.

③ 관동십경關東十境: 서울대학교 규장각에서 《관동십경關東十境》[9] 시화첩을 소장하고 있다. 관동팔경에 흡곡의 시중대侍中臺와 고성의 해산정海山亭을 더해 '관동십경'이라 하였다. 십경十境에서 '경境'자를 사용하고 있다.

④ 관서팔경關西八景: 평안도에 있는 여덟 군데의 명승지이다. 강계의 인풍루仁風樓, 의주의 통군정統軍亭, 선천의 동림폭東林瀑, 안주의 백상루百祥樓, 평양의 연광정練光亭, 성천의 강선루降仙樓, 만포의 세검정洗劍亭, 영변의 약산동대藥山東臺이다. 서도팔경西道八景이라고도 한다.

⑤ 평양팔경平壤八景: 평양성 일대 아름다운 경관을 읊은 것이다. 원전은 매계梅溪 조위曺偉, 1454~1503의 〈평양팔절平壤八絶〉이며, 여덟 풍경은 밀대상춘密臺賞春, 부벽완월浮碧玩月, 영명심승永明尋僧, 보통송객普通送客, 거문범주車門汎舟, 연당청우蓮堂聽雨, 용산만취龍山晚翠

9 김상성 외 지음, 서울대규장각 옮김, 《관동십경關東十境》, 효형출판, 1999

관동팔경 중 울진 망양정 ⓒ인의제

그리고 마탄춘창馬灘春漲으로 회자된다.[10]

⑥ 영주십이경瀛洲十二景: 예로부터 제주도의 승경으로 일컬어 온 것들이며, 성산일출城山日出, 사봉낙조沙峰落照, 영구춘화瀛邱春花, 귤림추색橘林秋色, 정방하폭正房夏瀑, 녹담만설鹿潭晩雪, 산포조어山浦釣魚, 고수목마古藪牧馬, 영실기암靈室奇岩, 산방굴사山房窟寺, 용연야범龍淵夜帆, 서진노성西鎮老星이다.

10 박정애, 〈조선후기 평양명승도 연구: 평양팔경도를 중심으로〉, 《민족문화》 제39집, 2012, 317~352쪽

풍류
風流

▶ 멋스럽고 풍치風致가 있는 일 또는 그렇게 노는 일을 말한다. _표준국어대사전

▶ 속되지 않고 운치 있는 일이나 음악을 가리키는 예술용어 _한국민족문화대백과

▶ 고대 제천 행사에서 비롯된 한국 고유의 전통사상을 가리키는 말이었으나,
오늘날에는 멋과 운치가 있는 일이나 그렇게 즐기는 행위를 가리키는 말로 널리
쓰인다. _두산백과

자의字義적으로 풍류는 '바람이 흐르는 것', '바람처럼 흐르는 것'이다.
이런 의미로 풍류라는 말이 처음 사용된 것은 중국 한시대로 기원 전
후까지 거슬러 올라가며, 풍류가 오늘날과 같은 어떤 가치개념을 내
포하는 용어로 쓰이기 시작한 것은 육조시대 특히 진시대 무렵이다.[1]
사전적으로 풍류는 속된 일을 떠나 풍치있고 멋스럽게 노는 일, 운치
있는 일이라고 정의되는데 조선시대 전반적인 여가문화의 양상은
풍류와 밀접한 관계가 있다.

　　문헌에서 풍류라는 단어는《삼국사기》〈진흥왕조〉에 신라시대
화랑제도의 설치에 관한 기사 가운데 나온다. 그 기사는 최치원崔致遠,
857~미상이 쓴 "난랑비서문鸞郎碑序文"을 인용한 것인데 내용은 "나라에
현묘한 도道가 있으니 이를 풍류라 한다. 이 가르침을 베푼 근원에 대
하여는 〈선사仙史〉에 상세히 실려 있거니와 실로 이는 삼교三教를 내
포한 것으로 모든 생명과 접촉하면 이들을 감화시킨다."와 같다. 이

1　　이은경,《풍류: 동아시아 미학의 근원》, 보고사, 1999

글에서 최치원이 말하는 풍류는 신라의 화랑도를 가리키며 풍월도風月道라고도 한다. 즉 신라 당시에 있었던 현묘지도玄妙之道가 곧 풍류인데 그것은 유·불·선 삼교를 포함했다는 것이다. 실제 상고시대의 사람들은 봄·가을에 하느님에게 제사를 지낼 때 노래와 춤으로써 거행했으며, 하느님과 하나로 융합하는 강신降神 체험을 가졌고 이것을 사상화한 것이 풍류도이다.[2]

고려시대에는 풍류라는 말이 주로 '선仙', '선풍仙風'이라는 말과 혼용되는 양상을 보인다. 조선시대에 이르면서 대부분 종교성이나 선풍仙風적 의미는 상실한 채 연락宴樂적인 풍류 개념으로 일반화되었다. 조선시대 각종 문헌이나 기록에서 나타나는 풍류라는 말의 쓰임은 다양하지만 그중에서도 '경치 좋은 곳에서 연회의 자리를 베풀고 노는 것'을 의미하는 용례가 가장 일반화되고 많이 쓰였던 풍류 개념이라고 할 수 있다. 성리학이 사회의 지배이념으로 확고히 자리 잡은 조선시대에는 풍류가 고유한 사상적 전통이나 종교적 풍습의 의미가 아니라 자연과 가까이하고, 멋과 운치를 즐기는 삶의 태도를 나타내는 말로 쓰이게 된 것이다. 풍류는 사람을 사귀고 심신을 단련하는 데 중요한 덕목으로 여겨졌으며, 선비들의 생활에서 중요한 부분을 차지하였다. 그러나 후대로 갈수록 화랑花郞이 남자 무당이나 무동舞童 등을 가리키는 말로 쓰인 것처럼 풍류도 점차 즐기며 노는 행위만을 나타내는 말로 변용되었다.[3]

조선시대 수묵화나 문인화는 대부분 풍류의 정서를 담고 있다. 단원 김홍도가 그린 〈포의풍류도布衣風流圖〉에서 '포의布衣'는 벼슬하지 않는 이를 상징하는 복식이며, 주류 이념과 무관한 세계에서 정서적 행복을 추구하는 고상한 아취를 고동서화古董書畵(조선 후기 실학자들의

---

2   한국학중앙연구원 한국민족문화대백과 http://encykorea.aks.ac.kr/

3   두산백과 https://www.doopedia.co.kr/

김홍도, 〈포의풍류도布衣風流圖〉, 18세기 ⓒ개인소장

중요한 감상의 대상이 된 골동품, 글씨, 그림을 통틀어 이르는 말)의 소유물을 통해 보여주고 있다. 화제畵題 "종이창에 흙벽집에서 평생 벼슬 없는 포의로 시 읊으며 살리라紙窓土壁 終身布衣 嘯咏其中."는 풍류와 자유로운 문필 생활로 일생을 보낸 중국 명대 문인 진계유陳繼儒, 1558~1639의 〈암서유사巖棲幽事〉를 인용한 것이다.

　풍류는 역사적으로 한·중·일 삼국에서 쓰인 동아시아 미학의 근원으로서 유사한 의미의 개념과 용례가 발견된다. 삼국의 공통된 풍류 개념은 '미적美的 인식'에 기반한 일종의 놀이문화라고 일차적으로 성격 규정이 가능하며, '놀이문화의 원형'인 동시에 '예술문화의 원형'이 되기도 하였다.[4] '노는 것'이라는 근본적 의미를 지녔음에도 조선시대 성리학적 배경과 함께 문화를 형성한 풍류는 사물이나 현상

4　　이은경, 《풍류: 동아시아 미학의 근원》, 보고사, 1999

의 본질에 접근하고자 하였다. 따라서 풍류는 정신적 노님에 주목하면서 도^道의 경지에 다다르기 위해 어떻게 즐겼는가에 대한 방법론에 의미를 부여하였다. 이렇듯 풍류란 본래 성현의 유풍^{遺風}과 전통을 말했으나 점차 '고상한 아취^{雅趣}', '멋스러움'을 뜻하게 되었다.[5]

5   김효경,《조선시대 와유문화로 해석한 전통조경》, 서울시립대학교 석사학위논문, 2010

풍수지리

風水地理 · Feng Shui

▶ 지형이나 방위를 인간의 길흉화복과 연결시켜 죽은 사람을 묻거나 집을 짓는 데 알맞은 장소를 구하는 이론이다. _표준국어대사전

▶ 풍수지리는 도성都城, 사찰寺刹, 주거住居, 분묘墳墓 등을 축조築造하는 데 있어 재화災禍를 물리치고 행복을 가져오는 지상地相을 판단하려는 이론으로, 이것을 감여堪輿, 또는 지리地理라고도 한다. 또 이것을 연구하는 사람을 풍수가風水家 또는 풍수선생, 감여가堪輿家, 지리가地理家, 음양가陰陽家 등으로 부른다. _두산백과

▶ 풍수는 산천山川, 수로水流의 모양을 인간의 길흉화복吉凶禍福에 연결시켜 설명하는 사상으로, 이것을 체계화한 학설을 풍수설 또는 풍수지리설이라 한다. _문화원형백과

중국의 풍수사상을 최초로 전한 사람은 신라시대 승려 도선道詵, 827~898으로 알려져 있으며, 도선의 저술인《도선비기道詵秘記》는 이후에 풍수의 원전 역할을 하였다. 풍수사상은 고려시대와 조선시대를 거치면서 발전하였고, 조선 후기에 이르러 풍수사상의 기본 위에 현실에 바탕을 둔 과학적인 방법이 결합된 책이 실학자들에 의해 집필되었는데, 대표적으로 홍만선의《산림경제山林經濟》, 이중환의《택리지擇里志》, 서유구의《임원경제지林園經濟志》등이 있다. 이런 저술 덕분에 일반인의 풍수지리에 대한 이해의 폭이 넓어지게 되었으며, 풍수지리 사상은 집터의 선택에서부터 마을과 도시의 입지에 이르기까지 계획 및 건설 전반에 걸쳐 그 원리와 이론이 적용되었다. 이는 거주자의 이상향으로서 삶의 가치를 구현하는 배경 이론이자 전통공

간 형성의 중요한 요소가 되었다.[1]

　전통적 지리 이론인 풍수지리는 간룡법看龍法, 장풍법藏風法, 득수법得水法, 정혈법定穴法, 좌향론座向論, 형국론形局論 등의 형식논리를 갖는다. 이러한 기본원리를 한마디로 요약한다면 '장풍득수藏風得水'라고 할 수 있으며, 이는 한국 전래의 마을 입지선정 방식인 배산임수背山臨水의 원리와 상통한다. 중국의 곽박郭璞. 276~324은 《장서葬書》에서 "생기生氣는 바람에 실리어 흩어지고 물에 닿으면 머무는 것인 까닭에 바람과 물 즉 풍수風水라 하는 것이다. 따라서 풍수의 방법은 물을 얻음이 첫째요, 바람을 막음이 그 다음이라."하였다. 따라서 명당 주변의 지세에 관한 풍수이론을 통칭해 장풍법藏風法이라고 하며, 실제로 도읍이나 취락, 주택을 상지相地함에 있어서는 장풍법이 요체가 된다.[2]

　명당인 혈장穴場 주위의 산세를 사砂라고 하며, 보통 알려지기로는 동서남북의 백호白虎, 청룡靑龍, 주작朱雀, 현무玄武라 칭하는 사신사四神砂의 형상으로 길흉吉凶을 판단한다. 여기서 사격砂格의 길흉 판단 기준은 무척 많으나 그 공통된 요지는 장풍藏風이 가능하도록 사신사의 봉우리들이 단정하면서도 혈장의 주위를 둘러싸고 있어야 한다는 것으로 이해된다.[3] 또한 '득수得水'는 음양의 화합에 필수불가결한 존재로 풍수지리에서 매우 중요하게 인식된다. 형세形勢를 논할 때 산은 음陰이요, 물은 양陽이다. 그러므로 산수山水가 상배相配해야 음양이 있는 것이 된다. 득수는 생기의 멈춤과 취집聚集이라는 면에서 특히 중요하며 그것은 유동, 변화를 그 본성으로 하면서도 수水 자체로서 또는 산山과 더불어 그 조화됨을 잃어서는 안 된다고 하였다. 즉 거주지를 정할 때 정기를 공급하는 산뿐만 아니라 기본적으로 물도

1　한국콘텐츠진흥원 문화원형용어사전,
　문화원형백과 http://www.culturecontent.com/

2　최창조,《한국의 풍수지리》, 민음사, 1984

3　임의제,〈곡류단절지에 입지한 전통마을의 풍수지리적 특성〉,
　《한국전통조경학회지》23(2), 2005, 108~121쪽

최종현 작, 가야산 〈반룡사 명당도〉ⓒ통의도시연구소

반드시 있어야 함을 강조한다. 물을 찾아 옮겨 다니는 유목민족이 아니라 한번 자리를 잡으면 대대로 눌러사는 것을 전통으로 삼는 정착 농경민이었기 때문에 물을 터 잡기의 필수조건으로 삼은 것은 당연하였다.[4]

풍수지리는 주거 풍수인 '양택陽宅풍수'와 묘지풍수로 불리는 '음택陰宅풍수'로 크게 나뉘는데, 특히 양택풍수는 전통적으로 도읍, 마을과 주택 등의 주거 입지 및 배치뿐만 아니라 궁궐, 사찰, 향교, 서원, 별서 등 대부분의 전통건축과 원림의 조영에 직접적인 영향을 주

4   최창조, 《좋은 땅이란 어디를 말함인가》, 서해문집, 1990

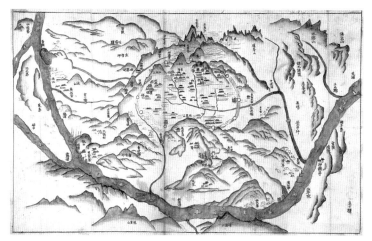

〈한성전도漢城全圖〉에 보이는 한양의 풍수 형국, 19세기 초 ⓒ영남대학교박물관

었다.

국가의 도읍을 정하는 국도國都풍수의 사례로 고려의 도읍인 개성의 만월대 지세는 풍수에서 노서하전형老鼠下田形으로 설명하며, 늙은 쥐가 밭으로 내려간다는 것으로 부귀안락하고 자손이 번창할 명당이다. 또한 조선시대 한양은 지리적으로 개천開川, 청계천은 금襟과 같고 한강은 대帶와 같아 그야말로 산하금대山河襟帶의 땅이며, 풍수적으로 잘 갖추어진 국도로서 적합한 곳으로 인식되었다.[5] 전통마을과 주택의 입지로서 명당 형국形局으로 언급되는 대표적인 사례로는 안동 하회마을(연화부수형蓮花浮水形, 행주형行舟形), 안동 내앞마을(완사명월형浣紗明月形), 경주 양동마을(물자형勿字形), 봉화 닭실마을(금계포란형金鷄抱卵形), 구례 운조루(금환낙지형金環落地形), 영양 삼지마을(금구몰니형金龜沒泥形) 등이 있다.

주거를 위한 건축물은 거주자와 주어진 환경 사이의 관계가 매우 중요하다. 그 장소에서 이루어지는 삶은 생활의 근거가 되어 사

---

5   무라야마토모즈미村山智順 지음, 최길성 옮김, 《조선의 풍수》, 민음사, 1990

물자 형국인 경주 양동마을 ⓒ임의제

금계포란 형국인 봉화 닭실마을 ⓒ임의제

람들이 살아가는 바탕을 이룬다. 제택第宅에서 살아가는 많은 종가는 안전하고 조화로운 대지 위에 태양, 바람, 물 등의 자연적 혜택을 더 많이 향유할 수 있는 택지를 고르고자 노력했고 이를 통해 건물의 배치, 집의 형태와 규모를 정하고 방위와 조경 등을 선택하였다. 풍수지리는 이처럼 전통시대에 자연과의 조화로움 속에서 집터를 정하고 주거건축을 구성하고자 하는 데에 많은 영향을 준 전통사상이자 생태원리였다. 자연에 대한 전통적 접근 방법을 존중한다는 의미에서 풍수사상도 오랫동안 자연을 다루는 전통적인 관행에 해당한다. 그리고 지리적 공간사상의 기본인 "거주 공간에서 자생적으로 이루어진 지리관地理觀만이 공간 문제의 해답이 될 수 있다."는 원칙을 생각해 볼 때 전통적인 지리 관념인 풍수사상은 현대의 산적한 환경 문제와 공간 문제를 해결하는 실마리가 될 수 있다.[6]

전통공간의 입지 및 가거지 선정과 관련된 풍수지리 개념은 다음과 같다.

① 장풍득수藏風得水:풍수지리에서 사용되는 주요 개념 중 하나이다. 감출 장藏에 얻을 득得을 사용하여 '바람은 가두고 물은 얻는다'는 뜻이다. 한반도에서 겨울의 북서 계절풍을 막을 수 있고 농경에 필요한 용수 공급이 용이한 곳이 해당되며, 풍수지리에서 말하는 명당의 요건이다. 장풍득수가 되기 위해서는 배산임수의 자연지형이 적합하다.

② 배산임수背山臨水: 배산임수의 '배산背山'은 뒤로 산을 등지고 있다는 뜻이고, '임수臨水'는 앞으로 강, 시냇물, 연못 따위의 물을 내려다보거나 물에 닿았다는 뜻이다. 배산면수背山面水·배산임소背山臨沼·배산면락背山面洛·배산임락背山臨洛·배산임계背山臨溪·배산면양

6   한국콘텐츠진흥원 문화원형용어사전,
     문화원형백과 http://www.culturecontent.com/

背山面陽 등과 같은 뜻으로 사용된다. 산을 음陰으로 보는 것에 대해 물을 양陽으로 보기 때문이다. 배산임수한 터는 또한 산하금대山河襟帶·산수회포山水回抱·산수환포山水環抱 등과 같은 뜻으로 형국의 크기, 지형 조건에 따라 달리 표현된다. 한국의 마을이나 건축 조영물은 일반적으로 산의 경사가 완만하게 아래로 내려오다가 시냇물을 끼고 들판으로 바뀌는 산기슭에 자리를 잡았는데, 이러한 지형을 이룬 터를 "배산임수하고 있다."고 말한다. 이러한 터는 농경생활을 하기에 적합하면서 생태적이고 친환경적인 특성을 지닌다.[7]

③ 십승지十勝地: 풍수지리에서 전쟁이나 천재天災가 일어나도 안심하고 살 수 있다는 열 군데의 땅으로 흔히 피난지를 일컫는 말이기도 하다. 때로 '이상향'과 일맥상통하는 개념으로 쓰이기도 한다.

④ 진산鎭山: 도읍지나 각 고을을 뒤에서 진호鎭護하는 큰 산으로 주산主山이라고도 한다.

⑤ 기타: 비보裨補, 엽승厭勝, 수구막이 등의 풍수와 관련된 보완적 개념이 있다.

7   한국학중앙연구원 한국민족문화대백과 http://encykorea,aks,ac,kr/

하천

河川 · River, Stream

유역
하천차수

▶ 강과 시내를 아울러 이르는 말이다. _ 표준국어대사전

▶ 육지 표면에서 대체로 일정한 유로를 가지는 유수의 계통을 말하며

우리나라에서는 큰 강을 강, 작은 강을 천 또는 수로 나타내고 있지만 오늘날에는

혼용하여 사용하는 경우가 많다. _ 건축용어사전

▶ 지표면에 내린 빗물 등이 모여 흐르는 물길로서 공공의 이해에 밀접한 관계가

있어 국가하천 또는 지방하천으로 지정된 것을 말하며 하천구역과 하천시설을

포함한다. _ 「하천법」

하천은 지표수가 모여 중력에 의해 높은 곳에서 낮은 곳으로 비교적
일정한 곳을 따라 흐르는 자연의 물길이다. 「하천법」[2021] 제2조에서
하천은 "지표면에 내린 빗물 등에 모여 흐르는 물길"로 정의하며 하
천구역과 하천시설을 포함하는 것으로 정의했다. 하천구역은 토지
의 구역을 말하며, 하천시설은 하천의 기능을 보전하고 효용을 증진
하며 홍수피해를 줄이기 위해 설치하는 제방·호안, 댐·하구둑·저류
지 등을 포함한다.

　　우리나라 하천은 「하천법」에 의한 국가·지방하천과 「소하천정
비법」[2020]에 의한 소하천으로 구분한다. 「하천법」 제7조 제2항 및 제
3항에 따라 국가하천 또는 지방하천으로 지정되어 있으며, 소하천은
「하천법」의 적용을 받지 않는 하천으로 국가 및 지방하천에서 제외
된 하천 중에서 시장·군수·자치구의 장이 그 명칭과 구간을 정해 소
하천으로 지정·고시한다. 소하천은 대부분 농촌이나 산지에 위치하

며 관례적으로 도랑, 실개천 등으로 불린다. 국가하천은 이·치수 목적으로 유역면적이 200㎢이상의 대규모 하천, 지방하천은 공공이해를 위해 시도지사가 구간을 지정하는 하천, 소하천은 하천길이가 500m 이상이거나 폭이 2m 이상인 하천으로 구분하기도 한다. 하천은 수계의 상대적인 구성에 따라 본류, 지류로 구분하기도 하고 지역별, 도시화 정도에 따라 도시하천, 자연하천 등으로 구분하기도 한다.

우리나라 주요 수계는 한강, 낙동강, 금강, 섬진강, 영산강, 제주수계가 있다. 한강수계는 18개의 국가하천과 894개의 지방하천, 낙동강수계는 17개 국가하천과 1168개의 지방하천, 금강수계는 17개 국가하천과 859개 지방하천, 섬진강수계는 3개 국가하천과 420개 지방하천, 영산강수계는 6개 국가하천과 370개 지방하천, 제주수계는 60개의 지방하천이 있다.

하천의 기능은 크게 이수利水, 치수治水, 환경 기능으로 구분할 수 있다. 이수기능은 수자원개발, 수문, 수력발전 등의 물을 이용하는 기능이며, 치수기능은 홍수관리, 하천정비, 개수 기능 등 물로 인한 피해에 대비하는 기능, 환경기능은 하천동식물의 서식처, 수질 정화, 친수공간 제공 등의 기능이다.

하천의 구조는 종적, 횡적 구조로 구분할 수 있다. 하천의 종적 구조는 세 개의 구역으로 구분하는데 제1구역은 원류 구역headwater, 제2구역은 운반 구역transfer zone, 제3구역은 퇴적 구역depositional zone이다. 제1구역은 보통 경사가 가장 급하고 유속이 빠르며 유역으로부터 침식된 유사가 하류로 이동한다. 제2구역은 완만한 경사를 이루고 홍수터가 넓으며 수로가 사행하는 형태를 나타낸다. 제3구역은 고도가 낮아지고 넓고 평탄하며 퇴적이 주로 일어난다.

하천의 횡적 구조는 하도(수로), 홍수터, 천이 주변구역의 세 요소로 구분할 수 있다. 하도stream channel는 물이 흐르는 부분이고, 하도

▲ 강원도 홍천군에 위치하고
있는 지방하천인 군업천,
2018 ©박세린

▶ 강원도 인제군에 위치하고
있는 지방하천인 소양강,
2020 ©박세린

의 측면에 위치하는 홍수터floodplain는 홍수에 범람되는 변동성이 큰
지역이다. 천이 주변구역upland fringe은 홍수터의 양쪽에 위치하는 대지
부분으로 홍수터와 주변 경관을 연결하는 천이지역의 역할을 한다.

하천차수

河川次數 · Stream Order

▶ 어떤 지역 안에서 하천이 갈라져 나간 정도이다. _ 표준국어대사전

▶ 하천의 상대적인 위치에 따라 지류 및 본류에 매기는 등급을 말한다. _ 위키피디아

여러 하천으로 이루어진 수계망의 구조는 일반적으로 나무와 유사하게 줄기에 해당하는 본류와 가지에 해당하는 지류로 구성된다. 하천차수는 유역 내 하천이 얼마나 많은 지천을 가지는지를 나타내는 척도가 되며 유역이나 하천의 크기를 가늠할 수 있는 척도가 된다.

유역의 복잡한 지형 특성을 정량적으로 파악하는 학문인 계량지형학quantitative geomorphology이 발전하기 시작하면서 하천차수 개념이 발전했다. 하천차수의 정량적 연구는 호튼Horton, 1945으로부터 시작되었으며 스트랄러Strahler, 1952는 호튼의 차수 법칙을 수정해 체계화했다.

하천에 차수를 부여하는 방법은 다양하나 그라벨리우스Gravelius 방법, 호튼Horton 방법, 스트랄러Strahler 방법 등이 있으며 이 중에서 스트랄러 방법이 일반적으로 사용된다.

그라벨리우스 방법은 본류를 1차 하천으로, 본류에 직접 유입하는 지류를 2차 하천, 2차 하천으로 유입되는 하천을 3차 하천으로 구분한다. 상류로 갈수록 순차적으로 하천차수가 올라가는 방식이다.

호튼 방법은 그라벨리우스 방법과 반대로 지류가 없는 하천을 1차 하천으로 하고, 1차에 유입하는 하천을 2차 하천, 2차 하천이 유입하는 하천을 3차 하천, 본류는 최고 차수 값을 가진다. 결점은 하

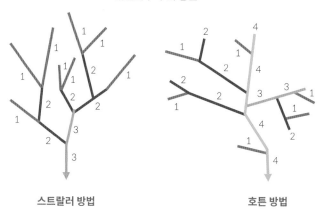

하천차수 부여 방법

스트랄러 방법   호튼 방법

스트랄러 방법은 하천이 시작되는 하천을 기준으로 하류로 가면서 같은 차수의 하천을 만나면 한 차수를 증가시키는 방식, 호튼 방법은 지류가 없는 하천을 1차 하천, 1차 하천이 유입하는 지류를 2차 하천, 2차 하천이 유입하는 지류를 3차 하천으로 차수를 부여하는 방식이다.

천이 합류할 때마다 합류 이전의 차수를 다시 계산해야 한다는 점이다.

　　스트랄러 방법은 호튼 방법의 결점을 보완한 개념이다. 스트랄러Strahler, 1957는 하천의 규모를 정량적으로 구분하기 위해 하천이 시작되는 하천을 1차 하천으로 하고, 하류로 가면서 같은 차수의 하천을 만나면 한 차수를 증가시키는 방식을 제안했다. 1차와 1차 하천이 만나면 2차가 되고 하류 방향으로 흐르다가 2차 하천과 만나면 3차 하천이 되는 방식으로 하천차수를 산정하였다. 스트랄러 방법에 따르면 일반적으로 1~3차 하천을 상류하천, 4~6차 하천을 중류하천, 6~12차 하천을 강으로 구분할 수 있다. 1차나 2차 하천은 하천의 발원지인 최상류에 위치한다.

한국 공원

韓國公園·Park in Korea

▶ "공원"이라 함은 국립공원·도립공원 및 도시공원을 말한다. _「공원법」(1980년 폐지)

▶ "자연공원"이란 국립공원·도립공원·군립공원郡立公園 및 지질공원을 말한다. _「자연공원법」

▶ "도시공원"이란 도시지역에서 도시자연경관을 보호하고 시민의 건강·휴양 및 정서생활을 향상시키는 데에 이바지하기 위하여 설치 또는 지정된 도시·군관리계획으로 결정된 공원, 도시자연공원구역을 말한다. _「도시공원법」

▶ "도시공원"이란 도시지역에서 도시자연경관을 보호하고 시민의 건강·휴양 및 정서생활을 향상시키는 데에 이바지하기 위하여 설치 또는 지정된 국가도시공원, 생활권공원(소공원, 어린이공원, 근린공원), 주제공원(역사공원, 문화공원, 수변공원, 묘지공원, 체육공원, 도시농업공원, 방재공원)을 말한다. _「도시공원 및 녹지 등에 관한 법률」

한국의 공원은 법규에 의해 지정, 설치, 관리된다. 공원에 관한 규정을 최초로 명시한 법률은 1967년에 제정된 '공원법'이고, 그 이전에 공원은 규정과 목적 없이 명칭만으로 존재했다. 「공원법」은 "공원의 지정 또는 설치 및 관리에 관한 사항을 규정함으로써 자연풍경지를 보호하고 국민의 보건·휴양 및 정서생활의 향상에 기여함을 목적으로 한다." 「공원법」은 1980년에 「자연공원법」과 「도시공원법」으로 분리 제정되고, 공원법은 폐지되었다. 「자연공원법」은 자연공원의 지정·보전 및 관리에 관한 사항을 규정함으로써 자연생태계와 자연 및 문화경관 등을 보전하고 지속 가능한 이용을 도모함을 목적으로 한다. 「도시공원법」은 도시에서의 공원녹지의 확충·관리·이용 및 도시녹화 등에 필요한 사항을 규정함으로써 쾌적한 도시환경을 조성하여 건전하고 문화적인 도시생활을 확보하고 공공의 복리를 증진시키는 데에 이바지함을 목적으로 한다. 이후 「도시공원법」은 「도시공원 및 녹지 등에 관한 법률」(2005년 10월 1일)로 전면 개정되었다. 이 법은 도시에서의 공원녹지의 확충·관리·이용 및 도시녹화 등에 필요한 사항을 규정함으로써 쾌적한 도시환경을 조성하여 건전하고 문화적인 도시생활을 확보하고 공공의 복리를 증진시키는 데에 이바지함을 목적으로 한다.

한국의 공원은 서구와 유사한 과정을 거쳐 발전해왔다. 뉴욕 센트럴파크가 탄생한 것은 대규모 공원의 필요성을 역설한 《뉴욕 이브닝포스트》의 편집장 브라이언트[W. C. Bryant, 1794~1866]와 조경가 다우닝[A. J. Downing, 1815~1852]이 있었기에 가능했듯이, 한국에는 서재필[徐載弼, 1864~1951] 박사가 있었다. 독립협회를 창설한 서재필 박사는 《독립신문》을 통해 민중계몽과 도시미화, 도시위생개선을 위해서는 '독립문'과 '독립공원'의 조성 필요성을 역설하고, 예산을 모금하여 독립공원[1896]과 독립문을 건설했다. 현재 독립공원은 없어지고, 남아있던 독립문은 이전 설치되었다. 서구에서 왕실 수렵원과 정원이 개방되어 공원이 되었듯이, 대한제국의 왕궁과 제단, 묘 등이 공원화되었다. 창경궁의 전각이 헐리고 동물원과 식물원을 설치해 일반에 공개[1907]하고 창경원[昌慶園, 1911]이 되었다.[1] 장충단공원[1919]은 순국열사들에게 제사를 올리던 장소였고, 사직단공원[1924]은 토지신과 곡식신에게 제사지내던 제단이고, 효창원공원[1924]은 소나무 숲이 울창한 경승지로 조선 왕실의 묘가 있었다. 조선총독부는 1930년에 경복궁과 덕수

---

1   한국민족문화대백과사전 http://encykorea.aks.ac.kr/

1970년 창경궁에 동물원과 식물원을 설치하고 일반에 공개했다. 출처: 국립중앙박물관

1936년 덕수궁 석조전 서쪽에 새로 들어선 이왕가 미술관과 정원. 출처: 국립중앙박물관

궁을 공원으로 지정했다.[2]

한국 최초의 공원은 인천의 만국공원(현 자유공원, 1889)이다. 인천 항 개항[1883]과 함께 열강의 거주와 통상을 위한 공동 조계가 설정되고 조계지 내에 조성된 공원public garden이 만국공원이다. 만국공원과 그 일대는 다양한 문화가 공존하는 문화 기항지였다.[3] 만국공원은 각국공원, 서공원, 야마테공원을 거쳐 1956년 자유공원으로 이름이 바뀌고 인천 상륙작전을 기념하는 맥아더의 동상이 세워졌다.

현대적 의미에서 최초의 공원은 파고다공원(현 탑골근린공원, 1897~1920)이다. 영국인 브라운이 설계한 탑골공원은 원각사가 있던 곳으로 연산군 때는 궁궐의 연회장으로 사용되기도 하였고 독립운동의 발상지이기도 하다.

한국의 공원은 서구의 그것과 유사한 과정을 거쳤지만, 서구의 공원이 시민 사회의 성숙이 이루어 낸 사회적 선물이라면, 개항과 일제강점기를 거치면서 조성되기 시작한 한국의 공원은 땅과 장소의 연속성을 단절시키고 정체성을 해체하면서 자리 잡은 근대성 modernity의 상징공간이었다.[4]

1934년 「조선시가지계획령」이 제정되어 공원녹지계획도 법정계획으로 위상이 높아졌지만, 계획은 대부분 실행되지 못했다. 1940년 조선총독부는 '경성시가지계획공원'을 고시(조선총독부 고시 제208호, 1940.3.12)하여 시가지계획구역 면적의 10.24%에 해당하는 계획공원 140개소[13.8㎢]를 지정했다. 140개의 도시계획공원 가운데 '삼청공원'이 제1호로 지정되었다.[5]

1967년 공원법이 제정되고, 1972년 대학에 조경학과가 개설되

2   강신용, 《한국 근대 도시공원사》, 도서출판조경, 1995

3   최정민, 《현대 조경에서의 한국성에 관한 연구》, 서울시립대학교 대학원 조경학과 박사학위 논문, 2008

4   최정민, 《현대 조경에서의 한국성에 관한 연구》, 서울시립대학교 대학원 조경학과 박사학위 논문, 2008

인천항에서 본 만국공원.
출처: 이규헌,《사진으로 보는
근대한국(상): 산하와 풍물》,
서문당, 1986

어 전문 분야로서 조경이 도입되고 현대적 개념의 공원이 조성되기 시작했다. 1970년대는 오죽헌, 현충사 같은 문화재 성역화 사업, 설악산 국립공원 집단시설지구[1973], 경주 보문관광단지[1974], 온양 민속박물관[1975] 같은 정부 주도의 프로젝트가 주요 작업이었다.[5]

1980년대 경제 성장과 아시안게임[1986], 서울올림픽[1988]의 개최로 조경 수요가 증대하고, 대규모 공원이 조성되었다. 도시가 확장하고 환경에 대한 질적 요구가 높아지면서 다양하고 우수한 공원이 조성되었다. 서울대공원[1980], 한강시민공원[1982], 올림픽공원[1987] 등이 대표적 대형 공원이다. 이들에 비해 규모는 작지만 우리나라 조경에 많은 영향을 미친 주요 공원으로 아시아공원[1985], 파리공원[1986~1987],

---

5   오창송,《도시공원 법제도의 변천과 쟁점》, 서울대학교 대학원 박사학위 논문, 2018

현대적 의미의 우리나라 최초의 공원인 파고다공원(현 탑골공원)의 1969년 모습.
출처: 서울 사진아카이브

서대문독립공원[1989~1992] 등이 있다.[6]

　　1990년대에는 '아파트 조경'이 선풍적 인기를 끌면서 외부공간 디자인에 과감한 투자가 시작되고, 공원 설계가 공모로 진행되기 시작했다. 용산가족공원[1990]과 여의도공원[1999]이 설계공모를 통해 조성된 대표적 작품이다. 한국적 소공원[vest pocket Park] 운동이라고 할 수 있는 '쌈지공원'이 1991년부터 조성되었고, 서대문형무소를 공원화한 서대문독립공원, 일산호수공원[1996], OB맥주공장 이전적지를 공원화한 영등포공원[1997], 길동자연생태공원[1999] 같은 다양한 공원이 조성되었다.

　　2000년대 들어서면서 한국의 공원은 도시와 산업 구조의 변화에 따라 산업 이전적지, 쓰레기 매립지 등을 공원화하는 세계적 추세

6　　한국조경학회 편, 《현대한국조경 작품집》, 도서출판 조경, 1992

와 국제적 설계 경향을 민감하게 받아들이고, 설계공모 방식을 통해 좋은 아이디어를 작품으로 구현하기 시작했다. 쓰레기 매립지를 공원화한 하늘공원2002과 평화의 공원2002, 정수장을 공원화한 선유도공원2002, 뚝섬 경마장을 공원화한 서울숲2003, 복개된 하천을 복원한 청계천2005 등이 대표적이다. 선유도공원은 2004년에 미국조경가협회ASLA 상을 수상했다. 2007년 파주운정, 판교, 김포 같은 신도시 공원이 설계공모를 통해 조성되기 시작한 것도 중요한 변환점이다.

시대적 변화나 발전과 함께 한국의 공원은 성장하고 다양화하면서 발전해왔다. 하지만 한국의 공원은 양적으로나 질적으로 더욱 발전해야 하는 것도 사실이다. 공원은 도시민 건강과 행복에 필요한 기반시설이다. 코로나로 인한 세계적 팬데믹은 안전과 건강을 위한 공공 공간으로서 공원의 중요성을 새롭게 인식하고, 국민의 안전과 건강을 위해 국가가 나서서 공원 조성 정책과 투자를 해야 한다는 것을 반증하고 있다.

우리나라 도시공원법은 1인당 공원면적을 6㎡ 이상으로 규정하고 있으며, 세계보건기구(WHO)는 1인당 공원면적으로 9㎡를 권장하고 있다. 2021년 한국의 1인당 도시공원면적은 11.6㎡이고, 도시별로는 서울(4.5㎡)과 대구(7.6㎡)가 세계보건기구의 권장 면적보다 작다.[7] 이는 영국 런던의 33.4㎡(2015년), 도시국가 싱가포르의 18.0㎡(2013년), 중국 북경의 15.7㎡(2013년), 고밀화된 세계도시 뉴욕의 14.7㎡(2015년), 프랑스 파리의 10.7㎡(2009년) 등에 비하면 낮은 수준이다.[8]

공원 대상지가 부족한 것은 아니다. 공원으로 결정 고시된 면적은 충분하지만, 공원으로 조성되지 않고 오랫동안 방치되었다. 2020년 6월부터 미조성 공원이 해제되기 시작해서 여의도 면적의 55배

7   e-나라지표 https://www.index.go.kr/unity/potal/main/EachDtlPageDetail.do?idx_cd=1205
8   서울정책아카이브 https://seoulsolution.kr/ko/living-Infrastructure

정수장을 공원화한 선유도공원 ⓒ최정민

세계 주요 도시의 1인당 공원 면적

9m²	6m²	10.7m²	14.7m²	15.7m²	18.0m²	33.4m²
세계보건기구	도시공원법	파리	뉴욕	북경	싱가포르	런던
WHO	korea 2009	Paris 2009	NewYork 2015	Beizing 2013	Singapore, 2013	London, 2015

정도의 면적(158.5㎢)이 도시공원에서 해제되고, 2025년까지 164㎢가 추가로 해제될 예정이다.

한국의 공원은 국가 책임이 아니라 자치단체의 책임으로 자치단체장의 의지나 재정 상태에 따라 편차가 발생하고 있다. 국민들은 살고있는 지역에 따라 큰 편차없이 세금을 납부하고 있지만, 공원이라는 공간복지 혜택은 살고있는 지역에 따라 큰 차이를 나타낸다. 공원은 공공 인프라이자 공간복지로서 국가의 역할과 책임이 필요한 부분이다. 기후변화 시대의 공원은 환경보존과 탄소배출 저감을 위한 대안이기에 국가적 관심을 요구하고, 국민의 건강한 삶과 품격있는 도시경관을 위해서도 매우 중요하기 때문이다.

한국 조경

韓國造景 · Korean Landscape Architecure

조경造景은 'Landscape Architecture'의 번역어로 "경관景, landscape을 조성造, architecture한다"는 의미이다. 조경이라는 용어가 공식적으로 사용되기 시작한 것은 1972년 홍익대학교 산업미술대학원 '조경디자인 전공'이 개설되면서부터다. 이 용어는 1972년 대통령 보고 과정에 'landscape architecture'를 '조경'이라고 번역하면서 사용하기 시작했다. 최근에는 조경이라는 용어 대신에 '경관건축' 또는 '조경건축'으로 표기하기도 한다.

한국 조경은 산업화와 국토개발을 핵심 정책으로 추진했던 제3공화국의 경제개발정책과 관련된다. 경부고속도로 건설, 경주종합관광개발, 문화사적지 정비 같은 국책 사업으로 인해 훼손된 국토경관 복구를 위해 조경 개념이 도입되었다. 1972년에 대통령 경제 제1수석비서실에 조경·건설담당비서관이 임명됨으로써 한국 조경이 시작되었다.[1]

(학문적) 조경은 1972년 대통령령으로 서울대학교 농과대학과 영남대학교 공과대학에 조경학과가 개설되고, 1972년 12월 29일에 한국조경학회가 창립되었다. 1973년에는 대통령령으로 서울대학교 환경대학원에 환경조경학과가 개설되었고, 1974년에 청주대학교, 1975년에 동국대학교, 서울시립대학교, 1976년에 경희대학교 등에

---

1   조세환·홍광표 외,《한국조경의 도입과 발전 그리고 비전: 한국조경백서 1972–2008》도서출판 조경, 2008

조경학과가 개설되면서 발전해왔다.

　(산업적) 조경은 1974년 「건설업법시행령」에 특수공사업으로 '조경업'이 등록되고, '조경기술자격'이 도입되면서 제도적으로 조경산업이 자리 잡기 시작했다. 한국도로공사, 대한주택공사, 산업기지개발공사, 서울특별시 등에서는 '조경과'와 '조경직' 등이 신설되었다. 1974년에 설립된 한국종합조경공사는 초창기의 전문인력과 기술이 부족한 상황에서 조경의 공익적 기능을 수행하면서 조경산업의 성장을 주도했다. 이렇게 시작한 한국조경은 경부고속도로 건설, 경주 보문단지 개발, 각종 사적지 정비 같은 정책적 사업을 수행해왔다. 그후 1986 아시안게임, 1988 서울올림픽, 2002 월드컵, 신도시건설 같은 국책 사업을 통해 국토 및 도시 환경관의 보전과 경관 개선에 기여했으며 한국조경은 학문적, 기술적, 산업적으로 성장하고 발전해왔다. 1970년대의 사회적 수요는 고속도로 건설, 공업단지 조성, 관광단지 조성, 문화재 보존사업 등 대형국가 프로젝트에 따라 발생하는 조경 사업이 대종을 이루었다.[2] 이러한 국가 주도의 조경 사업은 대부분 국영기업인 한국종합조경공사에 의해 수행되었다. 1980년대에는 86아시안게임과 88서울올림픽 개최에 맞춰 도시미화운동이 일어나고, 아시안게임 기념 공원, 올림픽 공원, 올림픽선수촌·기자촌 아파트단지의 조성 같은 기념비적 사업이 이루어졌다. 한강 정비 및 시민공원 조성은 생태적 건강성을 회복하고 지속하는 조경의 단초가 되었다. 아파트 건설이 본격화되면서 외부공간에 대한 중요성이 인식되기 시작, 조경산업이 성장하는 동력이 되었다. 1990년대에 들어 대전 엑스포, 안면도 꽃박람회, 고양 꽃박람회, 광주 비엔날레 같은 국제 규모의 박람회 개최, 대규모 테마파크가 조성되었다.

2　황기원, 〈한국의 조경교육 30년: 회고와 전망〉, 《한국의 조경: 1972–2002 한국조경학회 창립 30주년 기념집》, 2003, 55~66쪽

특히 1992년에는 세계조경가대회[IFLA]를 개최해 전 세계의 조경학자 및 전문가들과 교류, 한국 조경이 배우고 성장하는 계기가 되었다. 2000년대는 2002년 한일월드컵, 분당·일산·평촌 등의 신도시 개발, 생태공원 조성 같은 사회적 요구에 관련된 일련의 프로젝트를 수행하면서 성장했다.

한국조경은 훼손된 국토 복구, 녹화, 생태계획과 설계 등의 전문성을 키우며, 산업단지, 주거단지, 신도시, 관광지, 도시(가로)경관, 고속도로 등 국가 및 도시 인프라 구축의 모든 분야에서 사회적 수요와 변화에 대응하면서 발전해왔다. 이러한 과정에서 한국조경은 국토·도시환경의 보전과 개선은 물론 국민과 시민의 삶의 질 제고에 기여해 왔고, 지금은 생태적으로 건강하고 지속가능한 환경을 위해 노력하고 있다.

한국에서 조경은 "공간 환경을 계획·설계·관리하여 아름답고, 쾌적한 인간 정주 환경을 조성한다."는 개념으로 이해되지 못하고, 나무 심는 분야, 가드닝, 식재기술로 오해되는 경향이 있다. 한국조경이 시작되던 시기에 조경 전문인력이 부재한 상태에서 유사 분야인 임학이나 원예 전문가들이 조경교육과 실무를 담당하고, 조림 사업, 훼손지 녹화 같은 식재 사업을 조경이라는 이름으로 시행해 온 것에서 기인한다. 이런 인식은 50년이 지난 현재까지도 이어져 오고 있어 "조경은 국토와 도시를 대상으로 쾌적한 공간 환경 구현과 삶의 질 향상을 위한 행위"라는 조경의 전문성과 전문가로서의 역할을 제대로 평가받지 못하는 결과를 초래했다.[3]

3   조세환·홍광표 외, 《한국조경의 도입과 발전 그리고 비전: 한국조경백서 1972-2008》 도서출판 조경, 2008

환경불평등

環境不平等 · Environmental Inequality

그린인프라
기후변화
저영향개발
취약성

▶ 소득수준 등 사회경제적 지위의 차이로 인해 특정 사회계층이 건강과 재산상에
입는 환경피해 등의 불평등한 상태를 의미한다. _ 한국환경정책평가연구원

환경불평등 용어는 사회에서 차지하는 계급이나 지위뿐만 아니라
연령, 인종, 지역, 소득 등 개인의 차이에 따라 환경에 대한 접근 기회
와 향유 정도가 불균등하게 이루어지는 것을 의미한다. 불평등의 범
위는 나이, 성별, 소득, 학력, 거주지 등 사회경제적 취약성으로 인한
차이를 모두 포함해 건강피해에 영향을 줄 수 있는 변수를 의미한다.

　　모든 사람의 기본 권리라고 생각하는 환경권은 사회경제적 조
건에 따라 다르며 환경 위기가 가져오는 환경피해 및 녹지에 대한 접
근성은 누구에게나 똑같이 일어나는 것은 아니다. 유해물질이 배출
되는 오염원 인근 거주지의 집값이 상대적으로 낮은 경우가 많으며,
취약계층이 더 많이 거주하는 지역에 사는 사람들이 환경오염에 더
노출되고 질환에 걸릴 가능성이 많다.[1] 환경오염뿐만 아니라 사회경
제적 요인에 따라 녹지공간 접근성도 달라지게 된다. 많은 연구에서
부유한 동네에서는 녹지가 넓으며, 많은 녹지를 누릴수 있는 것은 복
지의 개념으로 더 건강하고 더 높은 삶의 질로 연결되며, 반대로 소
득이 적거나 이민자 집단으로 구성된 취약계층일수록 더 작은 녹지

1　　신호성, 〈의료이용의 지역적 불평등: 지역단위 접근의 중요성〉, 《보건복지 Issue &
　　Focus》 제145호, 2012, 1~8쪽

녹지접근성 우수지역, 2021 ⓒ이재호

환경취약지역, 2021 ⓒ이재호

를 가질 수밖에 없다.[2] 환경불평등을 개선하기 위해서는 절차적 형평성, 지리적 형평성, 사회적 형평성을 개선해야 한다.[3] 첫째, 절차적 형평성은 법률, 규제, 평가기준, 실행의 조정 등이 무차별적으로 적용되는지를 확인해야 하며, 둘째, 지리적 형평성은 커뮤니티의 입지, 환경위험물, 공원, 사회서비스시설에 관한 접근성을 확인해야 한다. 마지막으로 사회적 형평성은 계급, 문화, 소득 등과 상관없이 의사결정과정에 영향을 미칠 수 있는지를 확인해야 한다.

코로나바이러스 감염증으로 인해 전세계적으로 소득·계층간 불평등 현상이 심화되며 공원 이용에서도 부익부 빈익빈 현상이 문제가 되고 있다. 서울숲과 용산공원 인근의 집값이 녹지가 부족한 지역에 비해 가격이 급상승하고 있으며, 집값을 상승시키는 중요한 역할을 하고 있는 것과 관련해 환경오염의 문제를 넘어 공원의 이용에서도 공원을 쉽게 접근할 수 있는 집단과 그렇지 못한 집단으로 구분되고 있다. 이는 거주지역에 따른 삶의 질 차이로까지 연결된다는 점에서 사회적 문제가 될 수 있기 때문에, 취약계층의 공원녹지로의 접근성을 증진 또는 기존 공원의 질적 서비스를 개선시켜 취약계층의 녹지 이용성을 높여주는 노력이 필요하다.

2   Xiao Yang, Wang Zheng, Li Zhigang, Tang Zilai, "An assessment of urban park access in Shanghai–Implications for the social equity in urban China", *Landscape and Urban Planning*, 157, 2017, pp.383~393

3   추장민,《도시지역 저소득계층 보호를 위한 환경정책 연구》, 한국환경정책평가연구원, 2007

후원

後苑, 後園 · Back Garden

금원
내원, 외원
비원
원유

[후원後苑]

▶ 대궐 안에 있는 동산 _ 표준국어대사전

[후원後園]

▶ 집 뒤에 있는 정원이나 작은 동산 _ 표준국어대사전

▶ 정원이나 동산 중 집 뒤쪽에 위치한 경우를 말한다. _ 건축용어사전

[후정後庭]

▶ 집 뒤에 있는 뜰이나 마당 _ 표준국어대사전

▶ 건물 뒤에 있는 뜰 _ 한국고전용어사전

사전적으로 '후원後苑'은 궁궐에 조성된 정원인 내원內苑, 금원禁苑과 같은 뜻으로 사용되며, '후원後園'은 주로 민가의 주택 뒤에 꾸며진 동산을 지칭한다.[1] 따라서 '苑'과 '園'은 궁궐 정원과 민가 정원에 따라 그 뜻이 구분되는 경향이 있는데, 이때 후원後園은 후정後庭, 뒤뜰과 상통하는 용어이다.

보통명사로서의 '후원後園'에는 '건조물 후면에 조성된 정원'이라는 넓은 의미도 포함되어 있다. 조선시대 풍수지리의 성행은 배산임수背山臨水 원칙과 같은 전통공간의 택지 선정과 조성에 커다란 영향을 주었다. 이에 따라 산을 등지고 배치되는 경우가 대부분이었으므로 자연스럽게 경사지의 지형을 완화, 활용하기 위한 기법이 고안되었

---

1   정동오, 《한국의 정원》, 민음사, 1986

창녕 진양하씨 고택 후원 화계 ⓒ임의제

다. 그 결과 궁궐, 주택, 사찰 등의 후면 뒷동산의 경사지를 포함한 경관을 이용해 자연과 조화되는 화계花階, 정원 등을 조성하는 독특한 한국적 양식이 창출되었으며, 이를 '후원양식'으로 칭하기도 한다.

　'원苑'에는 여러 가지 뜻이 있으나 기본적으로 궁궐의 동산을 가리킨다고 볼 수 있다. 《한어대사전》에 따르면 "원苑은 고대에 금수禽獸를 기르고 나무를 심는 곳을 가리켰는데 제왕 또는 귀족의 원림을 지칭하는 경우가 많다."라고 하였다. 이는 원苑이 지닌 성격을 보여주는 동시에 원苑이 궁궐의 동산이란 의미를 지니게 된 이유를 보여준다. 역사적으로 조선시대 후원後園이라는 용어는 민가는 물론 궁궐에 이르기까지 다양하게 쓰였고, 궁궐의 뒤에 있는 동산이라는 뜻의 후원後苑은 개경의 수창궁壽昌宮, 한양의 경복궁과 창덕궁에서 가장 많이 쓰였다.[2]

2　문화재청, 《전통조경 정책기반 마련을 위한 기초조사 연구》, 2020, 11~30쪽

창덕궁 후원 애련정 ⓒ임의제

경복궁 교태전 후원 아미산 ⓒ임의제

《조선왕조실록》에서 '후원'의 용례는 태조3년¹³⁹⁴ 5월의 기록에 처음으로 등장하며, 한자 표기상 '後苑'과 '後園'이 혼용되었지만, 보통 '後苑'으로 표기하고 있다. 조선시대 궁궐 후원은 위치, 방위, 이용 주체, 상징성 등에 따라 금원禁苑, 내원內苑, 북원北苑, 상원上苑, 어원御苑 등으로도 불렸다. 이와 같은 다양한 명칭에 비해 '후원'은 조선시대 궁궐 내부의 배후공간에 조성된 정원을 지칭하는 용어로서 월등히 높은 빈도로 사용되었으며, 일제강점기를 거쳐 해방 이후에도 통상적으로 사용되었다.[3] 대표적인 궁궐 후원은 경복궁의 교태전 후원 아미산峨嵋山과 향원정香遠亭, 창덕궁의 후원과 대조전大造殿 및 낙선재樂善齋 후원, 덕수궁 함녕전咸寧殿 후원 등의 사례가 있다.

---

3   문화재청,《궁능 전통조경용어 조사 및 해설 연구》, 2019, 119~123쪽

찾아보기

참고문헌

논문, 연속간행물

강동진·이석환·최동식, 〈산업유산의 개념과 보전방식 분석〉,
　　《대한국토계획학회》 38(2), 2003
강영조·김영란, 〈한국 팔경의 형식과 입지특성에 관한 연구〉,
　　《한국전통조경학회지》 9(2), 1991
고나연·김한배, 〈경의선숲길 공원조성에 따른 주변도시의 경제적, 사회적 변화-
　　와우교, 연남동을 중심으로〉, 《한국조경학회 학술발표대회 논문집》, 2016
고재경·최충익·김희선, 〈지방자치단체 기후변화 적응정책의 특성 연구:
　　자연재해를 중심으로〉, 《한국지역개발학회지》 22(1), 2010
김덕현, 〈전통 명승 동천구곡의 연구의의와 유형〉, 《경남문화연구》 제29집,
　　2008
김문기, 〈박구원의 고야구곡 원림과 고야구곡시〉, 《퇴계학과 유교문화》 제52집,
　　2013
김복영·손용훈, 〈해외사례 분석을 통한 조경분야에서의 BIM 도입효과 및
　　실행방법에 관한 연구〉, 《한국조경학회지》 45(1), 2017
김봉희, 〈최치원 관련 유상곡수 유적과 현황〉, 《가라문화》 제29집, 2019
김수아·최기수, 〈조선시대 와유문화의 전개와 전통조경공간의 조성〉,
　　《한국전통조경학회지》 29(2)
김용국, 〈7대 광역시 공원서비스의 포용성 분석〉, 《한국도시설계학회지
　　도시설계》 20(5). 2019
김용국·김영현·양시웅, 《민·관 협력을 통한 노후 공원 재정비 및 관리·운영 방안
　　연구》, 건축공간연구원, 2020
김용국·한소영·조경진, 〈민·관 파트너십 도시공원 조성 및 관리방식 연구〉,
　　《한국조경학회지》 39(3), 2011
김한배, 〈도시환경설계의 합리주의와 경험주의 사조에 관한 고찰 I〉, 《국토계획》
　　33(3), 1998

_____, 〈도시환경설계의 합리주의와 경험주의 사조에 관한 고찰 II〉,
　《국토계획》 1998, 33(4)

_____, 〈낭만주의 도시경관 담론의 계보연구〉, 《한국경관학회지》 12(2),
　한국경관학회, 2020

김효경, 《조선시대 와유문화로 해석한 전통조경》, 서울시립대학교
　석사학위논문, 2010

남수연, 〈불확실성 시대 지역공동체 개발에 대한 지역공동체 리질리언스적
　접근〉, 《한국지역개발학회지》 30(3), 2018

남진보·김현, 〈도시공원관리 거버넌스 구축정도에 따른 이용자 만족도 차이-
　영국 셰필드 지구공원을 대상으로〉, 《한국조경학회지》 47(4), 2019

노재현, 〈소상팔경, 전통경관 텍스트로서의 의미와 결속구조〉,
　《한국조경학회지》 37(1), 2009

노재현·김화옥·최종희·김현, 〈익산 왕궁리 정원의 괴석과 유수시설流水施設에
　대한 일고찰〉, 《한국전통조경학회지》, Vol.12, 2014

노재현·신상섭, 〈중국과 한국의 유상곡수 유배거 특성에 관한 연구〉, 《휴양 및
　경관계획연구소 논문집》 4(2), 2010

노재현·신상섭·이정한·허준·박주성, 〈강릉 연곡면 유등리 '流觴臺' 곡수로의
　조명〉, 《한국전통조경학회지》 30(1), 2012

노재현·정조하·김홍균, 〈중국 무이구곡 바위글씨石刻의 분포와 내용 및 유형에
　관한 연구〉, 《한국전통조경학회지》 38(1), 2020

노재현·최영현·김상범, 〈조선선비가 설정한 구곡원림의 현황과 경물 특성〉,
　《한국전통조경학회지》 36(3), 2018

류제헌, 〈경관의 보호와 관리를 위한 법제화 과정: 국제적 선례를 중심으로〉,
　《대한지리학회지》 48(4), 2013

문석기, 〈학회지 발간 10주년 기념 특집 : 우리나라 조경분야의 10년 발전 역사〉,
　《한국조경학회지》 11(2), 1983

박재민·성종상, 〈산업유산 개념의 변천과 그 함의에 관한 연구〉, 《건축역사연구》
　21(1), 2012

박정애, 〈조선후기 평양명승도 연구: 평양팔경도를 중심으로〉, 《민족문화》
　제39집, 2012

박종관, 〈지역공동체 형성전략연구: 천안시를 중심으로〉,
　《한국콘텐츠학회논문지》 12(7), 2012

박진실·신예은·김수연·이은라·안경진, 〈경관영향평가제도 시사점 도출 및 정책
　활용〉, 《휴양및경관연구》, 전북대학교 부설 휴양 및 경관계획연구소, 2021

박해훈,《조선시대 소상팔경도 연구》, 홍익대학교 박사학위논문, 2007

소현수, 〈차경을 통해 본 소쇄원 원림의 구조〉,《한국전통조경학회지》29(4), 2011

소현수·임의제, 〈지리산 유람록에 나타난 이상향의 경관 특성〉,
    《한국전통조경학회지》32(3), 2014

신상섭, 〈우리나라의 유상곡수연 유구에 관한 기초연구〉,《한국전통조경학회지》
    15(1), 1997

신호성, 〈의료이용의 지역적 불평등: 지역단위 접근의 중요성〉,《보건복지 Issue
    & Focus》제145호, 2012

심우경, "한국 조경계, 지금은 위기다",《한국조경신문》2008년 6월 21일자

심주영·조경진, 〈거버넌스를 통한 대형 도시공원의 조성 및 운영관리
    전략-프레시디오 공원과 시드니 하버 국립공원 사례를 중심으로〉,
    《한국조경학회지》44(6), 2016

안승홍, 〈노후 도시공원의 쟁점과 재생 전략〉,《수원시정연구원-한국조경학회
    공동 심포지엄》, 2020

양보경, 〈신경준의 산수고와 산경표〉,《토지연구》3(3), 1992

_____, 〈조선시대의 자연인식체계〉,《한국사시민강좌 제14집》, 일조각, 1994

양병이, 〈경관평가방법에 관한 연구〉,《환경논총》제16권, 서울대 환경대학원,
    1985

_____, 〈우리나라 경관영향평가제도 정착을 위한 과제〉,《환경논총》제32권,
    서울대 환경대학원, 1994

_____, 〈조경계획과 조경설계〉,《터전》제2호, 서울대학교 환경대학원 부설
    환경계획연구소, 1989

여진원·장우권, 〈도시아카이브 구축 방향에 관한 연구〉,《한국문헌정보학회지》
    47(2), 2013

오준영,《조선시대 궁궐 외원外苑의 조영과 변천》, 한국전통문화대학교
    박사학위논문, 2019

오창송,《도시공원 법제도의 변천과 쟁점》, 서울대학교 대학원 박사학위 논문,
    2018

오형은,《농촌체험마을의 어메니티 해석과 강화모델 연구: 이용자 체험평가를
중심으로》, 서울시립대학교 박사학위논문, 2008

오형은·조중현, 〈농촌체험마을의 어메니티 평가 경향 연구〉,《농촌사회》21(1),
    2011

유준영, 〈조선시대 유遊의 개념과 지식인들의 산수관〉,《미술사학보》제11집, 1998

_____, 〈조형예술과 성리학〉,《한국미술사논문집》, 1984

윤국병, 〈경주 포석정에 관한 연구〉, 《한국전통조경학회지》 1(2), 1983

_____, 〈고려시대의 정원용어에 관한 연구〉, 《한국전통조경학회지》 1(1), 1982

윤주선, 〈지역SNS를 활용한 주민참여 마을재생의 재구축〉, 《한국도시설계학회 2015 춘계학술발표대회 논문집》, 2014

이명준·김정화·서영애, 〈조경 아카이브 구축을 위한 기초 연구〉, 《한국조경학회 학술대회논문집》, 2018

이수민·전명화·김찬주, 〈도시가로의 유형별 이용자 현황 및 이용행태 연구—상업가로, 생활가로, 테마가로, 유비쿼터스가로를 중심으로〉, 《한국도시설계학회 춘계학술발표대회 논문집》, 2009

이원교, 《전통건축의 배치에 대한 지리체계적 해석에 관한 연구》, 서울대학교 박사학위논문, 1992

이자성, 〈일본 지방정부의 지역SNS 운영에 관한 연구〉, 《한국지역정보화학회지》 제16(2), 2013

이종묵, 〈조선시대 와유문화 연구〉, 《진단학보》 제98호, 2004

_____, 〈집안으로 끌어들인 자연: 조선시대의 가산〉, 《한국어문학연구소 학술대회논문집》, 2002

이주희, 〈조선시대 정원과 원림, 그 용어 구분과 공간적 특성〉, 《한국공간디자인학회지》 15(3), 2020

이준호·정태열, 〈특성화고 조경과 학생들의 기능인력 양성에 관한 연구〉, 《한국조경학회지》 41(2), 2013

이혁종, 《전통조경공간에서 나타난 동천의 조영 특성》, 서울시립대학교 석사학위논문, 2009

이현경·손오달·이나연, 〈문화재에서 문화유산으로: 한국의 문화재 개념 및 역할에 대한 역사적 고찰 및 비판〉, 《문화정책논총》 33(3), 2019

이혜민·유수진·박사무엘·전진형, 〈도시 리질리언스 향상을 위한 재해별 그린인프라 유형 고찰〉, 《대한국토·도시계획학회》 제53권 제1호, 2018

임승빈, 〈우리나라 경관계획의 과거, 현재, 미래〉, 한국경관학회 특강, 2013(자료 미발간)

임의제, 〈곡류단절지에 입지한 전통마을의 풍수지리적 특성〉, 《한국전통조경학회지》 23(2), 2005

_____, 〈전통마을의 승경 특성에 관한 연구〉, 《한국전통조경학회지》 19(4), 2001

_____, 〈조선시대 사대부의 가거관에 관한 연구〉, 《한국전통조경학회지》 20(3), 2002

_____ ,《하천지형을 통해 본 전통마을의 경관특성 연구》, 서울시립대학교
　　박사학위논문, 2001
임의제·소현수, 〈신증동국여지승람의 경상도편 산천 항목에 수록된 수경요소의
　　특징〉,《한국전통조경학회지》34(2), 2016
임의제·소현수, 〈지역 관광자원으로서 거창 수승대 일원의 원형경관 고찰〉,
　　《한국농촌계획학회지》23(3), 2017
전종한, 〈세계유산의 관점에서 본 국가 유산의 가치 평과와 범주화 연구〉,
　　《대한지리학회지》48(6), 2013
전진형, 〈리질리언스 읽기 4. 리질리언스 향상을 위한 전략, 적응과 전환〉,
　　《환경과 조경》341호, 2016년 9월
정해준·한지형, 〈경관계획과 국토계획의 연계성 강화방안〉,《국토계획》50(8),
　　대한국토도시계획학회, 2015
진상철, 〈창덕궁 궁원 명칭의 사적 고찰: 비원 명칭 사용의 적합성에 대한 고찰〉,
　　《한국전통조경학회지》21(4), 2003
채종헌·최호진,《성공적인 도시재생을 위한 갈등관리와 공동체 정책에 관한
　　연구》, 한국행정연구원, 2019
채혜인·박소현. 〈'역사정원'에서 '역사도시경관'까지: 문화유산으로서 경관보존
　　개념의 변천 특징에 관한 연구〉,《한국도시설계학회 춘계학술발표대회
　　논문집》, 2012
최기수,《곡과 경에 나타난 한국전통경관 구조의 해석에 관한 연구》, 한양대학교
　　박사학위논문, 1989
최원석, 〈한국 이상향의 성격과 공간적 특징: 청학동을 사례로〉, 대한지리학회지
　　44(6), 2009
최인실, 〈와유록의 사대부가거처, 택리지의 원본인가〉,《한국문화》86, 2019
_____ , 〈와유록의 사대부가거처에 보이는 이중환이 의도한 저술 방식〉,
　　《문화역사지리》32(2), 2020
최정민,《현대 조경에서의 한국성에 관한 연구》서울시립대학교 대학원
　　조경학과 박사학위 논문, 2008
최종현, 〈안축의 승경관에 관한 연구〉,《한국전통조경학회지》18(2), 2000
하태일 외 5인, 〈전통조경분야의 정원 명칭 사용에 대한 고찰〉,
　　《한국전통문화연구》14, 2014
하현상·이석환, 〈지역사회 리질리언스 제고를 위한 공공마케팅에 대한 탐색적
　　고찰과 행정학적 제언〉,《한국자치행정학보》30(2), 2016
하혜숙,《지리산지역의 이상향에 대한 연구》경상대학교 대학원 조경학과

석사학위 논문, 1994

한아름·곽대영, 〈산업유산의 창의적 활용 방법으로서의 지속가능한 도시재생디자인〉, 《한국디자인문화학회지》 19(3), 2013

한제현, 《도시 물순환 정책 진단을 통한 그린 인프라 전략》, 홍익대학교 박사학위논문, 2019

허경진, 〈서울에 있는 동천洞天 바위글씨의 분포와 성격〉, 《洌上古典研究》 58, 2017

호승희, 〈조선전기 유산록 연구〉, 《한국한문학연구》 18, 1995

島田修二郎, 〈宋迪と瀟湘八景〉, 《南畫鑑賞》 第104號, 1941

Brian Walker, C. S. Holling, Stephen R. Carpenter and Ann Kinzig, "Resilience, adaptability and transformability in social-ecological systems", *Ecology and Society* 9(2), 2004

Brian Walker and Jacqueline A. Meyers, "Thresholds in ecological and social-ecological systems: a developing database", *Ecology and Society* 9(2), 2004

C. S. Holling, "Resilience and Stability of Ecological Systems", *Annual Review of Ecology and Systematics* 4(1), 1973

C. S. Holling and Gary K. Meffe, "Command and Control and the Pathology of Natural Resource Management", *Conservation Biology* 10(2), 1996

Carl Folke, "Resilience: The Emergence of a Perspective for Social-Ecological Systems Analyses", *Global Environmental Change* 16(3), 2006

Carl Folke, Stephen R. Carpenter, Brian Walker, Marten Scheffer, Terry Chapin and Johan Rockström, "Resilience Thinking: Integrating Resilience, Adaptability and Transformability", *Ecology and Society* 15(4), 2010

Carl Troll, "Die geographische Landschaft und ihre Erforschung", *Studium Generale*, Springer, 1950

Charles S. Elton, "The Nature and Origin of Soil-Polygons in Spitsbergen", *Quarterly Journal of the Geological Society* 83(1-5), 1927

Charles Waldheim, "Landscape as architecture", *Harvard Design Magazine* 36, S/S 2013

Elwood L. Shafer Jr., John F. Hamilton Jr. and Elizabeth A. Schmidt, "Natural Landscape Preferences: A Predictive Model", *Journal of Leisure Research*, 1(1), 1969

Emily MacNair, *The Garden City Handbook: How to Create and Protect Community Gardens in Greater Victoria*. University of Victoria, 2002

Eugene P. Odum, "The Strategy of Ecosystem Development: An understanding of ecological succession provides a basis for resolving man's conflict with nature", *Science* 164(3877), 1969

G. A. van Nederveen, F. P. Tolmancd, "Modelling multiple views on buildings", *Automation in Construction*, 1(3), December 1992

Galen Cranz, "Defining the Sustainable Park: A Fifth Model for Urban Parks", *Landscape Journal* 23(2), 2004

George A. Hillery, "Definition of community: Areas of Agreement", *Rural Sociology* 20, 1955

Harold F. Kaufman, "Toward an Interactional Conception of Community", *Social Forces*, 38(1), 1959

Hartmut Leser & Peter Nagel, "Landscape diversity: A holistic approach", *Biodiversity, Springer*, 2001

Herbert Sukopp & Sabine Weiler, "Biotope mapping and nature conservation strategies in urban areas of the Federal Republic of Germany", *Landscape and Urban Planning* 15(1-2), 1988

Joseph J. Disponzio, "Landscape architect(ure). a brief acccount of orgins", *Studies in the History of Gardens & Designed Landscapes*, vol.34(3), 2014

Juliette Kuiper, "Landscape quality based upon diversity, coherence and continuity: landscape planning at different planning-levels in the River area of the Netherlands", *Landscape and Urban planning* 43(1-3), 1998

Kahila Maarit & Kyttä Marketta, "SSoftGIS as a Bridge-Builder in Collaborative Urban Planning", *Planning Support Systems Best Practice and New Methods*, Springer, 2009

Katherine J. Curtis White & Avery M. Guest, "Community Lost or Transformed? Urbanization and Social Ties", *City & Community*, 2(3), 2003

L. Fahrig, W. K. Nuttle, "Population ecology in spatially heterogeneous environments," *Ecosystem Function in Heterogeneous Landscapes*, Springer, 2005

Laura Lawson, "The planner in the garden: A historical view into the relationship between planning and community gardens", *Journal of Planning History* 3(2), 2004

Laura Lawson & Luke Drake, "Community gardening organization survey 2011–2012", *Community Greening Review* 18, 2013

Lee Jae Ho & David Matarrita-Cascante, "The influence of emotional and conditional motivations on gardeners' participation in community (allotment) gardens", *Urban Forestry & Urban Greening* 42, 2019

Lawrence W. Green & Shawna L. Mercer, "Can public health researchers and agencies reconcile the push from funding bodies and the pull from communities?", *American Journal of Public Health* 91(12), 2001

Marcus B. Lane, "Public participation in planning: an intellectual history", *Australian Geographer*, 36(3), 2005

Mark A. Benedict, Edward T. McMahon, "Green infrastructure: smart conservation for the 21st century", *Renewable Resources Journal* 20(3), 2002

Mehta Vikas & Mahato Binita, "Designing urban parks for inclusion, equity, and diversity", *Journal of Urbanism: International Research on Placemaking and Urban Sustainability*, 14(4), 2021

Michel Bruneau, Stephanie E. Chang, Ronald T. Eguchi et. al., A Framework to Quantitatively Assess and Enhance the Seismic Resilience of Communities. *Earthquake Spectra* 19(4), 2003

Mike Lydon & Anthony Garcia, "A tactical urbanism how-to", *Tactical Urbanism*, Island Press, 2015

Miklos F. D. Udvardy, "Notes on the Ecological Concepts of Habitat, Biotope and Niche", *Ecology* 40(4), 1959

Paul Davidoff, "Advocacy and pluralism in planning", *Journal of the American Institute of Planners* 31(4), 1965

Peter Marcuse, "Abandonment, gentrification, and displacement: The linkages in New York City", *The Gentrification Reader*, Routledge, 2010

Richard J. Hobbs & David A. Norton, "Towards a conceptual framework for restoration ecology", *Restoration Ecology* 4(2), 1996

Robert Costanza, Ralph d'Arge, Rudolf de Groot, Stephen Farber, Monica Grasso, Bruce Hannon, Karin Limburg, Shahid Naeem, Robert V. O'Neill, Jose Paruelo, Robert G. Raskin, Paul Sutton & Marjan van den Belt, "The value of the world's ecosystem services and natural capital", *Nature* 387(6630), 1997

Robert N. Colwell, "Remote Sensing as a Means of Determining Ecological Conditions", *Bioscience* 17(7), 1967

Rudolf S. de Groot, Matthew A. Wilson, B. Roelof M. J. Boumans, "A typology for the classification, description and valuation of ecosystem functions, goods and services", *Ecological Economics* 41(3), 2002

Sharon K. Collinge, "Ecological consequences of habitat fragmentation:
implications for landscape architecture and planning", *Landscape
and Urban Planning* 36(1), 1996

Sherry P. Arnstein, "A ladder of citizen participation," *Journal of the
American Institute of planners* 35(4), 1969

Smiley Kevin, Sharma Tanvi·Steinberg Alan, Hodges-Copple Sally,
Jacobson Emily & Matveeva Lucy, "More inclusive parks planning:
Park quality and preferences for park access and amenities",
Environmental Justice, 9(1), 2016

Steve Carpenter, Brian Walker, J. Marty Anderies & Nick Abel,
"From Metaphor to Measurement: Resilience of What to What?",
Ecosystems 4(8), 2001

Troy D. Glover, "The story of the Queen Anne Memorial Garden:
resisting a dominant cultural narrative," *Journal of Leisure Research*,
35(2), 2003

Xiao Yang, Wang Zheng, Li Zhigang, Tang Zilai, "An assessment of
urban park access in Shanghai-Implications for the social equity in
urban China", *Landscape and Urban Planning*, 157, 2017

단행본, 보고서

《신증동국여지승람新增東國輿地勝覽》

《조선왕조실록》

《주례고공기周禮考工記》

(재)환경조경발전재단,《한국조경의 도입과 발전 그리고 비전(한국조경백서)》,
2008

강대로岡大路 지음, 김영빈 옮김,《중국정원론》, 중문출판사, 1987

강신용,《한국 근대 도시공원사》, 도서출판조경, 1995

계성計成 지음, 김성우·안대회 옮김,《원야園冶》, 예경출판사, 1993

고려대학교민족문화연구원,《고려대 한국어대사전》,
구려대학교민족문화연구원, 2009

고연희,《산수기행예술연구》, 일지사, 2001

고정희 외,《텍스트로 만나는 조경: 13가지 이야기로 풀어본 조경이란
무엇인가》, 도서출판 조경, 2010

곽희·곽사 지음, 허영환 옮김,《임천고치林泉高致》, 열화당, 1989

국립문화재연구소,《사적의 보존 활용을 위한 해외조사자료집》, 2009

_____ ,《사적의 보존 활용을 위한 국내조사자료집》, 2010

_____ ,《사적지조경 실태와 과제 I : 궁궐 식재 정비방안 연구》,
　　2008

_____ ,《사적지조경 정비기준 확립을 위한 기초조사연구》, 2010

_____ ,《원림복원을 위한 전통공간 조성기법 연구, 1차 보길도
　　윤선도원림》, 2011

_____ ,《원림복원을 위한 전통공간 조성기법 연구》, 2017

국사편찬위원회,《한국문화사 33: 삶과 생명의 공간 집의 문화》,
　　국사편찬위원회, 2010

국토교통부,《조경공사표준시방서》, 2016

국토해양부,《미래지향적 저탄소 녹색성장형 도시공원 리모델링 연구》, 2011

김문기,《경북의 구곡문화》, 역락, 2008

김민수,《21세기 디자인 문화탐사》 그린비, 2016

김부식 지음, 이병도 역주,《삼국사기》, 을유문화사, 1983

김상성 외 지음, 서울대규장각 옮김,《관동십경關東十境》, 효형출판, 1999

김아연·김영민·김용근·김한배·박찬·소현수·이상석·이재호·한봉호,《처음 만나는
　　조경학》, 일조각, 2020

김왕직,《한국건축 용어사전》, 동녘, 2007

김원주,《시민참여를 통한 생활권 공원녹지 조성방안》, 시정개발연구원, 2007

김영모,《전통조경 시설사전》, 동녘, 2012

니시카와 요시아키·이사 아츠시·마츠오 다다스 엮음, 진영환·진영효·정윤희
　　옮김, 국가균형발전위원회·국토연구원 공동기획,《시민이 참가하는
　　마치즈쿠리 사례편 NPO·시민·자치단체의 참여에서》, 한울, 2009

무라야마토모즈미村山智順 지음, 최길성 옮김,《조선의 풍수》, 민음사, 1990

문화부 문화재관리국,《동궐도東闕圖》, 문화부 문화재관리국, 1991

문화재청,《2006-2008 전통명승 동천구곡 학술조사 종합보고서》, 2008

_____ ,《궁능 전통조경용어 조사 및 해설 연구》, 2019

_____ ,《명승 유형별 보존관리방안 연구》, 2017

_____ ,《문화유산 활용에 관한 법률 제정 연구》, 2015

_____ ,《문화유산헌장》, 2020

_____ ,《문화재 기본계획(2017-2021)》, 2017

_____ ,《문화재수리 등에 관한 기본계획(2019-2023)》, 2019

_____ ,《문화재수리 업무편람》, 2021

_____,《문화재수리표준시방서》, 2021

_____,《문화재 현상변경 실무안내집》, 2004

_____,《문화재 활용을 위한 정책기반 조성연구》, 2006

_____,《세계유산 등재신청 안내서》, 2018

_____,《전통명승 동천구곡의 유형과 활성화 방향》, 2008

_____,《전통조경 정책기반 마련을 위한 기초조사 연구》, 2020

_____,《전통조경 보존관리활용 기본계획》, 2021

_____,《창덕궁, 종묘 원유苑囿》, 2002

_____,《한국의 세계유산》, 2015

민경현,《한국정원문화: 시원과 변천론》, 예경출판사, 1991

박은진,《도시 수목의 이산화탄소 흡수량 산정 및 흡수효과 증진 방안》,
    경기개발연구원, 2009

박해훈,《한국의 팔경도》, 소명출판, 2017

브로드벤트 지음, 이광노 외 옮김,《건축디자인 방법론》, 기문당, 2005

상주박물관,《기획전: 상산선비들 낙강에 배 띄우다》, 2019

서부공원녹지사업소·(주)조경하다 엮음,《공원의 기억: 월드컵공원》,
    서울특별시 서부공원녹지사업소, 2020

서유구 지음, 안대회 편역,《임원경제지_산수간에 집을 짓고》, 돌베개, 2005

손오규,《산수문학연구》, 부산대출판부, 1994

손오규,《산수미학탐구》, 부산대출판부, 1998

신경준 지음, 박용주 해설,《산경표山經表》, 푸른산, 1990

신현방·미류·최소연·이채관·신현준·달여리·정용택·김상철·이강훈·이영범·조성
    찬·전은호,《안티 젠트리피케이션 무엇을 할 것인가?》, 동녘, 2017

아카사카 마코토 편집, 조경의 이해 연구회 지음, 전미경·조용현·이명우·이동근
    옮김,《조경의 이해: 조경이란 무엇인가》, 기문당, 2010

에른스트 곰브리치 E. H. Gombrich 지음, 백승길·이종숭 옮김,《서양미술사The Story of
    Art》, 예경, 2003

역사경관연구회,《한국정원답사수첩》, 동녘, 2008

왕기王圻,《삼재도회三才圖會》, 명대明代

원제무,《도시공공시설론》, 보성각, 2010

유병림·황기원·박종화,《조선조 정원의 원형》, 서울대학교 환경대학원
    환경계획연구소, 1989

유본예 지음, 권태익 옮김,《한경지략漢京識略》, 탐구당, 1981

유중림 지음, 민족문화추진회 편,《증보 산림경제》(1766), 솔출판사, 1997

윤국병,《조경사》일조각, 1978

윤국병 외 18인,《조경사전》, 일조각, 1986

이계李誡 편, 이해철 옮김,《영조법식營造法式》, 국토개발연구원, 1984

이규목,《한국의 도시경관》, 열화당, 2002

이규목·고정희·김아연·김한배·서영애·오충현·장혜정·최정민·홍윤순,《이어쓰는
    조경학개론》, 한숲, 2020

이도원,《경관생태학: 환경계획과 설계, 관리를 위한 공간생리》, 서울대학교
    출판부, 2001

이동근·김명수·구본학·김경훈·김동성·나정화·윤소원·이명우·전성우·정흥락·조
    경두,《경관생태학》, 문운당, 2004

이명우·구본학 외,《조경계획》, 기문당, 2020

이은경,《풍류: 동아시아 미학의 근원》, 보고사, 1999

이장희,《조선시대 선비연구》, 박영사, 1989

이종묵,《조선의 문화공간》, 휴머니스트, 2006

이종민·이민경·오성훈,《유휴공간의 전략적 활용체계 구축방안》,
    건축도시공간연구소, 2016

이중환 지음, 이익성 옮김,《택리지擇里志》, 을유문화사, 1971

이찬·양보경,《서울의 옛지도》, 서울학연구소, 1995

일연 지음, 이동환 옮김,《삼국유사》, 삼중당문고, 1975

임승빈,《조경이 만드는 도시》, 서울대학교출판부, 1998

임승빈,《경관분석론》, 서울대학교 출판부, 2009

임승빈·주신하,《조경계획·설계》, 보문당, 2019

장지아지張家驥 지음, 심우경 외 옮김,《중국의 전통조경문화》, 문운당, 2008

정동오,《동양조경문화사》, 전남대출판부, 1990

정동오,《한국의 정원》, 민음사, 1986

정민,《강진 백운동 별서정원》, 글항아리, 2015

정원식,《커뮤니티기반 지역사회 발전론 주민자치의 현장》, 경남대학교출판부,
    2018

정재훈,《한국전통정원》, 조경, 2005

조경비평 봄,《봄, 조경 사회 디자인》, 도서출판 조경, 2006

조세환·홍광표 외,《한국조경의 도입과 발전 그리고 비전: 한국조경백서 1972-
    2008》, 도서출판 조경, 2008

존 레비 지음, 서충원·변창흠 옮김,《현대 도시계획의 이해》, 한울아카데미, 2004

존스톤 외 5인 엮음, 한국지리연구회 옮김,《현대인문지리학사전》, 한울, 1992

주남철,《한국건축사》, 고려대출판부, 2006

_____ ,《한국의 정원》, 고려대출판부, 2009

주신하·김경인,《알기 쉬운 경관법 해설》, 보문당, 2015

찰스 왈드하임 지음, 배정한·심지수 옮김,《경관이 만드는 도시》, 도서출판 한숲,
   2018

추장민,《도시지역 저소득계층 보호를 위한 환경정책 연구》,
   한국환경정책평가연구원, 2007

최기수 외 8인,《오늘, 옛 경관을 다시 읽다》, 조경, 2007

최정호,《산과 한국인의 삶》, 나남출판, 1993

최종현,《정면성; 전통 도읍 건축의 입지 원리에 관하여》, 서울연구원, 2022

최창조,《좋은 땅이란 어디를 말함인가》, 서해문집, 1990

_____ ,《한국의 풍수지리》, 민음사, 1984

커뮤니티 디자인센터,《커뮤니티 디자인을 하다: 주민참여로 가꿔나가는 삶의
   공간》, 나무도시 출판, 2009

크리스토퍼 알렉산더·사라 이시가와·머레이 실버스타인 지음,
   이용근·양시관·이수빈 옮김,《패턴 랭귀지》, 인사이트, 2013

프랑코 만쿠조 지음, 장택수·김란수 외 옮김, 전진영 감수,《광장 Squares of
   Europe, Squares for Europe》, 생각의 나무, 2009

한국경관협의회,《경관법과 경관계획》, 보문당, 2008

한국조경학회 편,《현대한국조경 작품집》, 도서출판 조경, 1992

_____ ,《한국의 조경: 1972-2002 한국조경학회 창립 30주년
   기념집》, 한국조경학회, 2003

한국전통조경학회,《최신 동양조경문화사》, 대가, 2016

한국정책학회,《지역공동체의 이해와 활성화》, 행정안전부, 2017

한국조경학회,《서양조경사》, 문운당, 2005

한국조경학회,《조경시공학》, 문운당, 2003

허신許愼,《설문해자說文解字》

홍순민,《한양읽기 궁궐(하)》, 눌와, 2017

都市景觀研究會,《都市の景觀お考える》, 大成出版社, 1988

東京都, 東京都都市景観マスタープラン, 1994

董天工,《武夷山志》(1751), 方志出版社, 1997

鳴海邦碩 編,《景觀からのまちづくり》, 學藝出版社, 1988; 石井一郎·元田良考,
   《景觀工學》, 鹿島出版社, 1990

Amos Rapoport, *The Meaning of the Built Environment: A Non-Verbal Communication Approach*, Beverly Hills, Sage Pub., 1982

Anne W. Spirn, The Granite Garden: *Urban Nature And Human Design*, Basic Books, 1985

C. Norberg-Schulz, *Genius Loci: Towards a Phenomenology of Architecture*, Rizzoli, 1979

C. S. Holling, *Engineering Resilience versus Ecological Resilience*, National Academy Press, 1996

Camillo Sitte, *The Art of Building Cities* (1889), N.Y. Van Nostrand Reinhold Company Inc., 1945

Charles Jencks, *The Language of Post-modern Architecture*, Rizzoli, 1977

Christopher Thacker, *The History of Gardens*, University of California Press, 1985

Donald W. Meinig, "The Beholding Eye: Ten Versions of the Same Scene", The Interpretation of Ordinary Landscapes: *Geographical Essays* Donald W. Meinig Edit., Oxford Univ. Press, 1979

Edited by Libby Robin, Sverker Sörlin & Paul Warde, *The Future of Nature*, Yale University Press, 2013

Edited by Therese O'Malley & Marc Treib, *Regional Garden Design in the United States*, University of Texas Press, 2001

Edward Casey, *The Fate of Place: A Philosophical History*, University of California Press, 1998

Edward Relph, *Place and Placelessness*, Pion Ltd., 1976

Edward T. Hall, *The Hidden Dimension*, Doubleday, 1966

Gorden Cullen, *The Concise Townscape*, Architectural Press, 1971

Hall Kenneth & Porterfield Gerald, *Community By Design: New Urbanism for Suburbs and Small Communities*, McGraw Hill Professional, 2001

Harlan Cleveland, *The Future Executive: A Guide for Tomorrow's Managers*, Harper & Row, 1972

Henry Launce Garnham, *Maintaining the Spirit of Place: A Process for the Preservation of Town Character*, PDA Publishers Co., 1985

Henry Sanoff, *Community Participation Methods in Design and Planning*, John Wiley & Sons, 1999

Ian L. McHarg, *Design with Nature*, Natural History Press, 1969

Jaimie Hicks Masterson, Walter Gillis Peacock, Shannon S. Van Zandt, Himanshu Grover, Lori Feild Schwarz, John T. Cooper Jr., *Planning for Community Resilience: A Handbook for Reducing Vulnerability to*

Disasters, Island Press, 2014

James Corner, *Recovering Landscape: Essays in Contemporary Landscape Architecture*, Princeton Architectural Press, 1999

Jay Appleton, *The Experience of Landscape*, John Wiley and Sons Inc., 1975

John L. Motloch, *Introduction to Landscape Design*, John Wiley, 2001

Jon Lang, *Creating Architectural Theory: The Role of the Behavioral Sciences in Environmental Design*, Van Nostrand Reinhold, 1987

Kevin Lynch, *The Image of The City*, The MIT Press, 1960

Lawrence Halprin, *The RSVP Cycles*, George Braziller, Inc., 1979

Leon Battista Alberti, *Ten Books on Architecture(1435)*, Alec Tiranti Ltd, 1955

Lodewijk Baljon, *Designing Parks: an examination of contemporary approaches to design in landscape architecture*, Architectura & Natura Press, 1992

McGarigal Kevin, Barbara J. Marks, *Spatial pattern analysis program for quantifying landscape structure US Department of Agriculture, Forest Service*, Pacific Northwest Research Station, 1995

Magnaghi Alberto, *The Urban Village: A Charter for Democracy and Local Self-Sustainable Development*, Zed books, 2005

Mark A. Benedict, Edward T. McMahon, *Green Infrastructure: Linking Landscapes and Communities*, Island Press, 2006

Meto J. Vroom, *Lexicon of Garden and Landscape Architecture*, Birkhäuser Architecture, 2006

Millennium *Ecosystem Assessment (MA), Ecosystems and Human Well-Being: Synthesis*, Island Press

National Recreation and Park Association, *2020 NRPA Agency Performance Review*

Nikolaus Pevsner, *The Englishness of English Art*, Penguin Books, 1956

OECD, Mortality Risk Valuation in Environment, *Health and Transport Policies*, OECD Publishing, 2012

Oscar Newman, *Defensible Space: People and Design in the Violent City*, Macmillan Pub. Co., 1973

Patrick Geddes, *Cities in Evolution: An Introduction to the Town Planning Movement and to the Study of Civics*, (1915) Hard Press Publishing, 2012

Paul D Spreiregen, *Urban Design the Architecture of Towns and Cities*, Mcgraw-Hill Inc, 1965

Peter Bishop & Lesley Williams, *The Temporary City*, Routledge, 2012

R. Burton Litton, Jr., Robert J. Tetlow, *A landscape inventory framework: scenic analyses of the Northern Great Plains*, The Forest Service of the U.S. Department of Agriculture, 1978

Richard Reynolds, *Guerilla Gardening: ein botanisches Manifest*, Orange Press, 2017

Richard T. T. Forman, *Land Mosaics: the Ecology of Landscapes and Regions*, Cambridge University Press, 1995

Sutherland Lyall, *Designing the New Landscape*, Thames and Hudson, 1991

TEEB, *The Economics of Ecosystems and Biodiversity: Mainstreaming the Economics of Nature: A synthesis of the approach. conclusions and recommendations of TEEB*, 2010

Tom Turner, *Garden History: Philosophy and Design 2000 BC—2000 AD* Spon Press, 2005

_____, *Landscape Design History & Theory: Landscape Architecture and Garden Design Origins*, Amazon Kindle Edition, 2014

William H. Wilson, *The City Beautiful Movement*, The Johns Hopkins University Press, 1989

Yi-Fu Tuan, *Space and Place: The Perspective of Experience*, University of Minnesota Press, 1977

법규

개발사업 등에 관한 자연경관 심의지침, 2015

건설산업기본법, 2022

경관계획수립지침, 2018

경관법(제정), 2007

경관법(전면 개정), 2013

경관법 시행령, 2020

경관심의운영지침, 2020

국토의 계획 및 이용에 관한 법률, 2021

도시공원 및 녹지 등에 관한 시행규칙, 2021

도시숲 등의 조성 및 관리에 관한 법률, 2020

문화재보호법, 2022

문화재보호법 시행규칙, 2022

문화재보호법 시행령, 2022

물관리기본법, 2021

물의 재이용 촉진 및 지원에 관한 법률, 2022

산림법, 2020

산림자원의 조성 및 관리에 관한 법률, 2020

산지관리법, 2021

소하천정비법, 2021

습지보전법, 2021

역사문화환경 보존지역 내 건축행위 등에 관한 허용기준, 2020

자연공원법, 2020

자연환경보전법, 2021

하천법, 2022

해양생태계의 보전 및 관리에 관한 법률, 2021

환경보건법, 2021

웹사이트

(사)한국조경학회 http://www.kila.or.kr

(사)한국전통조경학회 http://www.kitla.or.kr/

국가기후변화적응센터 https://kaccc.kei.re.kr/

국립문화재연구소 문화유산연구지식포털 https://portal.nrich.go.kr/

국립국어원 표준국어대사전 https://stdict.korean.go.kr/

국토교통부 건설기술정보시스템 https://www.codil.or.kr/

국토교통부 토지이용규제정보서비스 http://www.eum.go.kr

네이버 국어사전 https://ko.dict.naver.com/

네이버 지식백과 https://terms.naver.com/

뉴욕보존아카이브 프로젝트 www.nypap.org/

대한건축학회 건축용어사전 http://dict.aik.or.kr/

두산백과 https://www.doopedia.co.kr/

문화재청 https://www.cha.go.kr/

문화재청 국가문화유산포털 http://www.heritage.go.kr/

문화재청 천연기념물센터 https://www.nhc.go.kr/

미국국립공원관리청 https://www.nps.gov/frla/index.htm

미국도시계획협회 https://www.planning.org

미술대사전(용어편) https://terms.naver.com/

법제처 국가법령정보센터 https://www.law.go.kr/

세종대왕기념사업회 한국고전용어사전 http://db.sejongkorea.org/

아놀드수목원 https://arboretum.harvard.edu/about/our-history/

옥스포드 사전 https://www.oed.com/

커뮤니티 매핑센터 http://cmckorea.org/

한국고전번역원 한국고전종합 DB https://db.itkc.or.kr/

한국조경신문 http://www.latimes.kr/

한국콘텐츠진흥원 문화원형용어사전, 문화원형백과 http://
www.culturecontent.com/

한국학중앙연구원 한국민족문화대백과 http://encykorea.aks.ac.kr/